やさしい C#

第3版

高橋麻奈
Mana Takahashi

本書に関するお問い合わせ

この度は小社書籍をご購入いただき誠にありがとうございます。本書のお問い合わせに関しましては以下のガイドラインを設けております。恐れ入りますが、ご質問の際は最初に下記ガイドラインをご確認ください。

ご質問の前に

本書サポートページで「正誤情報」をご確認ください。正誤情報は、下記のサポートページに掲載しております。

本書のサポートページ　http://mana.on.coocan.jp/yasacs.html

ご質問の際の注意点

- ご質問はメール、または郵便など、必ず文書にてお願いいたします。お電話では承っておりません。
- ご質問は本書の記述に関することのみとさせていただいております。従いまして、○○ページの○○行目というように記述箇所をはっきりお書き沿えください。記述箇所が明記されていない場合、ご質問を承れないことがございます。
- ご質問の内容によっては、回答に数日ないしそれ以上の期間を要する場合もありますので、あらかじめご了承ください。なお、本書の記載内容と関係のない一般的なご質問、本書の記載内容以上の詳細なご質問、お客様固有の環境に起因する問題についてのご質問、具体的な内容を特定できないご質問など、そのお問い合わせへの対応が、他のお客様ならびに関係各位の権益を減損しかねないと判断される場合には、ご対応をお断りせざるをえないこともあります。

ご質問送付先

ご質問については下記のいずれかの方法をご利用ください。

- **Webページより：**小社の本書の商品ページ内にある「問い合わせ」→「書籍の内容について」からお願いいたします。要綱に従ってご質問を記入の上、送信ボタンを押してください。

本書の商品ページ　https://isbn2.sbcr.jp/03922/

- **郵送：**郵送の場合は下記までお願いいたします。

〒106-0032
東京都港区六本木2-4-5
SBクリエイティブ　読者サポート係

まえがき

現在、多くの企業・家庭でPCが利用されています。その標準的なOSとして普及しているのがWindowsです。C#はWindows上で動作するアプリケーションを開発しやすい言語となっています。

また、C#はさらに活躍の場を広げています。C#はタブレット、スマートフォンなどさまざまな端末で動作するゲームアプリケーションを開発する際にも利用されるようになっています。

C#による開発にあたっては、開発の目的や水準にあわせた環境が提供されており、各種アプリケーションを開発するための豊富な資源を利用することができます。C#を習得することで、バラエティに富んだアプリケーションを作り上げることができるようになります。Windowsアプリケーションをはじめとして、各種端末向けのゲームまでも作成していくことができるでしょう。

本書は、C#をわかりやすく解説するように心がけました。プログラミングの初心者にも無理なく学習できるように構成されています。

本書にはたくさんのサンプルプログラムが掲載されています。プログラミング上達への近道は、実際にプログラムを入力し、実行してみることです。ひとつずつたしかめながら、一歩一歩学習を進めていってください。

本書が読者のみなさまのお役にたつことを願っております。

著者

C#言語開発環境の使いかた

C#のプログラムは、本書の第1章で説明するように、「❶ソースコードの作成→❷ビルドの実行→❸プログラムの実行」という順番で作成します。そこでここでは、「Visual Studio」の使いかたを通して、プログラム実行までの手順を説明しておきましょう。❶～❸のくわしい意味については、第1章を参照してください。

Visual Studioの使いかた

使用前の設定

Visual Studioは、マイクロソフト社による統合開発環境です。マイクロソフト社が提供している情報にしたがってインストール・起動してください。本書ではCommunityエディションを使用しています。

- Visual Studioダウンロード
  https://www.visualstudio.com/ja/downloads/

なお本書では、執筆時点で最新のCommunity 2019を使用しています。インストール時またはインストールの変更時には、インストーラのメニュー画面から、「.NETデスクトップ開発」を選択し、インストールしておいてください。

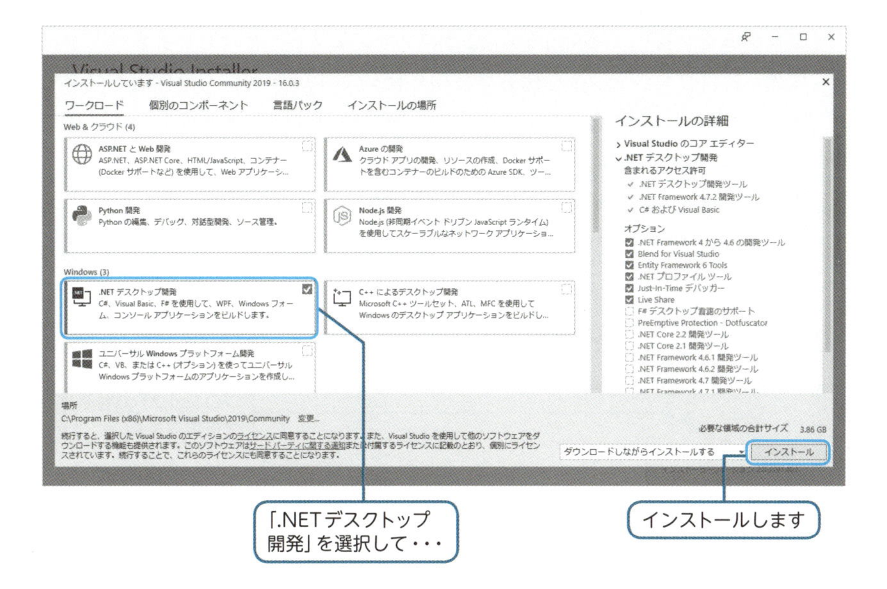

プログラムの作成手順

1. Visual Studioを起動し、「新しいプロジェクトの作成」を行います。すでに起動している場合は、メニューから［ファイル］→［新規作成］→［プロジェクト］を選択することで、［新しいプロジェクトの作成］画面が表示されます。「空のプロジェクト（.NET Framework）」（C#対応になっているもの）を指定してください。

［プロジェクト名］に「Sample1」などのプロジェクト名を入力します。
［場所］にはプロジェクトを保存するのに使いやすいフォルダを指定してください。次図の場合はCドライブの下の「YCSSample」フォルダの下の「01」フォルダの中の「Sample1」フォルダとしました。
「作成」ボタンをクリックすると、Visual Studioのメイン画面が新しいプロジェクトで開きます。

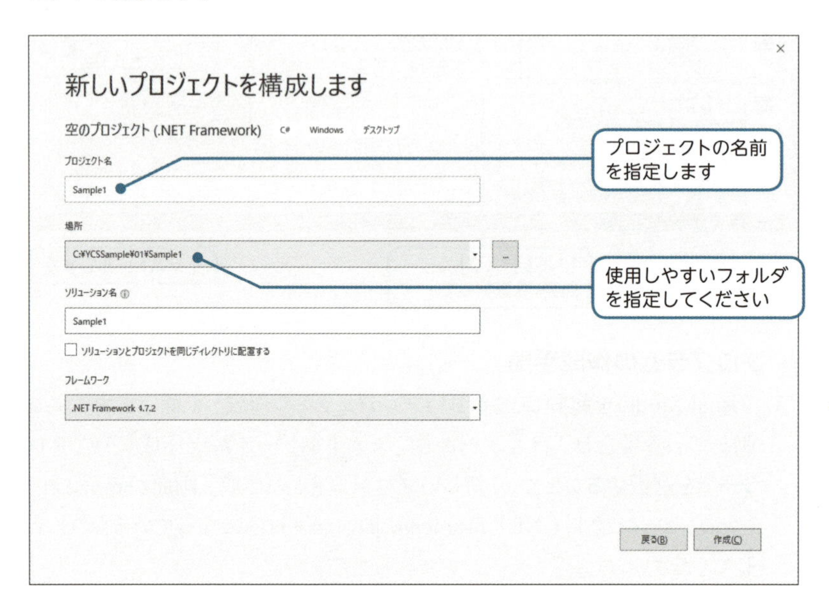

2. メニューから［プロジェクト］→［新しい項目の追加］を選択すると、［新しい項目の追加］画面が表示されます。中央のリストの中から「コードファイル」を選択してください。［名前］には「Sample1.cs」などのファイル名を入力し、「追加」ボタンをクリックします。

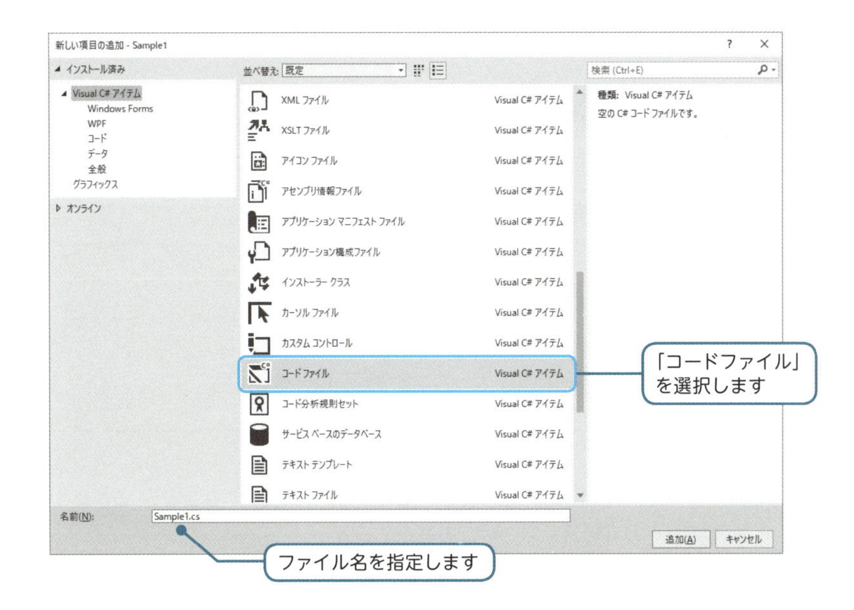

また、第2章以降のウィンドウプログラムでは、「参照の追加」が必要です。メニューから［プロジェクト］→［参照の追加］を選択してください。［参照マネージャー］画面が表示されたら、［アセンブリ］→［フレームワーク］から必要な参照の名前を選択して、チェックを入れて追加していきます。なお、一度追加した参照は［最近使用したファイル］に表示されます。

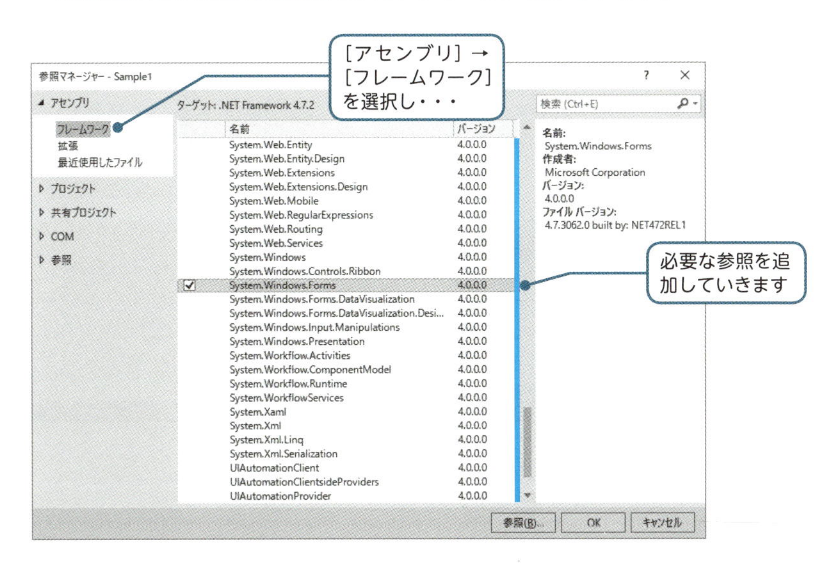

本書のサンプルプログラムの場合は、次の参照を追加することになります。

第2章以降の全章に必要な参照	System
	System.Windows.Forms
	System.Drawing
第10章	全章に必要な参照
	System.Data
	System.Xml
第12章	全章に必要な参照
	System.Xml
	System.Xml.Linq

3. コードファイルを作成したら、ソースコードを入力することができます。本書を参照してソースコードを入力してください。
（・・・**❶ソースコードの作成**）

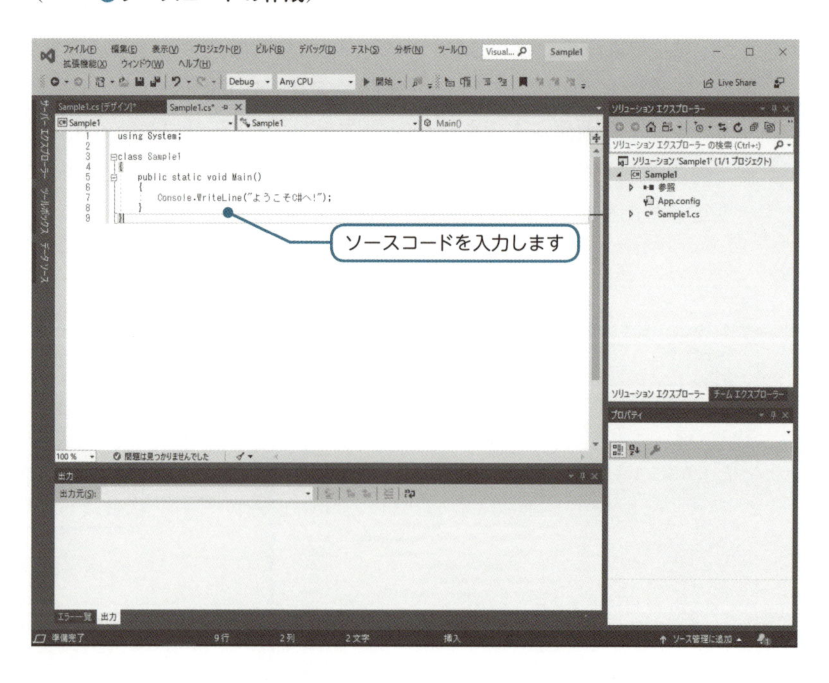

4. ソースコードを入力したら、メニューから［ビルド］→［ソリューションのリビルド］を選択してください。ソースファイルの保存・ビルドが行われます。（・・・❷**ビルドの実行**）

コード上の文法などが誤っている場合はエラーが表示されますので入力したコードなどを確認します。参照の追加がたりない場合も「アセンブリ参照があることを確認してください。」とエラーが表示されますので確認してください。

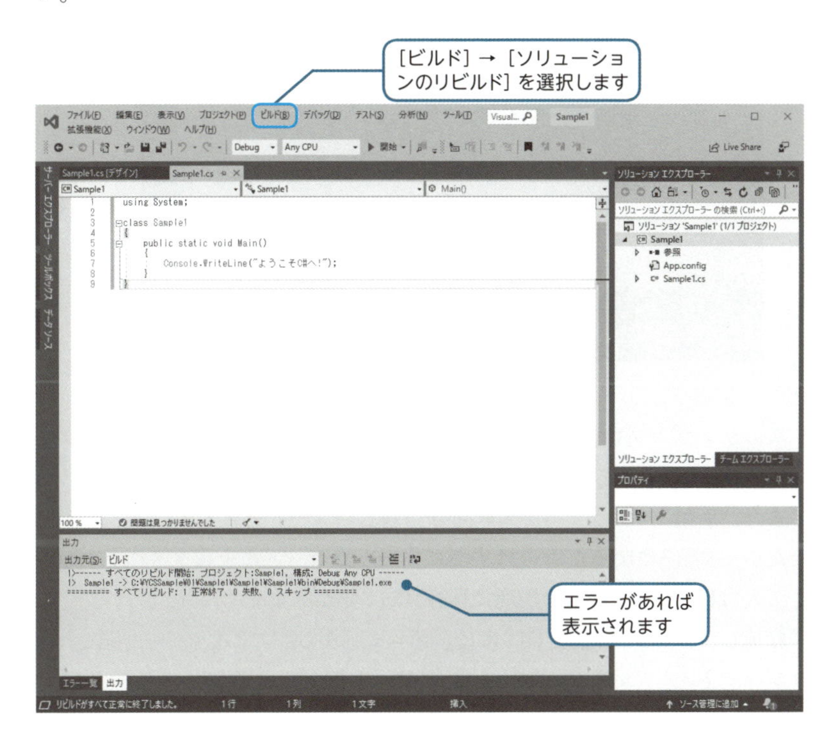

5. メニューから［デバッグ］→［デバッグなしで開始］を選択します。コマンドプロンプトが自動的に起動して、プログラムが実行されます。実行を終了するには、どれかキーを押してください。
（・・・**❸プログラムの実行**）

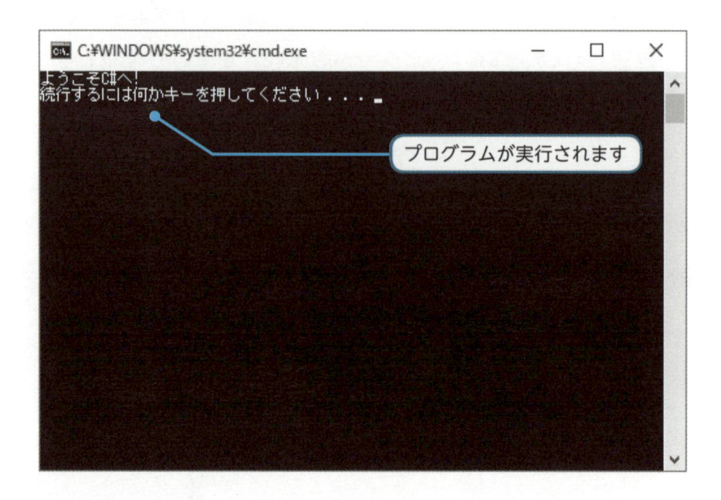

次のサンプルプログラムを作成する場合は、手順1に戻って、新しいプロジェクトを作成しなおします。

また、手順3に戻ってエディタ部分に新しいコードを入力することもできます。ただし、手順3に戻った場合はすでに作成したコードに上書きされますので、すでに入力したコードは別の場所に保存することが必要です。

作成したプロジェクトを開くには、メニューから［ファイル］→［開く］→［プロジェクト/ソリューション］を選択し、手順1で使用したフォルダ内にある「SampleX.sln」ファイルを開きます。

なお、Visual Studioのくわしい使いかたについては、ヘルプファイルなどをお読みください。

エラーの箇所を探すためには

開発を行う際には、多くのエラーに遭遇することでしょう。一般的な記述ミスや参照の追加の不足などによるエラーは、記述したコードの下に波線が表示されます。注意して確認してみてください。

ほかにもエラーの箇所を特定するためにさまざまなテクニックがあります。たとえば、「ブレークポイント」で実行を一時停止することができます。停止したい行の左端をクリックするとブレークポイントとして設定され、左端に赤丸が表示されます。このときメニューから［デバッグ］→［デバッグの開始］を選択してプログラムを実行すると、ブレークポイントでプログラムの実行が一時停止します。

停止時には、画面下部のウィンドウで変数の値などを確認することができます。また、停止した行から1行ずつ実行を確認することができます。「ステップオーバー」では次の行まで1行実行し、「ステップイン」では呼び出し先の行に移動して1行実行します。各行の実行を確認したら実行を再開することもできます。

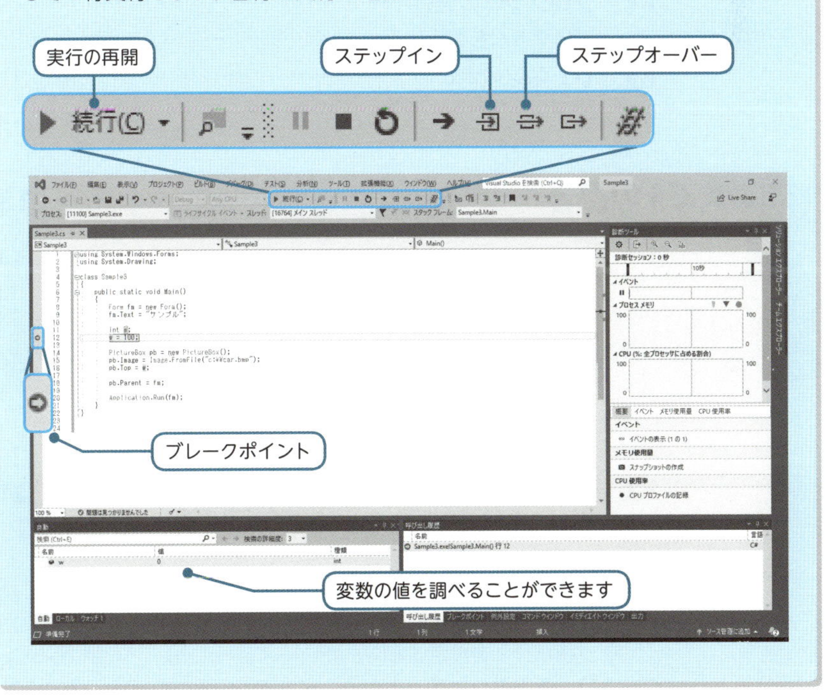

Contents

コラム

Lesson 1

はじめの一歩

この章では、C#を使ってプログラムを作成する手順について学びます。まずはじめに、この章で学ぶ重要な言葉を整理しておきます。C#の勉強をはじめたばかりのころは、耳慣れないプログラムの言葉に苦労することもあるかもしれません。しかし、この章でとりあげるキーワードがわかるようになれば、C#の理解も楽になるはずです。ひとつずつしっかりと身につけていきましょう。

Check Point!

- プログラム
- C#
- コードファイル
- ビルド
- プログラムの実行

1.1 C#のプログラム

プログラムのしくみ

おそらく、本書を読みはじめている皆さんは、これからC#で「プログラム」を作成しようと考えているのではないでしょうか。私たちは毎日、コンピュータにインストールされたワープロ、表計算ソフトのようなさまざまな「プログラム」を使っています。たとえば、ワープロのような「プログラム」を使うということは、

文字を表示し、書式を整え、印刷する

といった特定の「仕事」をコンピュータに指示し、処理させていると考えることもできます。コンピュータは、さまざまな「仕事」を正確に、速く処理できる機械です。「プログラム」は、コンピュータに対してなんらかの「仕事」を指示します。

私たちはこれから、C#を使って、コンピュータに処理を行わせるためのプログラムを作成していくことにします。

図1-1 プログラム
私たちはコンピュータに仕事を指示するために「プログラム」を作成します。

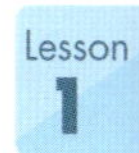

プログラミング言語C#

コンピュータになんらかの「仕事」を処理させるためには、いま自分が使っているコンピュータがその仕事の「内容」を理解できなければなりません。このためには、**機械語**（machine code）と呼ばれる言語で指示されたプログラムを作成することが必要になります。

しかし困ったことに、この機械語という言語は、「0」と「1」という数字の羅列からできています。コンピュータは、この数字の羅列（＝機械語）を理解することはできるのですが、人間にはとうてい理解できる内容ではありません。

そこで、機械語よりも「人間の言葉に近い水準のプログラム言語」というものが、これまでにいくつも考案されてきました。本書で学ぶC#も、このようなプログラミング言語のうちの1つです。

C#で書かれたプログラムは、特殊なソフトウェアを使って、コンピュータが理解できる「機械語のプログラム」に変換します。この「機械語のプログラム」を使えば、私たちが書いたC#プログラムをコンピュータに処理させることができるようになります。

それでは、さっそくC#を学んでいくことにしましょう。

1.2 コードの入力

「コード」のしくみを知る

C#でプログラムを作成するためには、これからどのような作業が必要となるのでしょうか？ ここでは、プログラムの作成方法をみていくことにしましょう。

まず、私たちが最初にしなければいけないのは、

C#の文法にしたがってプログラムを入力していく

という作業です。

図1-2は、C#のプログラムを入力している画面です。本書ではこれから、開発環境上のエディタを使って入力しながら、C#を学んでいくことにします。開発環境については、本書の冒頭の解説を参考にしてください。

一般に、このテキスト形式のプログラムは、ソースコード（source code）と呼ばれています。本書では、このプログラムのことを単純にコードと呼ぶことにします。

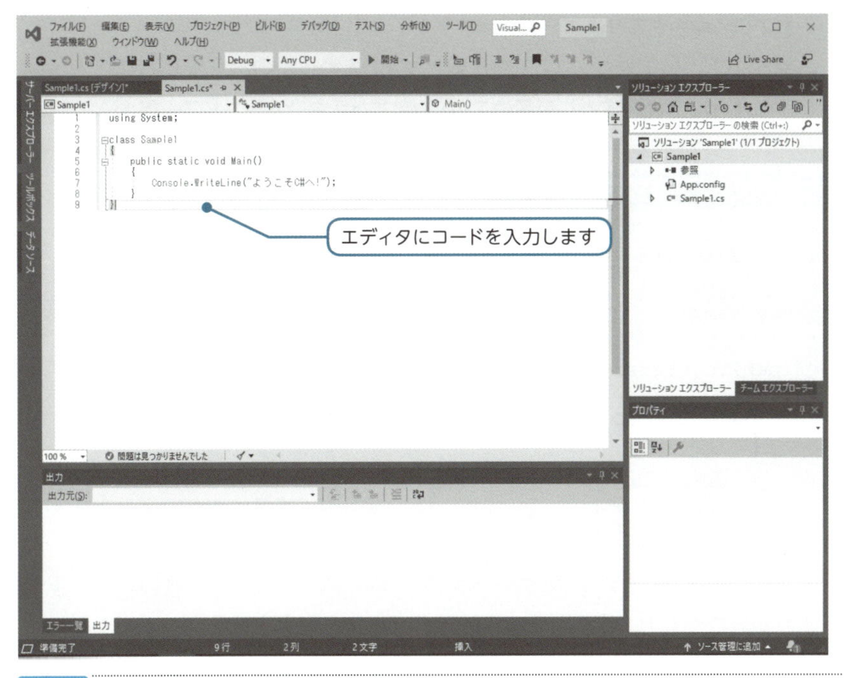

図1-2 C#で記述したコード

C#のプログラムを作成するには、開発環境上のエディタでコードを入力することからはじめます。

開発環境のエディタにコードを入力する

それでは、これからいよいよC#の「コード」を入力してみます。開発環境を起動し、次の点に注意しながら文字を入力してみてください。

- C#の英数文字は全角ではなく、半角のものを使ってください。
- C#では、英字の大文字と小文字は異なる文字として区別されています。大文字・小文字はまちがえないように入力してください。たとえば、「Main」の文字を「main」としてはいけません。
- 空白があいている場所は、スペースキーまたはTabキーを押して区切ってください。
- 行の最後や、何も書かれていない行では、Enterキーを押して改行してください。このキーはコンピュータの種類によっては、実行キー、↵（Return）キーなどと呼ばれている場合もあります。

- セミコロン（；）やカッコの位置に気をつけて入力してください。0（ゼロ）とo（英字のオー）、1（数字）とl（英字のエル）もまちがえないで入力してください。

Sample1.cs ▶ はじめてのコード

```
using System;

class Sample1
{
    public static void Main()
    {
        Console.WriteLine("ようこそC#へ!");
    }
}
```

英数字は半角文字を使います

行の最後は Enter キーを押して改行します

スペースキーを押して空白をあけます

この行は最後にセミコロン（；）をつけます

まちがいなく入力できたでしょうか？ こうしてできあがった「Sample1.cs」が、はじめて作成したC#の「コード」なのです。このコードを保存したファイルは、**ソースファイル**（source file）または**コードファイル**（code file）と呼ばれることがあります。

全角と半角の違いに注意する

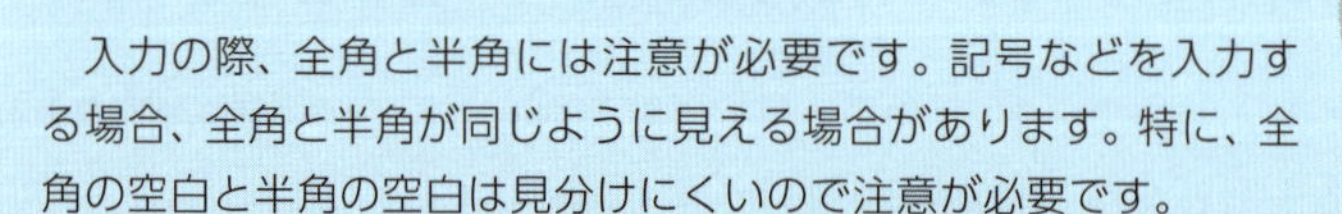

入力の際、全角と半角には注意が必要です。記号などを入力する場合、全角と半角が同じように見える場合があります。特に、全角の空白と半角の空白は見分けにくいので注意が必要です。

1.3 プログラムの作成

ビルドのしくみを知る

せっかく入力したコードです。「早く動かしてみたい！」と思われていることでしょう。

しかし、あせりは禁物です。「Sample1.cs」を作成しただけでは、すぐプログラムを実行して文字を表示させることはできません。C#で記述されたコードは、コンピュータが直接内容を理解して処理できるように、

実行ファイルを作成する

という作業を行う必要があります。

実行ファイルを作成する作業は、ビルド（build）と呼ばれています。本書冒頭の説明を参考に、ビルドを行ってみてください。

なお、エラーが表示されて実行ファイルを作成することができない場合があります。このようなときは、まずは入力したコードを見なおして、まちがいがないかどうか確認してください。まちがいをみつけたらその部分を訂正し、もう一度ビルドしてみましょう。

C#は、英語や日本語といった日常言語と同じように、「文法」規則をもっています。もしC#の文法にしたがわないコードを入力した場合は、ソースコードが正しく機械語に翻訳されません。ビルドがうまくいかなかったとき、C#の開発環境は、エラーを表示して指示を与えてくれる場合があります。

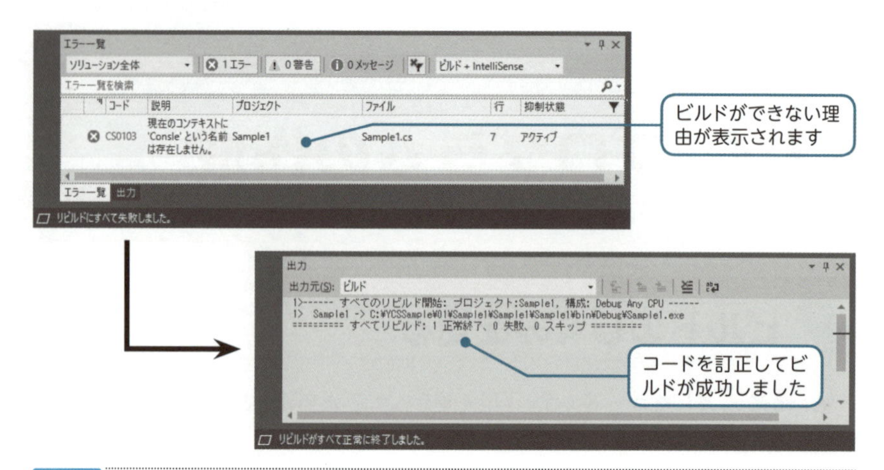

図1-3 エラーの出力
開発環境でエラーの箇所を確認することができます。

コンパイルとリンク

プログラムをビルドするとき、開発環境はさまざまな処理を行っています。中でも次の作業が重要となっています。

- コンパイル
- リンク

コンパイル（compile）はC#のコードを機械語に翻訳する作業です。コンパイルを行うと、機械語に翻訳されたファイルが新しく作成されます。この翻訳されたファイルをオブジェクトファイルといいます。

リンク（link）は複数のオブジェクトファイルをつなぎ合わせて1つのプログラムを作成する作業です。C#の開発環境では、プログラムで共通して使える機能をあらかじめ用意しています。実行ファイルを作成するためには、この機能を提供するオブジェクトファイルをつなぎ合わせる必要があるのです。

開発環境Visual Studioでは、コンパイル・リンクなどの一連の作業をビルドとして一貫して行うことができるようになっています。

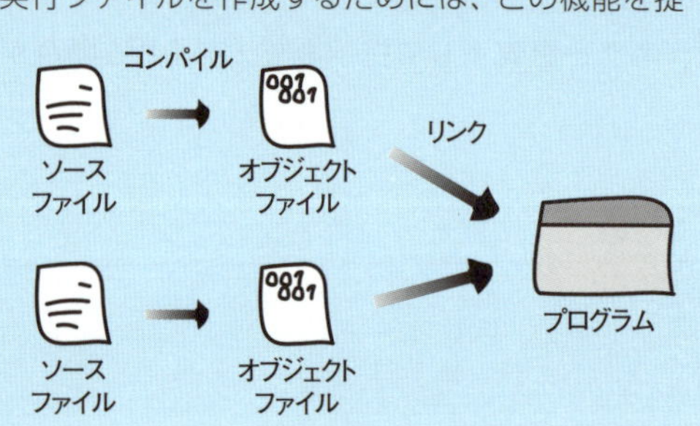

1.4 プログラムの実行

プログラムを実行する

ここまでの作業はうまくいったでしょうか？ それでは、さっそくできあがったプログラムを実行してみましょう。

プログラムの実行方法は、本書冒頭の解説を参照してみてください。プログラムが実行されると、下図の画面が起動して文字が表示されます。

Sample1の実行画面

```
ようこそC#へ！
```

図1-4 **Sample1プログラムの実行**
Sample1プログラムを実行すると、「ようこそC#へ!」という文字が表示されます。

画面に、図1-4のような文字が1行表示されるはずです。うまく表示されたでしょうか？

最後に、この章で学んだプログラムの作成・実行手順をまとめておきましょう。本書の第2章以降のサンプルコードも、このような手順にしたがって入力し、実行していくことになります。手順をしっかりと身につけることが必要です。

身につけていきましょう。

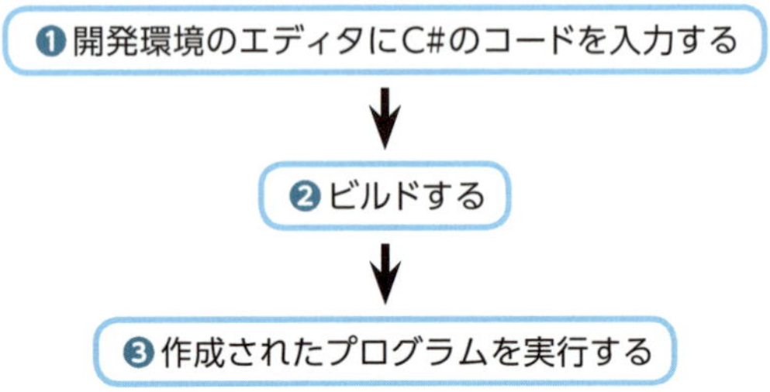

❶開発環境のエディタにC#のコードを入力する

↓

❷ビルドする

↓

❸作成されたプログラムを実行する

Visual Studio

本書ではVisual Studioシリーズの「Community」エディションを開発環境として利用しています。「Community」エディションは主として個人開発者向けにライセンスされています。このほかの「Professional」「Enterprise」などのエディションでもC#を利用することができます。

各エディションのくわしい機能・ライセンス事項については、Visual Studioのダウンロードページ（ivページ）を参照してみてください。

1.5 レッスンのまとめ

レッスンのしめくくりとして、この章で学んだことをまとめておきましょう。この章では、次のようなことを学びました。

- プログラムは、コンピュータに特定の「仕事」を与えます。
- C#のコードは、開発環境上のエディタなどに入力します。
- C#のコードは、大文字と小文字を区別して入力する必要があります。
- C#のプログラムを作成するために、ビルドを行います。
- プログラムを実行すると、指示した「仕事」が処理されます。

この章では、C#のコードを入力し、プログラムを作成する手順を学び、最後に実行してみました。しかしこの章では、入力したC#コードが意味する処理の内容については触れませんでした。それでは、次の章からC#のコードの内容について学んでいくことにしましょう。

練習

1. 次の項目について○か×で答えてください。

① C#のソースコードは、そのままの形式で実行することができる。
② C#では、英字の大文字と小文字を区別して入力する。
③ C#では、半角英字と全角英字を区別しないで入力できる。
④ ソースコード中の空白は、必ずスペースキーを押して空白とする。
⑤ C#のソースコードは文法規則が誤っていた場合でも、常にビルドできる。

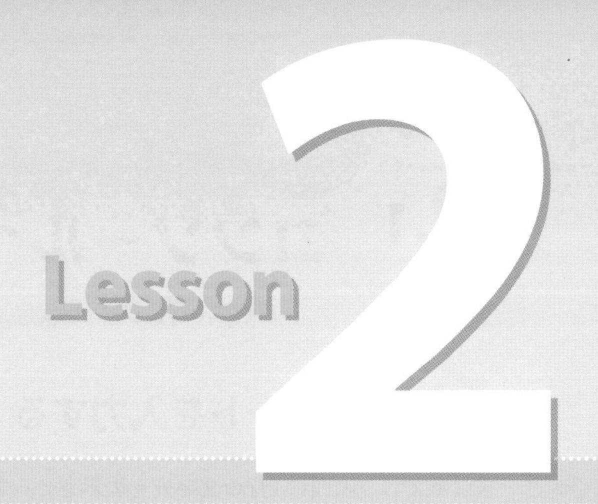

C#の基本

第1章では、C#のコードを入力し、ビルドを行ってプログラムを作成する方法を学びました。それでは、これから私たちはどのような内容のコードを入力していったらよいのでしょうか？ この章ではC#で作成できるプログラムの基本を学ぶことにしましょう。

Check Point!

- コンソールへの出力
- Main()メソッド
- ブロック
- コメント
- クラス
- オブジェクト

2.1 コンソールへの出力

新しいコードを入力する

第1章では、画面に1行の文字列を表示させるプログラムを作成しました。C#のコードを記述し、無事、処理を行うことができたでしょうか？

今度は、次のコードを入力してみましょう。

Sample1.cs ▶ コンソール画面に文字列を出力する

```
using System;

class Sample1
{
    public static void Main()
    {
        //画面に文字を出力する
        Console.WriteLine("ようこそC#へ！");
        Console.WriteLine("C#をはじめましょう！");
    }
}
```


；（セミコロン）や｛｝（中カッコ）の位置は正しく入力されているでしょうか？入力が終わったら、第1章で説明した手順にしたがって、ビルド、実行してください。起動した画面には次のような文字列が2行表示されるはずです。

Sample1の実行画面

```
ようこそC#へ！
C#をはじめましょう！
```

ここで起動した画面は、コンソール（Console）と呼ばれています。コンソール画面に文字を表示する処理は、コード中の次の部分で行われています。

```
Console.WriteLine("ようこそC#へ！");
```

コンソールに文字を表示するコードをおぼえておくと便利です。「・・・」の部分に表示したい文字を入力します。

構文 コンソールに出力する

```
Console.WriteLine("・・・");
```

図2-1 コンソール
文字を表示する画面をコンソールと呼びます。

Main()メソッド

さて、それではこのプログラムはどのように動作するものなのでしょうか？ そこでコードについてさらにくわしくみていくことにしましょう。

私たちはまず、このコードの指示が、どこから処理され、実行されるものなのかを知っておく必要があります。最初に、

```
public static void Main()
```

と書かれている行をみてください。C#のプログラムは、原則としてこのMain()と記述されている部分から実行がはじまることになっています。

次に、このコードの下から2行目にある

```
}
```

をみてください。この部分の処理が行われると、プログラムが終了します。

中カッコ（{ }）でかこまれた部分は**ブロック**（block）と呼ばれています。このブロックは、**Main()メソッド**（main method）という名前がついています。「メソッド」という言葉の意味については、第5章でくわしく説明します。心にだけとめておきましょう。

```
public static void Main()
{
    ...
}
```

Main()メソッドです

Main()メソッドからプログラムが開始される。

1文ずつ処理する

それでは、Main()メソッドの中身をのぞいてみることにしましょう。

まず、C#の原則をおぼえてください。C#では、1つの小さな処理（「仕事」）の単位を**文**（statement）と呼び、最後に；（セミコロン）という記号をつけます。そ

して、この「文」が、

原則として順番に先頭から1文ずつ処理される

ことになっています。

つまり、このプログラムが実行されると、Main()メソッドの中の2つの「文」が、次の順序で処理されるのです。

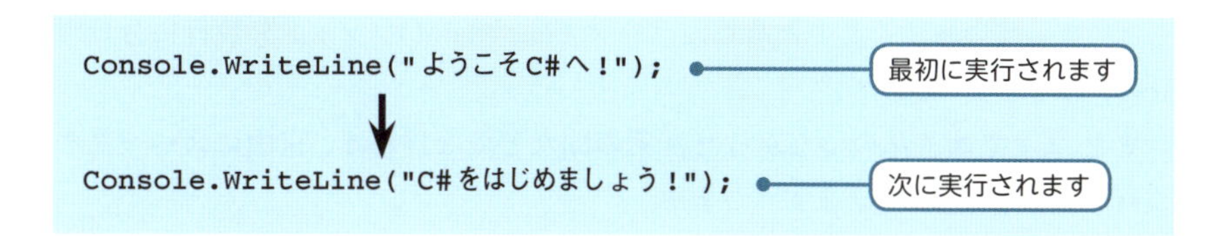

Console.WriteLine・・・という文は、画面に文字を出力するためのコードでした。そこで、この文が実行されると、画面に2行の文字列が出力されるのです。

文には;(セミコロン)をつける。
文は原則として記述した順番に処理される。

```
...
public static void Main()
{
    Console.WriteLine("ようこそC#へ!");
    Console.WriteLine("C#をはじめましょう!");
}
...
```

図2-2 処理の流れ
プログラムを実行すると、原則として処理が1文ずつ順番に行われます。

コードを読みやすくする

ところで、Sample1のMain()メソッドは、数行にわたって書かれています。C#のコードでは、

文の途中やブロック中で改行してもよい

ことになっています。このためこのコードでは、Main()メソッドを数行に分けて読みやすくしているのです。

また、C#では意味のつながった言葉の間などでなければ、自由にスペースや改行を入れることができます。つまり、

```
void M ain()
```

などといった表記はまちがいですが、

```
void   Main (){
    Console.WriteLine("ようこそC#へ!");
```

というように、スペースを入れたり、改行してもよいことになっています。

そこでSample1では、ブロック部分がわかりやすくなるように、{ の部分で改行し、内部の行頭を少し下げているのです。

コード中でこのように字下げを行うことを**インデント**(indent)と呼びます。インデントをするには、行頭でスペースキーまたは[Tab]キーを押してください。

私たちは、これから次第に複雑なコードを記述していくことになります。インデントをうまく使って、読みやすいコードを書くことを心がけていきましょう。

コードを読みやすくするためにインデントや改行を使う。

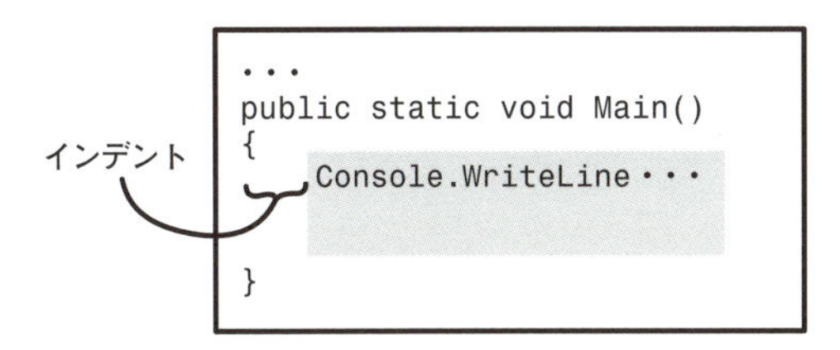

図2-3 インデント
ブロック内を字下げすることによって、コードを読みやすくします。

コメントを記述する

なお、C#では、

//という記号からその行の終わりまでの文字を無視して処理する

ことになっています。そのため、//記号のあとには、プログラムの実行とは直接関係のない、自分の言葉をメモとして入力しておくことができます。これをコメント(comment) といいます。通常は、各文のはじめや終わりに、コードがどのような処理をしているのかをメモしておくと便利です。

Sample1では、次のように、「コメント」を記述していました。

```
// 画面に文字を出力する
```

この部分は無視して処理されます

C#だけでなく多くのプログラミング言語は、人間にとっては決して読みやすい言語ではありません。このようなコメントを書いておくことによって、読みやすいコードを作成することができるのです。

もう1つのコメントの記述のしかた

コメントを記述するには、//という記号のほかに、/*　*/という記号を使うスタイルもあります。

```
/* 画面に文字を
   出力する      */
```
複数行に分けることもできます

これは、C#の基礎となったC言語などのプログラミング言語で、主に使われてきたコメントのスタイルです。C#ではこのスタイルのコメントを使うこともできます。

ただし、/*　*/記号の場合は、

/*　*/でかこまれた部分がすべてコメントになる

ことになっています。このため、/*　*/ 記号を使った場合は、複数行にわたってコメントを記入することもできるようになっています。

Sample1のように、//を使うスタイルでは、コメント記号から行の終わりまでを無視するため、複数行に続けてコメントを入力することはできません。C#ではどちらのコメント形式を利用してもかまいません。

コメントを入力してプログラムを読みやすくする。

2.2 フォーム

ウィンドウ画面を作成する

文字ばかりの画面では味気ないと感じる方もいらっしゃるかもしれません。

C#を扱うために一般的に利用されている開発環境であるVisual Studioを利用すれば、ウィンドウ画面をかんたんに作成することができます。

次のコードを入力して実行してみてください。

ただし、今度はビルドの前に、「参照を追加する」という作業が必要になります。「System」と「System.Windows.Forms」という参照を開発環境のプロジェクトに追加します。参照の追加方法については本書冒頭で解説しています。これから、ウィンドウをもったプログラムの作成では、この参照が必要になりますので注意してください。

Sample2.cs ▶ ウィンドウに出力する

```
using System.Windows.Forms;

class Sample2
{
    public static void Main()
    {
        Form fm;
        fm = new Form();

        fm.Text = "ようこそC#へ!";

        Application.Run(fm);
    }
}
```

- Form fm; — ウィンドウ（フォーム）につける名前を用意します
- fm = new Form(); — フォームを作成します
- fm.Text = "ようこそC#へ!"; — フォームのタイトルを設定します
- Application.Run(fm); — フォームを指定して起動します

Sample2の実行画面

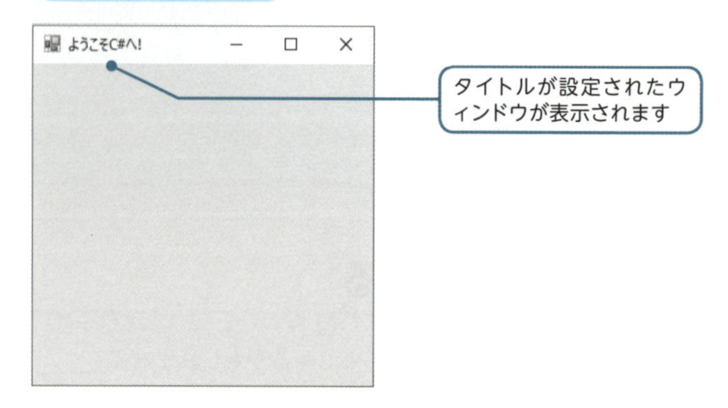

このコードを実行すると、「ようこそC#へ!」というタイトルをもったウィンドウ画面が表示されます。

クラスとオブジェクト

それでは、このプログラムはどのようにして動いているのでしょうか？ このプログラムもやはりMain()の部分からはじまります。

しかし、その次の文はさきほどの、コンソール画面に出力するコードとは違っています。次の2つの文でウィンドウ画面を作成しているのです。

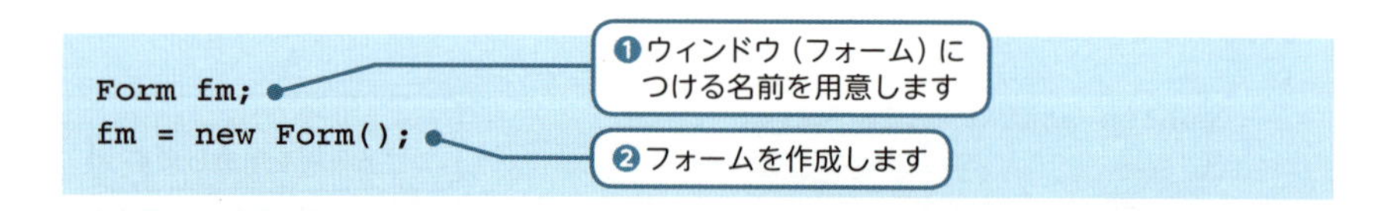

```
Form fm;
fm = new Form();
```


ここで、私たちが普段、パソコンで使っているウィンドウについて考えてみてください。表示されるウィンドウはさまざまな外観をしているでしょう。しかしその様子はどれも似ています。

C#の開発環境には、この基本となるウィンドウのひな形が用意されています。私たちはこのひな形をもとにして実際のウィンドウを作成していくことになります。

ウィンドウなど、モノの基本となるひな形のことを、C#では**クラス**（class）といいます。そして私たちのプログラムの中で実際に作成されるウィンドウのことを

オブジェクト（object）といいます。私たちはこのプログラムで、ウィンドウをあらわす「フォーム（Form）」というクラスからオブジェクトを作成し、ウィンドウを表示していきます。❶と❷はウィンドウをあらわすクラスから実際のウィンドウオブジェクトを作成する処理となっているのです。

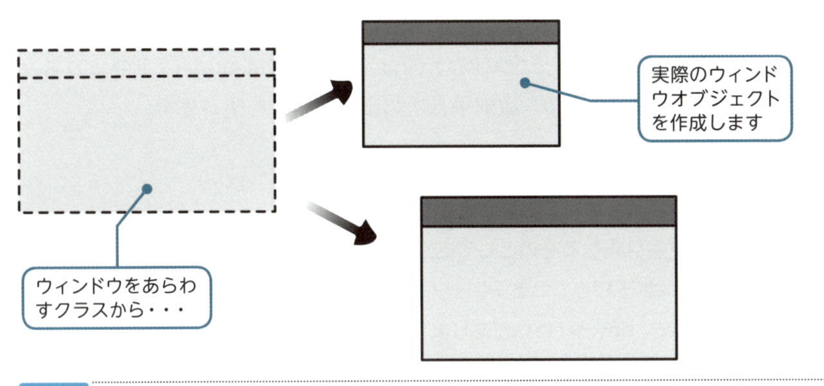

図2-4 クラスとオブジェクト
ひな形であるクラスから実際のオブジェクトを作成します。

クラスを利用して、オブジェクトを作成する。

オブジェクト名を宣言する

それではプログラムの中でクラスからオブジェクトを作成する様子を、もう少しくわしくみていきましょう。

まず、私たちがするべきことは、

❶ 実際に作成するウィンドウのために、その名前を用意する

という作業です。実際に作成するウィンドウオブジェクトに名前をつけることにするのです。これを、

オブジェクト名を宣言（declaration）する

といいます。

オブジェクト名を宣言する

```
クラス名　オブジェクト名;
```

C#では、オブジェクトなどにつける名前は、**識別子**（identifier）と呼ばれる文字の組み合わせから選びます。識別子は次のような文字を使います。

- 識別子には文字・数字・アンダースコアなどを用います。
- 識別子を数字ではじめることはできません。
- 大文字と小文字は異なるものとして区別されます。
- あらかじめC#が予約している「キーワード」を使用することはできません。主なキーワードとして、newやclassがあります。
- 識別子の長さには制限がありません。

上の規則にしたがっている正しい識別子の例をいくつかあげておきましょう。次のような名前をつけることができます。

```
a
abc
ab_c
F1
フォーム1
```

名前には日本語も使うことができます。ただし、プログラミングの慣習として英字・数字の組み合わせの名前を使うことが多くなっています。

オブジェクトは、私たちが実際につくるウィンドウですから、識別子の規則にあてはまれば自分の好きな言葉を使ってかまいません。

そこで、ここでは「fm」という名前をつけることにしています。一般的にはフォーム（ウィンドウ）であることがわかりやすい言葉を使うとよいでしょう。

一方、次の名前は識別子として正しくありません。つまり、次の文字を名前として使うことはできません。どこが誤っているのかを確認してみてください。

12a
class
new

Sample2のコードでは、最初の文で次のようにウィンドウクラス名Formを指定して、オブジェクト名fmを宣言しているわけです。

```
Form fm;
```
❶ウィンドウの名前としてfmという名前を用意します

オブジェクトを扱うには、名前を宣言する。

オブジェクトを作成する

さて、名前を用意したら、実際にオブジェクトを作成します。オブジェクトを作成するには、newというキーワードを使います。

オブジェクトの作成

```
new クラス名();
```

つまり、次のようにオブジェクトを作成することになります。

オブジェクトを作成し、＝という記号を使ってさきほどの名前に設定します。これで用意した名前に、実際のオブジェクトを設定したことになります。

なお、❶オブジェクト名の宣言と、❷オブジェクトの作成を行うこの2つの文は、1つの文にまとめることもできます。おぼえておくと便利でしょう。

```
Form fm = new Form();
```
オブジェクトを作成してオブジェクト名で取り扱えるようにします

オブジェクトを作成してオブジェクト名で扱えるようにする。

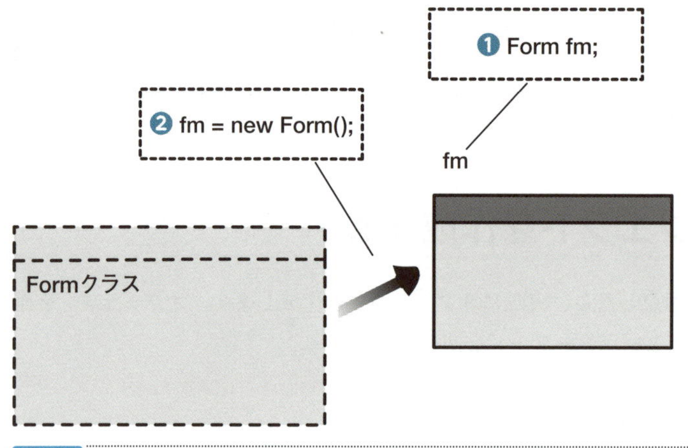

図2-5 オブジェクト名の宣言とオブジェクトの作成
❶クラスを指定して、オブジェクト名を宣言します。❷実際にそのクラスのオブジェクトを作成してオブジェクト名で取り扱えるように設定します。

プロパティを設定する

クラスからオブジェクトを作成することができました。さて、作成したオブジェクトは、私たちのプログラムにあわせて少しずつ状態を変えたり、ひな形としてまとめられた機能を利用していかなければなりません。

ウィンドウの場合、タイトルや色など、さまざまな状態をもっています。C#ではこのようなオブジェクトの状態を**プロパティ**（property）というしくみで設定できるようになっています。たとえばフォームのタイトルは、「Text」という名前のプロパティであらわされています。

プロパティに設定を行うには、次のようにします。

プロパティの設定

```
オブジェクト名.プロパティ名 = 値;
```

＝の左に変更したいオブジェクト名にピリオド（.）を続け、さらにプロパティ名を記述します。すると、＝の右に指定した値が設定されます。Sample2では、次のようにプロパティを設定しています。

```
fm.Text = "ようこそC#へ!";
```

ウィンドウのタイトルを設定します

この文で、プロパティを設定してタイトルを変えているのです。

なお、こうして作成・設定したフォームは、コード中の次の指定で実行されることになっています。

```
Application.Run(fm);
```

ウィンドウを指定して実行します

こうしてSample2では「ようこそC#へ！」というタイトルをもったウィンドウが表示されるわけです。

オブジェクトのプロパティを設定することができる。

図2-6 プロパティ
オブジェクトのプロパティを設定することができます。

コードをみわたす

クラスを利用してウィンドウを作成することができました。実際にウィンドウが表示されることが確認できたでしょうか。

ところで、私たちがこれまで記述してきたコードをよくみると、次のようなブロックにかこまれています。

```
class SampleX
{
    ...
}
```

C#のコードは、「class」という言葉が先頭についたブロックからなりたっています。私たちが作成しているプログラムも、クラスの形式で記述しています。これは、私たちが作成しているプログラムのひな形となっています。

私たちはこれから、クラスのひな形がどのようなものであるのかを記述したり、あらかじめ用意されているクラスからオブジェクトを作成することで、プログラムを作成していくことになるのです。C#の中で、クラスがたいせつなものであることが理解できたでしょうか。

2.3 文字と画像

文字列を表示する

前節では、1つのウィンドウを作成してみました。けれども、プログラムを作成するにあたって、これだけではもの足りないことでしょう。ウィンドウ上では、文字や画像を表示したり、ユーザーがクリックするボタンを表示することが必要となってきます。

C#の開発環境では、ウィンドウ上でよく使われるグラフィカルな部品も、クラスとして用意しています。ウィンドウを構成する部品は、コントロール（Control）と呼ばれています。

そこでまずはじめに、ウィンドウ上に文字を表示する機能をもつ、ラベル（Label）と呼ばれるコントロールを使ってみることにします。次のコードを入力してみましょう。

Sample3.cs ▶ 文字列を表示する

```
using System.Windows.Forms;

class Sample3
{
    public static void Main()
    {
        Form fm = new Form();
        fm.Text = "ようこそC#へ！";

        Label lb = new Label();          // ラベルを作成します
        lb.Text = "C#をはじめましょう！"; // ラベルのタイトルを設定します
        lb.Parent = fm;                  // ラベルをフォームにのせます

        Application.Run(fm);
    }
}
```

ラベルオブジェクトの作成方法も、フォームの場合と同じです。オブジェクトの名前を準備し、newを使って作成することになります。今度は「lb」というオブジェクト名で取り扱うことにしました。

ラベルに表示される文字もTextプロパティで設定します。ここでは「C#をはじめましょう！」を設定しています。

なお、ラベルはフォームの上に置かなければならないため、ラベルとフォームの関係も設定しなければなりません。

そこで、ラベルlbの「Parent」というプロパティを、フォームfmであると設定することにします。ラベルの「親」をフォームとするのです。これでラベルがフォームの上に置かれることになります。

こうしたコードによって、ウィンドウの上に文字が表示されるプログラムを作成することができるわけです。

Sample3の実行画面

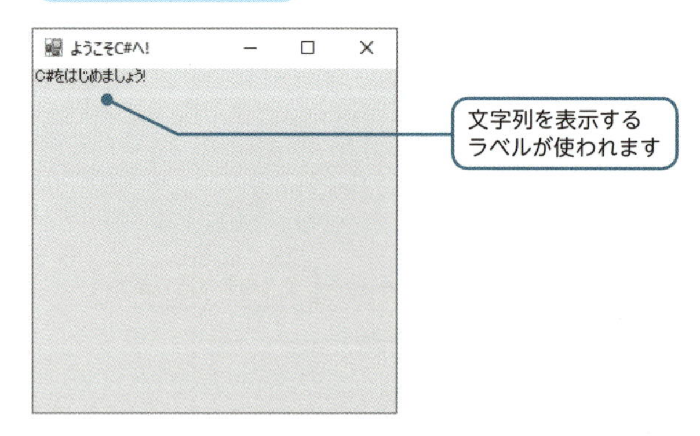

画像を表示する

今度はさらに別のコントロールを使ってみることにしましょう。画像を表示するコントロールである、**ピクチャボックス**（PictureBox）を使ってみることにします。

ただし、画像を表示するためには、いくつかの準備が必要となります。まず、cドライブの下に100×50ピクセルのビットマップファイルを「car.bmp」という名前で保存してください。コード中で、この画像を読み込む処理を行って表示することにします。

また、今度のプログラムでは、「System.Drawing」の参照を追加することが必要になります。これから、画像を使ったプログラムではこの参照の追加が必要となりますので注意してください。

Sample4.cs ▶ 画像を表示する

```
using System.Windows.Forms;
using System.Drawing;

class Sample4
{
    public static void Main()
    {
        Form fm = new Form();
        fm.Text = "サンプル";

        PictureBox pb = new PictureBox();
        pb.Image = Image.FromFile("c:¥¥car.bmp");
        pb.Parent = fm;

        Application.Run(fm);
    }
}
```

画像を読み込むピクチャボックスを作成します

画像を読み込みます

Sample4の実行画面

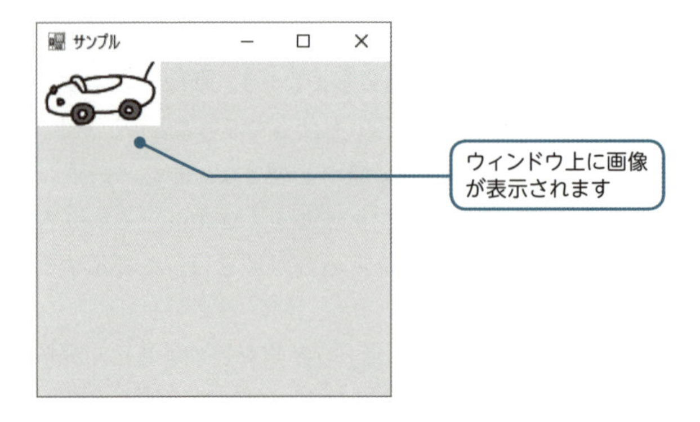

ピクチャボックスクラスの使いかたもこれまでと同じです。今度は作成したピクチャボックスに「pb」という名前をつけました。

さて、ピクチャボックスに画像を表示するには、ピクチャボックスのImageプロパティに画像を設定することが必要です。ここでは次のように設定を行うことにしましょう。

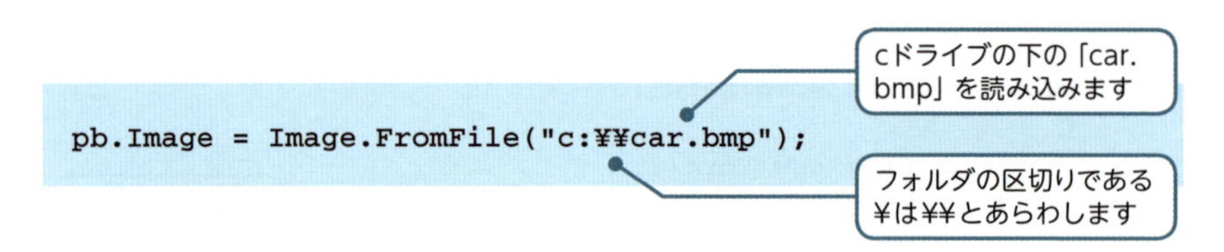


```
pb.Image = Image.FromFile("c:¥¥car.bmp");
```

少しコードがむずかしくなっていますが、ここではcドライブの下に保存した「car.bmp」という画像ファイルを読み込むことを指定しています。しばらくこの画像を使いますので、この読み込みかたをおぼえておきましょう。

なお、"c:¥¥car.bmp"」は画像の位置をあらわしています。通常、Windows上ではフォルダの区切りを¥記号で指定しますが、C#では¥記号をそのままでは認識することができません。このため、1つの¥記号を「¥¥」とあらわしているのです。

もし指定したフォルダに画像が保存できない場合は、自分で指定したフォルダや画像を使ってもかまいません。たとえばcドライブの下のSampleフォルダの下の「car.bmp」であれば、「"c:¥¥Sample¥¥car.bmp"」とあらわすことになります。¥記号に気をつけてたしかめてみてください。

コントロールを利用して、ウィンドウ上に文字列や画像を表示できる。

エスケープシーケンス

¥¥のように、コードの中では特殊な文字を使う場合があります。C#において¥記号は、コードの中で特別な意味をもたされています。そのため普通に¥記号をあらわしたい場合は、もう1つ¥をつけて¥¥としてあらわす必要があるのです。

このような特殊な文字は、2つ以上の文字の組み合わせで1文字分をあらわすことがあります。これらを**エスケープシーケンス** (escape sequence) といいます。主なエスケープシーケンスには次のような種類があります。

表2-1 主なエスケープシーケンス

エスケープシーケンス	意味している文字
¥a	警告音
¥b	バックスペース
¥t	水平タブ
¥v	垂直タブ
¥n	改行
¥f	改ページ
¥r	復帰
¥'	'
¥"	"
¥¥	¥
¥0	null
¥uhhhhまたは¥Uhhhh	16進数hhhhの文字コードをもつ文字

2.4 レッスンのまとめ

この章では、次のようなことを学びました。

- コンソールに文字を表示することができます。
- Main()メソッドの先頭から、プログラムの実行がはじまります。
- 文は、処理の小さな単位となります。
- { }でかこんだ部分をブロックと呼びます。
- コメント文として、コード中にメモを書いておくことができます。
- クラスからオブジェクトを作成することができます。
- プロパティを設定してオブジェクトの状態を設定することができます。
- フォームクラスを利用して、ウィンドウを作成することができます。
- ラベルクラスを利用して、ウィンドウに文字列を表示できます。
- ピクチャボックスクラスを利用して、ウィンドウに画像を表示できます。

この章では、コンソール画面に文字を表示したり、ウィンドウに文字列や画像を表示したりする方法を学びました。しかし、これだけの知識では、まだまだ変化に富んだプログラムを作成していくことはできません。これからさらにさまざまな手法を学んでいくことにしましょう。

練習

Lesson 2

1. コンソール画面に次の文字列を出力するプログラムを作成してください。

```
こんにちは
さようなら
```

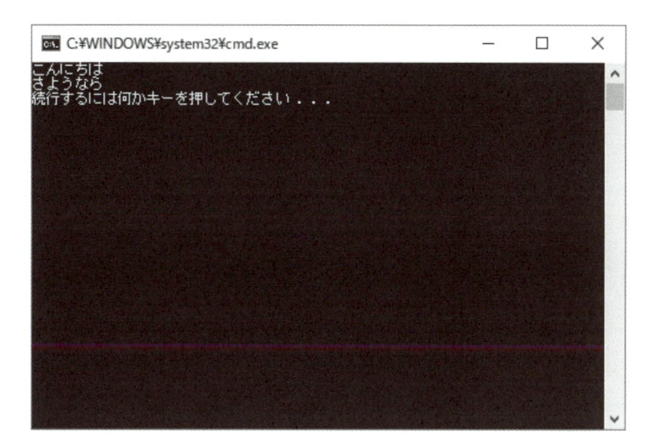

2. ウィンドウに次の文字列を出力するプログラムを作成してください。

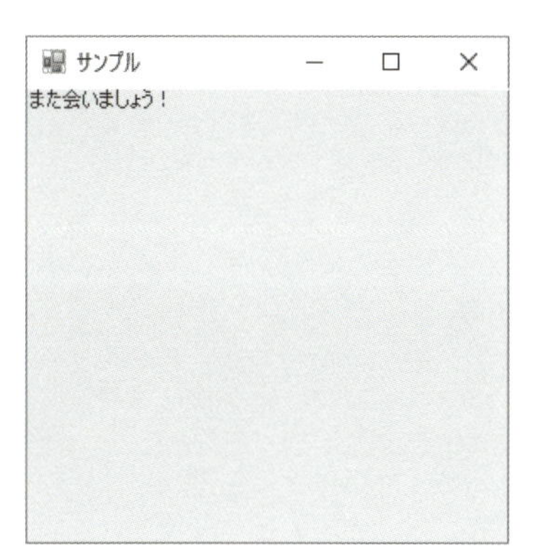

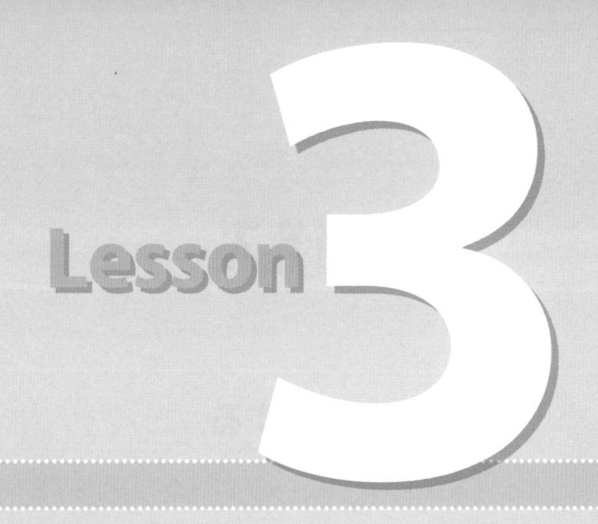

型と演算子

この章では、C#で取り扱う値やオブジェクトの種類についてみていくことにします。C#ではさまざまな種類の値を扱うことになります。また演算子を使ってさまざまな処理を行う方法を学びましょう。演算子によって、計算処理をはじめとする、バリエーションに富んだ処理を行うことができるようになります。

Check Point!

- 代入
- 変数
- 型
- 演算子

3.1 代入

値を代入する

前章では、私たちはクラスからオブジェクトを作成し、プロパティを設定してきました。フォーム（ウィンドウ）やコントロールを作成し、そのプロパティを設定することによって、ウィンドウタイトルを指定したり、文字列や画像を表示したりすることができたわけです。

プロパティにはさまざまな種類があります。今度はピクチャボックスの上端位置を意味するTopプロパティを設定してみましょう。cドライブの下に画像ファイルの「car.bmp」を保存しておきます。

Sample1.cs ▶ プロパティへの値の代入

```
using System.Windows.Forms;
using System.Drawing;

class Sample1
{
    public static void Main()
    {
        Form fm = new Form();
        fm.Text = "サンプル";

        PictureBox pb = new PictureBox();
        pb.Image = Image.FromFile("c:¥¥car.bmp");
        pb.Top = 100;

        pb.Parent = fm;

        Application.Run(fm);
    }
}
```

代入といいます

Sample1の実行画面

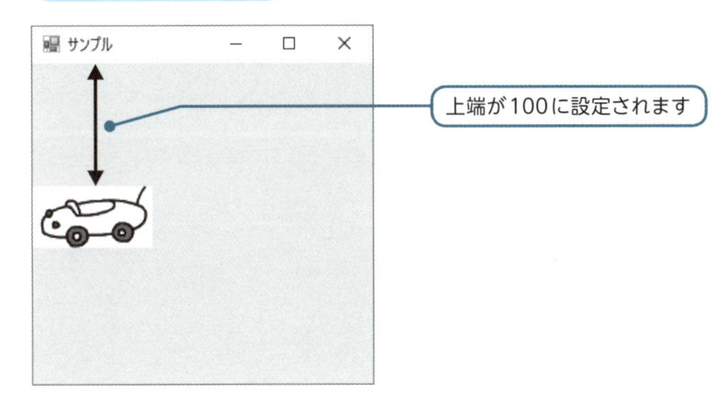

プロパティを設定するときは、=という記号を使います。ここではTopプロパティに100という値を設定しています。この設定によって、ピクチャボックスの上端がフォームの上端から100の位置に表示されることになるわけです。

このように、プロパティなどに=という記号を使って値を設定することを、C#では**代入**（assignment）と呼ぶことがあります。

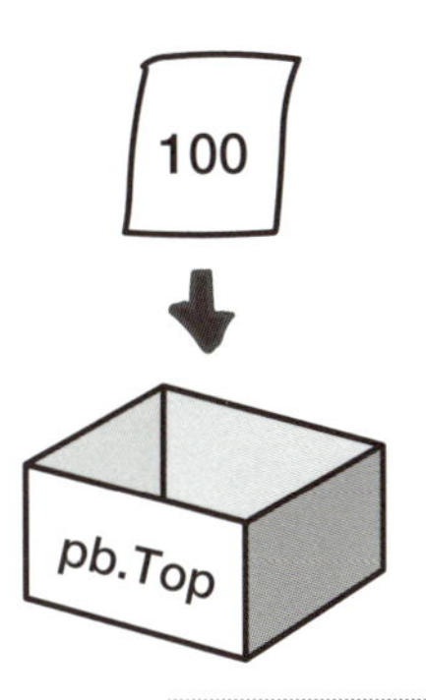

図3-1 代入
プロパティに値を代入して設定を行います。

=記号によって値を代入することができる。

ほかのプロパティの値を代入する

あるプロパティを指定して、別のプロパティに直接値を代入することもできます。次のコードをみてみましょう。

Sample2.cs ▶ 別のプロパティの値を代入する

```
using System.Windows.Forms;
using System.Drawing;

class Sample2
{
    public static void Main()
    {
        Form fm = new Form();
        fm.Text = "サンプル";

        PictureBox pb = new PictureBox();
        pb.Image = Image.FromFile("c:¥¥car.bmp");
        pb.Top = 100;
        pb.Left = pb.Width;

        pb.Parent = fm;

        Application.Run(fm);
    }
}
```

直接値を代入することもできます

Sample2の実行画面

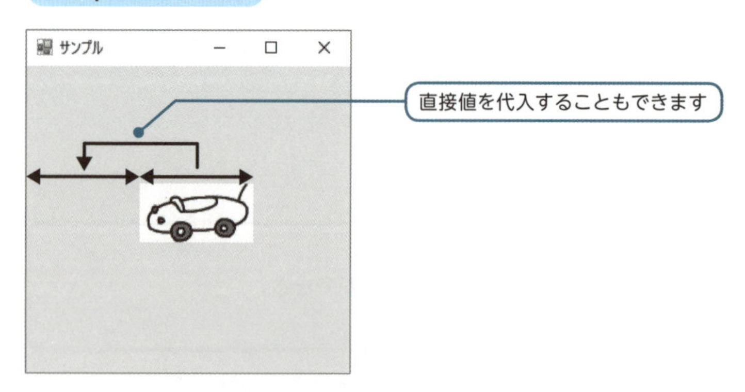

ここでは、ピクチャボックスの左端をあらわすLeftプロパティに、幅をあらわすWidthプロパティの値を代入しています。このように、

プロパティに別のプロパティの値を直接代入することができる

わけです。ここではピクチャボックスの左端位置を、幅と同じ値として設定していますから、画面の左からピクチャボックスの幅だけはなれて表示することができています。

このようにプロパティを利用すれば、さまざまなコントロールを画面上に整理した上で配置することもできるでしょう。

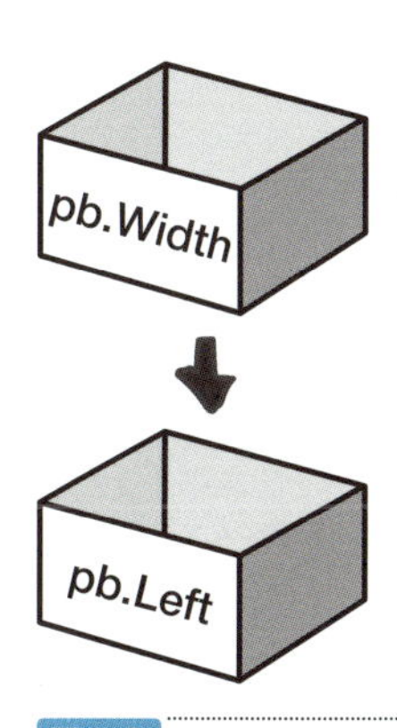

図3-2 直接代入する
プロパティの値を別のプロパティに直接代入することができます。

3.2 型と変数

型のしくみを知る

さて、ここまで、さまざまなプロパティに値を代入してきました。ただし、プロパティに値を代入する際には、気をつけるべきことがあります。それは、

それぞれのプロパティには、代入できる値の種類が決まっている

ことです。たとえば、ラベルの位置をあらわすTopプロパティやLeftプロパティ、幅をあらわすWidthプロパティには、必ず数値を指定しなければなりません。このようなプロパティには「ようこそ」などといった文字列を代入することはできません。

C#では、数値を直接あらわす場合は、そのまま数字を記述し、文字列を直接あらわす場合は、文字列を" "でかこむことになっています。

```
lb.Top = 100;
lb.Text = "ようこそ";
```


このような値の種類は**型**（Type）と呼ばれています。C#の主な型には、次のような種類があります。

表3-1　C#の主な型

種類			型名
値型	整数	符号付き8ビット整数	sbyte
		符号なし8ビット整数	byte
		Unicode文字	char
		符号付き16ビット整数	short
		符号なし16ビット整数	ushort

種類			型名
		符号付き32ビット整数	int
		符号なし32ビット整数	uint
		符号付き64ビット整数	long
		符号なし64ビット整数	ulong
	浮動小数点数	32ビット浮動小数点数	float
		64ビット浮動小数点数	double
	デシマル	128ビット数値	decimal
	論理 (true/false)		bool
参照型	文字列		string
	クラス		各クラス
ポインタ型			

たとえば、ラベルの上部位置をあらわすTopプロパティで指定できる値は整数型です。これに対して表示文字をあらわすTextプロパティは文字列型です。

また、ピクチャボックスの画像をあらわすImageプロパティは参照型となっています。

原則として異なる型のプロパティには、別の型の値を代入することはできませんので注意しておいてください。

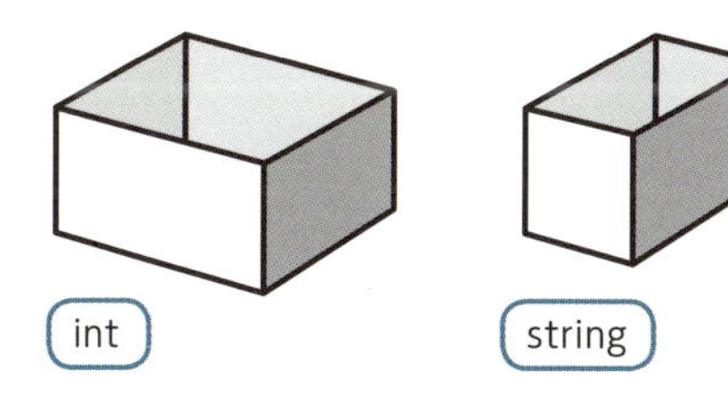

図3-3 型
値には種類があります。これは型によってあらわされます。

型は値の種類をあらわす。

いろいろな型

「型」についてもう少しくわしく紹介しておきましょう。

型は値の種類をあらわしています。整数型では整数値を、浮動小数点数では小数をあらわすことができます。たとえば、円周率の3.14は整数型ではあらわせませんが、浮動小数点数型としてあらわすことができます。

また、ビット数が多いほうがより広い範囲の数値をあらわすことができます。たとえば、符号なし8ビット整数byteは0 ~ 255で扱われる色などの値をあらわすためによく使われますが、10,000などの大きな数値をあらわすことはできません。

変数で値を扱う

さて、C#ではプログラムの中で自分で型を指定して、必要な種類の値を一時的に格納しておくことがあります。このしくみを変数（variable）といいます。

次のコードをみてください。

Sample3.cs ▶ 変数を使う

```
using System.Windows.Forms;
using System.Drawing;

class Sample3
{
    public static void Main()
    {
        Form fm = new Form();
        fm.Text = "サンプル";

        int w;                  ❶変数を宣言しています
        w = 100;                ❷変数に値を代入しています

        PictureBox pb = new PictureBox();
        pb.Image = Image.FromFile("c:¥¥car.bmp");
        pb.Top = w;             ❸変数に代入された値を利用しています

        pb.Parent = fm;
```

```
        Application.Run(fm);
    }
}
```


Sample3の実行画面

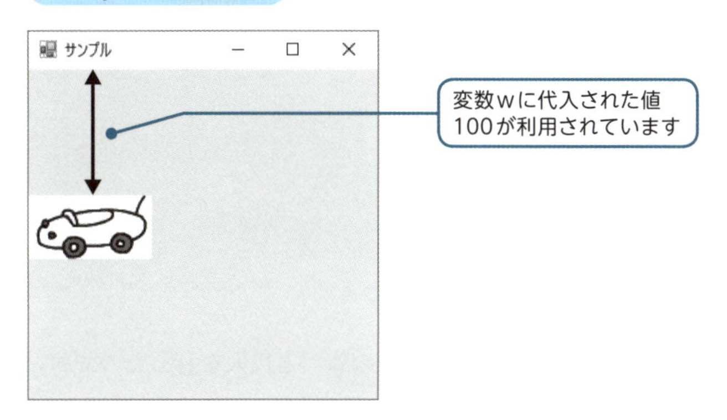

ここでは、「w」という名前を用意して、整数型の値を扱うための変数を用意しています（❶）。これは整数型の値を一時的に格納しておくハコのようなものと考えることができます。

ハコを用意したら、このwに100という整数値を代入しておくことができます（❷）。ハコに値が入っていれば、変数w（の値）をpb.Topに直接代入して利用することができるわけです（❸）。

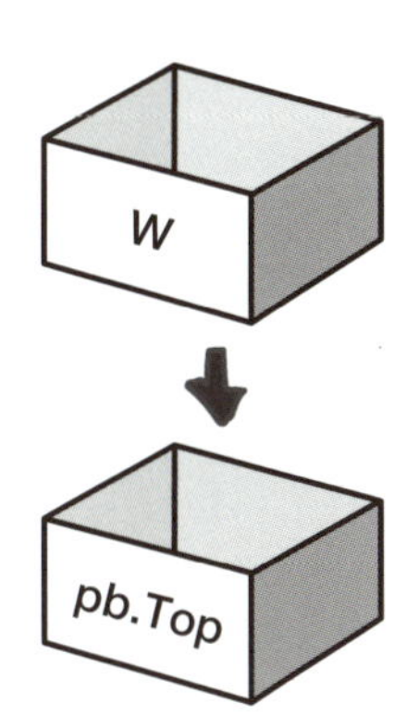

図3-4 変数を用意して代入する

変数を用意して値を格納し、代入することができます。

wのような変数の名前を用意することを**変数の宣言**（declaration）といいます。変数の宣言は次のように行います。

変数の宣言

```
型　変数名;
```

変数の名前は識別子の範囲で適当な名前を使ってかまいません。用意した変数は、次のように使うことになります。

変数への代入

```
変数名 = 値;
```

そこで、さきほどのコードでは、次のように変数の宣言と代入を行ったのです。

なお、変数を宣言すると同時に値を代入することもできます。これを変数の**初期化**（initialization）といいます。変数の初期化は次のように記述します。

変数の初期化

```
型　変数名 = 値;
```

つまり、さきほどのサンプルでは、次のように初期化を行えるわけです。

変数を知っておくと便利です。あるプロパティに値を設定するとき、常に別のプロパティに直接代入できるわけではありません。次の節からみていくように、プロパティの値をさまざまな計算処理によって操作していく場合もあります。このよ

うなとき、処理の途中で一時的に値を記憶しておくための作業用の変数が必要になるのです。変数の利用についておぼえておきましょう。

変数を準備して、利用することができる。

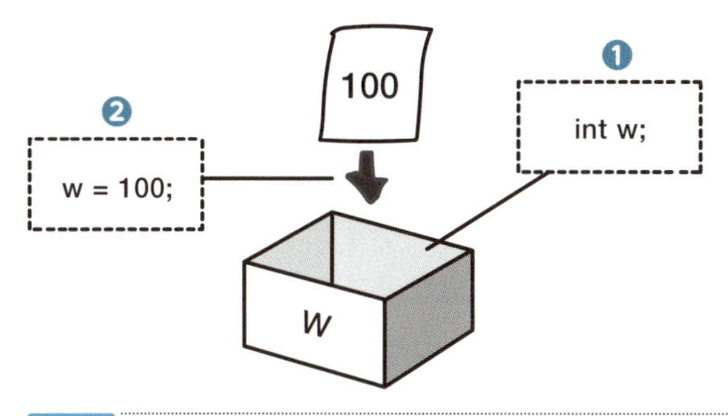

図3-5 変数
❶変数wを宣言します。
❷変数wに100を代入します。

オブジェクトでクラス型の値を扱う

ところで、変数は、変数名を使っていろいろな種類の値を一時的に格納し、扱えるようにするためのものでした。私たちはこれまでにもウィンドウやコントロールなどのオブジェクトを扱えるようにするためにオブジェクトの名前を用意しています。

実は、オブジェクトにつけた名前も1つの変数となっています。オブジェクトは、表3-1に示した参照型（クラス型）の変数となっています。

つまり、オブジェクトの名前は、ひな形としてまとめられた値や機能を扱うための変数名となっているのです。

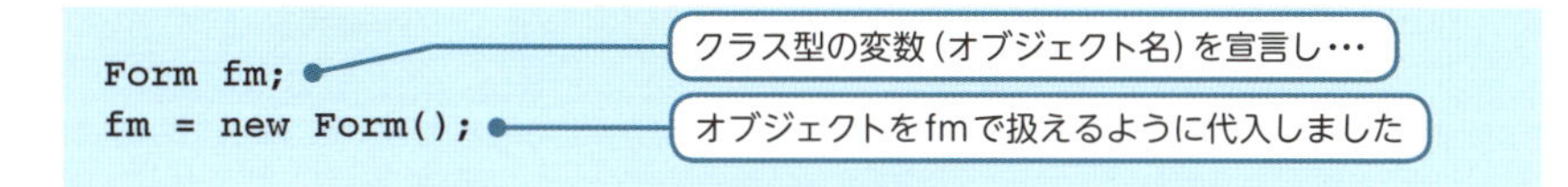


```
Form fm;
fm = new Form();
```

私たちはオブジェクトを作成するとき、クラス型の変数の名前（オブジェクト名）を用意して、設定する処理を行っていたわけです。つまり、これを1つにまとめた文はオブジェクトを作成して初期化する処理ということになります。

```
Form fm = new Form();
```

クラス型の変数をオブジェクトで初期化しています

変数はさまざまな状況で使われます。変数の概念がたいせつなものであることが理解できたでしょうか。

オブジェクトはクラス型の変数である。

変数とは

コンピュータ内部での変数のしくみについて少しみておきましょう。コンピュータで取り扱うデータはコンピュータ内部のメモリに記憶されます。**変数**は、このメモリ内のデータを扱えるようにするしくみです。値型の変数は、メモリに記憶されているデータをそのまま扱えるようにしたものです。また、参照型の変数は、オブジェクトに関する値や機能が記憶されたメモリの場所をあらわした（参照した）ものとなっています。なお、参照型の変数がオブジェクトを参照していない状態は、nullと呼ばれています。

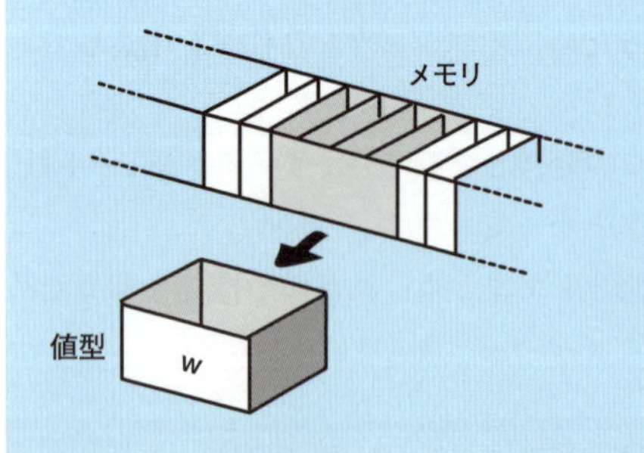

3.3 演算子

演算子を使う

さて、プロパティに値を代入したり、変数を扱ったりすることで、C#のプログラムを作成していくことができました。

コンピュータではさらに、さまざまな処理を「計算」をすることによって行います。そこで、計算処理を行うプログラムを作成してみましょう。

Sample4.cs ▶ ピクチャボックスの位置を変更する

```
using System.Windows.Forms;
using System.Drawing;

class Sample4
{
    public static void Main()
    {
        Form fm = new Form();
        fm.Text = "サンプル";

        PictureBox pb = new PictureBox();
        pb.Image = Image.FromFile("c:¥¥car.bmp");
        pb.Top = pb.Top + 10;
        pb.Left = pb.Left + 10;

        pb.Parent = fm;

        Application.Run(fm);
    }
}
```

プロパティの値に10を足して・・・

結果を代入しています

Sample4の実行画面

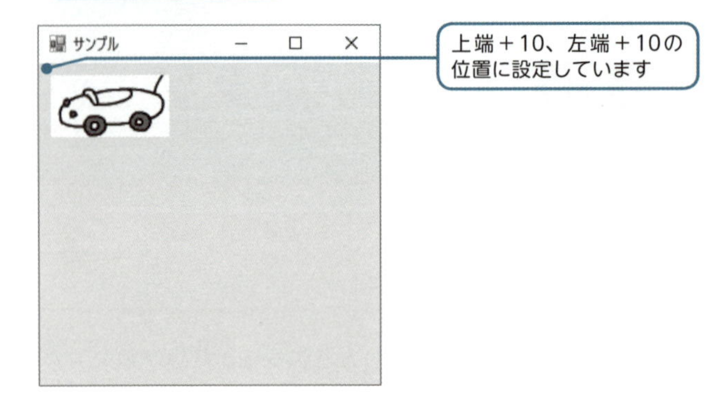

ここでは、ピクチャボックスのTopプロパティとLeftプロパティの値に10を加算しています。そして加算した値をそれぞれのプロパティに再び代入しているのです。

+のような記号を**演算子**（operator）といいます。演算子によって計算される対象を**オペランド**（operand）といいます。+という演算子は、2つの数値をオペランドとして足しあわせる機能をもつ演算子となっています。

この式は、右辺と左辺がつりあっていない、変わった表記にもみえます。けれども=の記号は「等しい」という意味ではなく、「値を代入する」という機能をもつものです。そこでこのような記述が可能なのです。

2つのプロパティの初期値は0であるので、ここではフォームの左上端から（10,10）の位置に画像の左上端が設定されます。

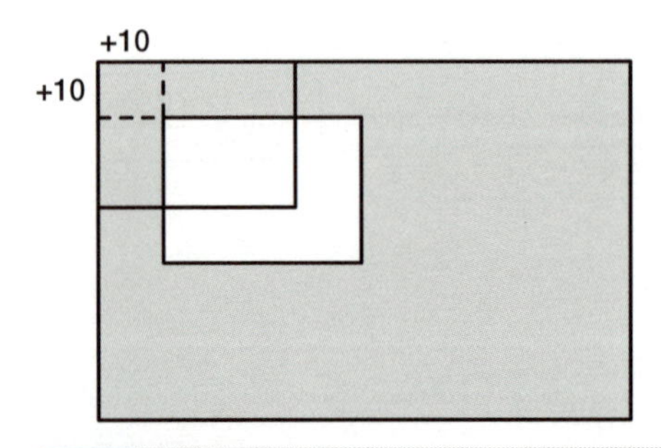

図3-6 足し算をする
＋演算子を使って足し算をすることができます。

四則演算を行う

C#でできる計算は足し算ばかりではありません。引き算、掛け算、割り算という一般的に使われている四則演算を行うことができます。次のコードをみてみましょう。

Sample5.cs ▶ ピクチャボックスを中央に表示する

```
using System.Windows.Forms;
using System.Drawing;

class Sample5
{
    public static void Main()
    {
        Form fm = new Form();
        fm.Text = "サンプル";

        PictureBox pb = new PictureBox();
        pb.Image = Image.FromFile("c:¥¥car.bmp");
        pb.Top = (fm.Height - pb.Height) / 2;
        pb.Left = (fm.Width - pb.Width) / 2;

        pb.Parent = fm;

        Application.Run(fm);
    }
}
```

上端位置を計算しています

左端位置を計算しています

Sample5の実行画面

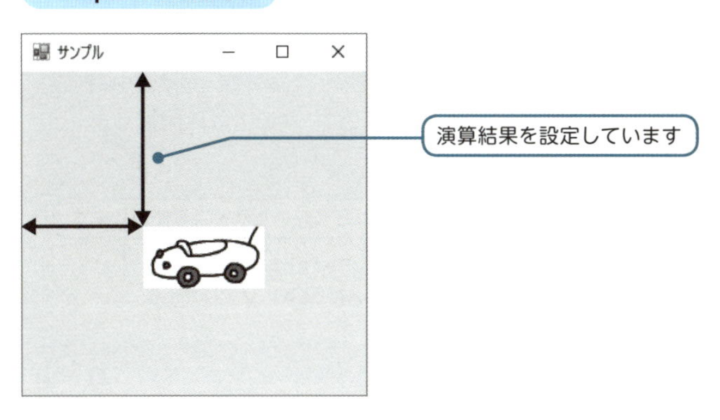

ここでは次の計算を行っています。

```
pb.Top = (fm.Height - pb.Height) / 2;
pb.Left = (fm.Width - pb.Width) / 2;
```

フォームの幅（高さ）からピクチャボックスの幅（高さ）を引き、2で割った数値をピクチャボックスの左端（上端）位置としています。

これでピクチャボックスは、フォームの中央付近に表示されることになります。計算を行うことによって、フォームの中央に画像を表示することができるわけです。

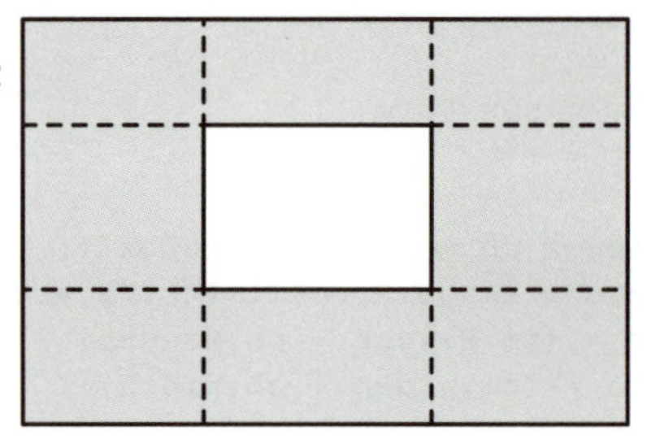

図3-7 四則演算を行う
演算子を使って四則演算を行うことができます。

中央に表示する

本書ではC#の基本を学ぶため、フォームの中央付近に表示する際に、フォームの高さと幅を使用して計算しています。ただし、厳密に中央に表示するためには、フォームの枠などを除いたサイズで計算をすることが必要です。実際にフォームの中央に表示するには、次のように記述します。実践で使用してみるとよいでしょう。

枠などを除いたサイズを使用します

```
pb.Top = (fm.ClientSize.Height - pb.Height) / 2;
pb.Left = (fm.ClientSize.Width - pb.Width) / 2;
```

演算子の種類

C#にはさまざまな種類の演算子があります。演算子の種類を次の表に示しておきましょう。

表3-2 主な演算子の種類

記号	名前	記号	名前
+	加算	<=	以下
-	減算	==	等価
*	乗算	!=	非等価
/	除算	!	論理否定
%	剰余	&&	論理積
+	単項+	||	論理和
-	単項-	is	互換性チェック(値型)
~	補数	as	互換
&	ビット論理積	( )	キャスト
&	アドレス参照	,	順次
|	ビット論理和	( )	関数呼び出し
^	ビット排他的論理和	sizeof	サイズ
=	代入	[ ]	配列添字
<<	左シフト	.	メンバ参照
>>	右シフト	->	メンバ参照
++	インクリメント	=>	ラムダ式
--	デクリメント	? :	条件
>	より大きい	new	オブジェクト作成
>=	以上	typeof	型取得
<	未満	delegate	匿名メソッド

インクリメント・デクリメント演算子

表3-2の演算子のうち、プログラムを作成するときによく使うものをみていきましょう。まず、表の中にある「++」という演算子をみてください。この演算子は次のように使います。

++演算子は**インクリメント演算子**（increment operator）と呼ばれています。「インクリメント」とは、（変数の）値を1増やす演算のことです。つまり、次のコードでは、変数aの値を1増やしていますから、さきほどのコードと同じ処理を行っていることになります。

一方、-を2つ続けた「--」は**デクリメント演算子**（decrement operator）といいます。「デクリメント」は、変数の値を1減らす演算のことです。

このデクリメント演算子は、次のコードと同じ意味になります。

インクリメント（デクリメント）演算子は変数の値を1加算（減算）する。

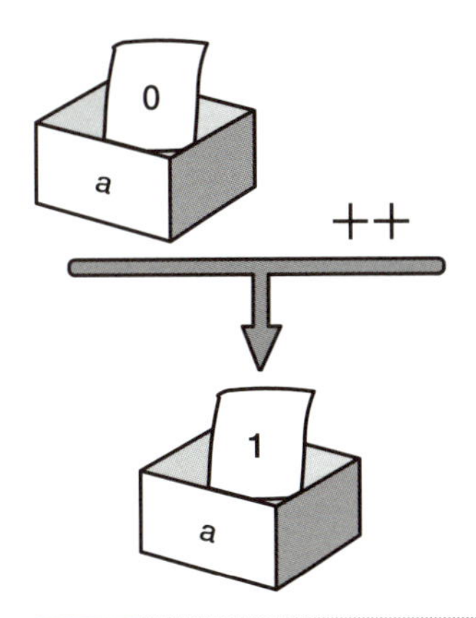

図3-8 インクリメントとデクリメント
インクリメント（デクリメント）演算子は、変数の値に1を加算（減算）します。

インクリメント・デクリメントの使いかた

インクリメント・デクリメント演算子は1つずつ値を増やしたり減らしたりするため、なんらかの処理の回数を1回ずつカウントするときなどによく用いられます。第4章で紹介するfor文では、この演算子がよく使われます。

代入演算子

次に、代入演算子（assignment operator）について学びましょう。代入演算子は、これまでオブジェクト名に作成したオブジェクトを設定したり、プロパティや変数に値を代入する際に使ってきた「=」という記号のことです。この演算子は通常の=の意味である「等しい」（イコール）という意味ではないことは、すでに説明しました。つまり、代入演算子は、

左辺の変数に右辺の値を代入する

という機能をもつ演算子なのです。

代入演算子は=だけではなく、=とほかの演算を組み合わせたバリエーションもあります。次の表をみてください。

表3-3　代入演算子のバリエーション

記号	名前
+=	加算代入
-=	減算代入
*=	乗算代入
/=	除算代入
%=	剰余代入
&=	論理積代入
^=	排他的論理和代入
|=	論理和代入
<<=	左シフト代入
>>=	右シフト代入

これらの代入演算子は、ほかの演算と代入を同時に行う複合的な演算子となっています。この中から例として、+=演算子をみていくことにしましょう。

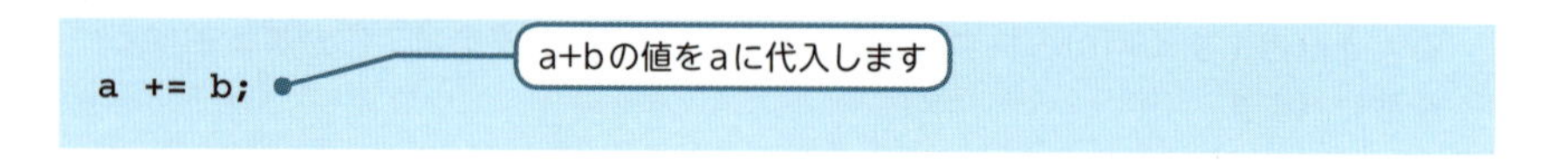

+=演算子は、

変数aの値に変数bの値を足し算し、その値を再び変数aに代入する

という演算を行います。+演算子と=演算子の機能をあわせたような機能をもっているのです。

このように、四則演算などの演算子（●としておきます）と組み合わせた複合的な代入演算子を使った文である

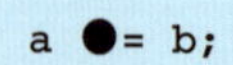

は、通常の代入演算子である=を使って、

```
a = a ● b;
```

と書きあらわすことができます。

つまり、次の2つの文はどちらも、変数aの値とbの値を足して変数aに代入する処理をあらわすものとなります。

```
a += b;
a = a+b;
```

なお、複合的な演算子では、

```
a + = b;
```

などと、+と=の間にスペースをあけて記述してはいけません。

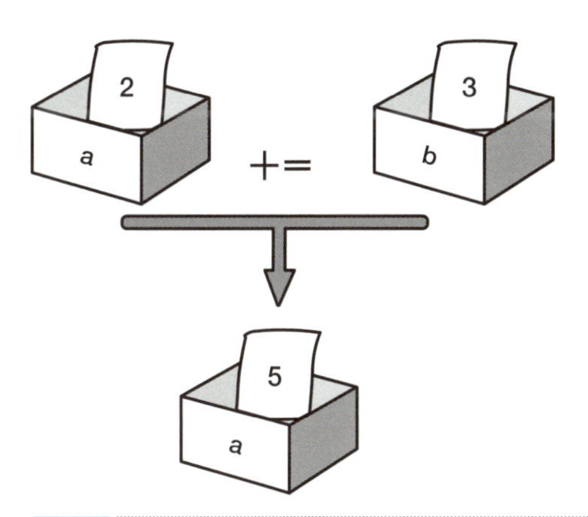

図3-9 複合的な代入演算子

複合的な代入演算子を使うと、四則演算と代入を1つの演算子でシンプルに記述することができます。

文字列連結

なお、演算子はオペランドの型によって異なる処理を行う場合があります。たとえば次の+演算子をみてください。

```
lb.Text = "変数aの値は" + a + "です。"
```

aの値を文字列としてつなぎ合わせます

この2つの+演算子の一方のオペランドには、" "でかこまれた文字列型の値が含まれています。このとき、+演算子は四則演算の加算ではなく、

文字列として連結する

という処理を行います。おぼえておくと便利でしょう。

いろいろな演算子

演算子には、ほかにもさまざまな種類があります。たとえば、剰余演算子%は、割り算のあまり（剰余）を求める演算子です。この演算子は、グループ分けなどをする場合によく用いられます。

たとえば、ある整数を5で割ったあまりを求めれば、0～4のいずれかの値を求めることができます。これで、0～4の5つのグループに分けることができるでしょう。

なお、除算・剰余演算子は、0で割ることはできませんので注意してください。

3.4 レッスンのまとめ

この章では、次のようなことを学びました。

- 値を代入するには＝記号を使います。
- 型にはさまざまな種類があります。
- 変数に値を格納することができます。
- 変数の「名前」には識別子を使います。
- 演算子はオペランドと組み合わせて式をつくります。
- インクリメント・デクリメント演算子を使うと、変数の値を1加算または減算できます。
- 複合的な代入演算子を使うと、四則演算と代入演算を組み合わせた処理を行うことができます。
- ＋演算子によって文字列を連結することができます。

型と演算子はC#の最も基本的な機能です。といっても、この章に登場したサンプルだけでは、型と演算子のありがたみを感じることはむずかしいかもしれません。しかし、たくさんのコードを入力し、本書を読み終えるころには、これらの機能がC#にはなくてはならない機能だということがわかるはずです。さまざまなコードを入力したあと、この章に戻ってもう一度復習してみてください。

練習

1. フォームの大きさを幅300、高さ200に設定し、ラベルを中央に表示してください。

・Widthプロパティ・・・幅を設定する
・Heightプロパティ・・・高さを設定する

2. 2つのラベルの左端位置を100あけて配置してください。

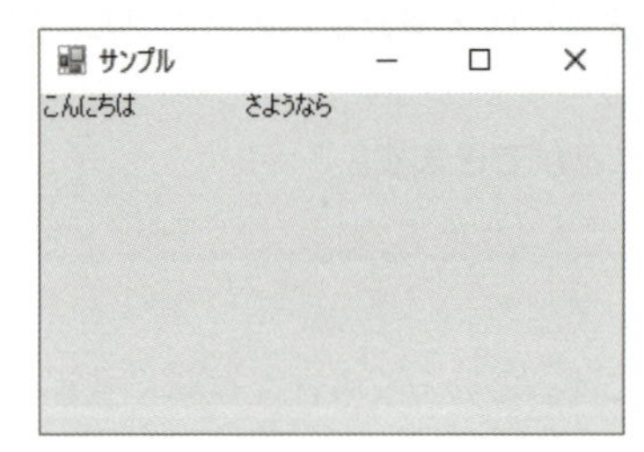

Lesson 4

処理の制御

ここまでのコードで記述した処理は、コード内に記述した文が、1文ずつ順序よく処理されるものでした。しかし、さらに複雑な処理をしたい場合には、文を順番に処理するだけでは対応できない場合があります。C#では複数の文をまとめ、処理をコントロールする方法があります。ここでは、処理をコントロールする文を学びましょう。

Check Point!

- if文
- if ～ else if ～ else文
- switch文
- for文
- while文
- do ～ while文
- 配列

4.1 条件分岐

状況に応じた処理をする

プログラムでは、状況に応じた処理をする場合があります。たとえばウィンドウ画面上に車のキャラクターを表示するプログラムを考えてみてください。画面の中で、キャラクターがどの位置にいるかによって、表示を変えるような処理を行いたい場合があります。

C#では、このような状況に応じた処理を行うことができます。

条件のしくみを知る

それでは状況に応じた処理は、どのように行われるものなのでしょうか。私たちは、日常生活でも次のようなさまざまな状況に出会う場合があります。

学校の成績がよかったら・・・
　　➡ 友達と旅行に行く
学校の成績が悪かったら・・・
　　➡ もう一度勉強する

C#でさまざまな状況をあらわすためには、**条件**（condition）という概念を用います。たとえば上の例では、

よい成績である

ということが「条件」にあたります。

もちろん、実際のC#のコードでは、このように日本語で条件を記述するわけで

はありません。値が、

真（true）
偽（false）

という値のどちらかであらわされるものを、C#では条件と呼びます。trueまたはfalseとは、その条件が「正しい」または「正しくない」ということをあらわす値です。

たとえば、「よい成績である」という条件を考えてみると、条件がtrueまたはfalseになる場合とは、次のようなことをいうわけです。

成績が80点以上だった場合 ➡ よい成績であるから条件はtrue
成績が80点以下だった場合 ➡ よい成績でないから条件はfalse

条件を記述する

条件というものが、なんとなくわかったところで、条件をC#の式であらわしてみましょう。私たちは、3が1より大きいことを、

3 > 1

という不等式であらわすことがあります。たしかに、3は1より大きい数値なので、この不等式は「正しい」といえます。一方、次の不等式はどうでしょうか。

3 < 1

この式は「正しくない」ということができます。C#でも、>のような記号を使うことができ、上の式はtrue、下の式はfalseであると評価されます。つまり、3>1や3<1という式は、C#の条件ということができるのです。

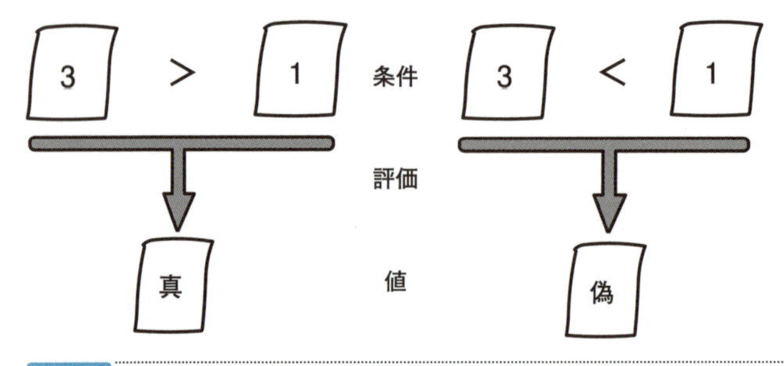

図4-1 条件

関係演算子を使って「条件」を記述できます。条件は、trueまたはfalseという値をもちます。

条件をつくるために使う>記号などは、**関係演算子**（relational operator）と呼ばれています。表4-1に、いろいろな関係演算子と条件がtrueとなる場合をまとめました。

表4-1をみるとわかるように、>の場合は「右辺より左辺が大きい場合にtrue」となるので、3>1はtrueとなります。これ以外の場合、たとえば1>3はfalseとなります。

表4-1 関係演算子

演算子	式がtrueとなる場合
==	右辺が左辺に等しい
!=	右辺が左辺に等しくない
>	右辺より左辺が大きい
>=	右辺より左辺が大きいか等しい
<	右辺より左辺が小さい
<=	右辺より左辺が小さいか等しい

関係演算子を使って条件を記述する。

関係演算子を使って条件を記述する

それでは、関係演算子を使って、いくつか条件を記述してみましょう。

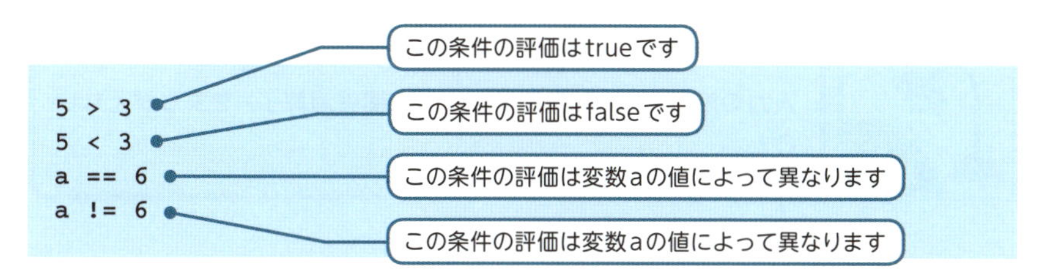

5 > 3という条件は、3よりも5が大きいので、式の値はtrueになることがわかります。また、5 < 3という条件は式の値はfalseになります。

条件の記述には変数を使うこともできます。たとえば、上のa == 6という条件は、式が評価されるときに（式を含む文が実行されるときに）、変数aの値が6であった場合はtrueになります。一方、変数aの内容が3や10であった場合はfalseになります。このように、そのときの変数の値によって条件があらわす値が異なるわけです。

同様に、a != 6はaが6以外の値のときにtrueとなる条件となっています。

なお、!=や==は2文字で1つの演算子ですから、!と=の間に空白を入力したりしてはいけません。

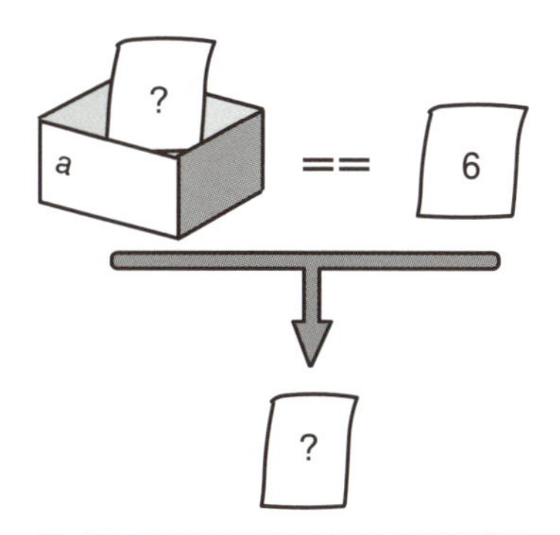

図4-2 ==演算子と変数
変数を条件に用いた場合は、変数の値によって、全体の評価がtrueになる場合も、falseになる場合もあります。

ところで、=演算子が代入演算子と呼ばれていたことを思い出してください（第3章）。かたちは似ていますが、==は異なる種類の演算子（関係演算子）です。この2つの演算子は実際にコードを書く際に、たいへんまちがえやすい演算子となっています。よく注意して入力するようにしてください。

入力の際に=（代入演算子）と==（関係演算子）をまちがえないこと。

if文のしくみを知る

それでは実際に、さまざまな状況に応じた処理を行ってみましょう。
C#では、状況に応じた処理を行う場合、

「条件」の値（trueまたはfalse）に応じて処理を行う

というスタイルの文を記述します。このような文を**条件判断文**（conditional statement）といいます。まずはじめに、条件判断文の1つとして、**if文**（if statement）という構文を学びましょう。if文は、条件がtrueの場合にブロック内の文を順に処理するという構文です。

if文

```
if  (条件)
{
    文;   ← 条件がtrueのとき処理されます
    ...
}
```

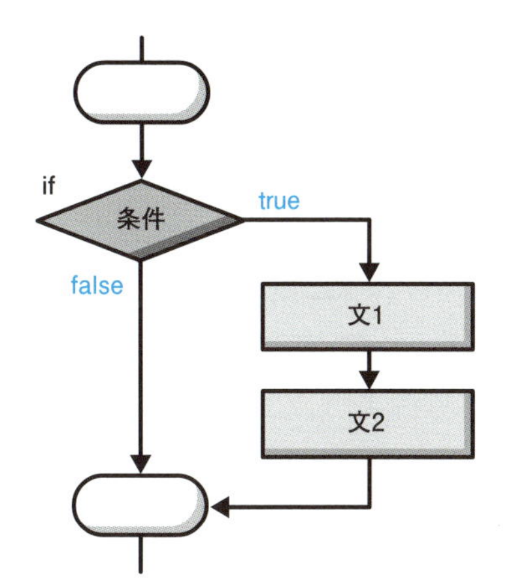

図4-3 if文

if文は、条件がtrueだった場合に、ブロックを順に処理します。false の場合には、ブロックを処理しないで次の処理を行います。

たとえば、車のキャラクターの状況をif文にあてはめてみると、次のようなイメージのコードになります。ブロック内の文が1文であるときは{}を省略することもできます。

```
if  (車の左端が150以上である)
    車は東にありますと表示する
```

if文を記述することによって、条件（「車の左端が150以上である」）がtrueであった場合、「車は東にあります」という処理を行うのです。それ以外の場合は、「車は東にあります」という処理は行われません。

それでは、実際にコードを入力して、if文を実行してみることにしましょう。

Sample1.cs ▶ if文を使う

```
using System.Windows.Forms;
using System.Drawing;

class Sample1
{
    public static void Main()
```

```
    {
        Form fm = new Form();
        fm.Text = "サンプル";
        fm.Width = 300; fm.Height = 200;

        PictureBox pb = new PictureBox();
        pb.Image = Image.FromFile("c:¥¥car.bmp");
        pb.Left = 200;

        Label lb = new Label();
        lb.Top = pb.Bottom;
        lb.Text = "車です。";

        if (pb.Left >= 150)
        {
            lb.Text = "車は東にあります。";
        }

        pb.Parent = fm;
        lb.Parent = fm;

        Application.Run(fm);
    }
}
```

Leftプロパティに200を代入しておくと・・・

この条件がtrueとなり・・・

❶ブロック内が処理されます

Sample1の実行画面

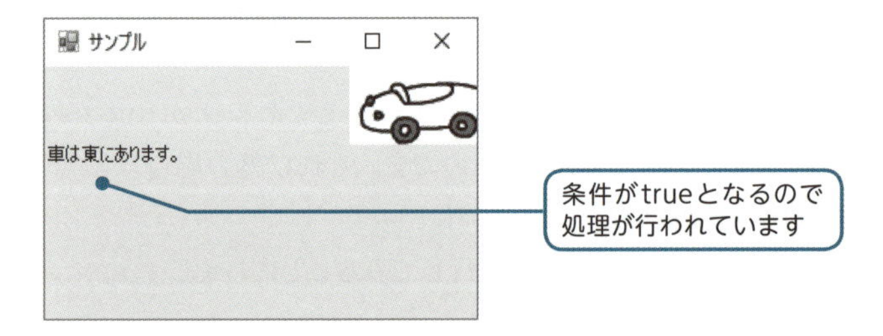

Sample1では、条件pb.Left >= 150がtrueであれば、❶のブロックの内部が順に処理されます。falseの場合は❶の部分は処理されません。

ここでは、Leftプロパティに200が設定されていますから、条件pb.Left >= 150がtrueとなり、❶の部分が処理されます。そのため、上の実行画面のように出力されるのです。

それでは、Leftプロパティに設定されている値が0だった場合はどうなるのでしょうか。

Sample1.csを変更する

```
...
pb.Left = 0;

...

if (pb.Left >= 150)
{
    lb.Text = "車は東にあります。";
}
```

Leftプロパティに0を代入しておくと・・・

この条件がfalseとなり・・・

❶ブロックは処理されません

Sample1の変更後実行画面

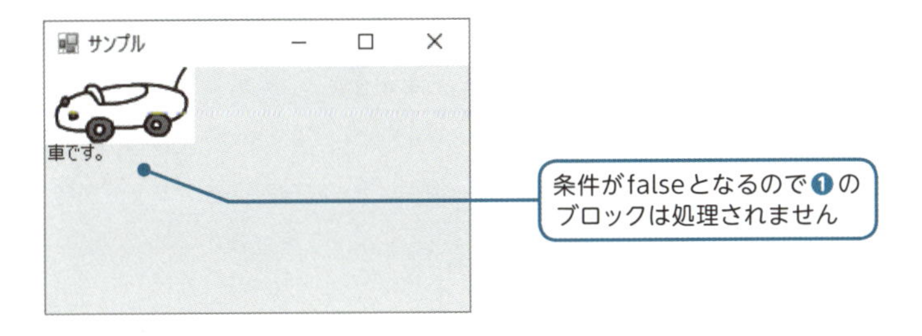

今度は、pb.Left >= 150という条件はfalseになるため❶の部分は処理されません。したがって、実行した際の画面は上のようになります。このように、if文を使うと、条件がtrueのときにのみ処理を行うことができます。

```
if (pb.Left >= 150)
{
        lb.Text = "車は東にあります。";
}
```

true

false

図4-4 if文の流れ

if文を使うと、条件に応じた処理ができる。

if～else if～elseのしくみを知る

if文には2つ以上の条件を判断させて処理するバリエーションをつくることもできます。これがif～else if～elseです。この構文を使えば、2つ以上の条件を判断することが可能です。

構文 **if～else if～else**

```
if (条件1)
{
    文1;
    文2;      ─ 条件1がtrueのときに処理されます
    ...
}
else if (条件2)
{
    文3;
    文4;      ─ 条件1がfalseかつ条件2がtrueのときに処理されます
    ...
}
else if (条件3)
{
    ...       ─ 同様にいくつも条件を調べることができます
}
else
{
    ...       ─ すべての条件がfalseのとき処理されます
}
```

この構文では条件1を判断し、trueだった場合は文1、文2・・・の処理を行います。もしfalseだった場合は条件2を判断して、trueであれば文3、文4・・・の処理を行います。このように次々と条件を判断していき、どの条件もfalseだった場合は最後のelse以下の文が処理されます。

たとえば、

```
if （左端が150以上だった）
   東にありますと表示する
else if （左端が20以下だった）
   西にありますと表示する
それ以外
   中部にありますと表示する
```

といった具合です。かなり複雑な処理ができることがわかります。

else ifの条件はいくつでも設定でき、最後のelseは省略することも可能です。最後のelse文を省略し、どの条件にもあてはまらなかった場合、この構文で実行される文は存在しないことになります。

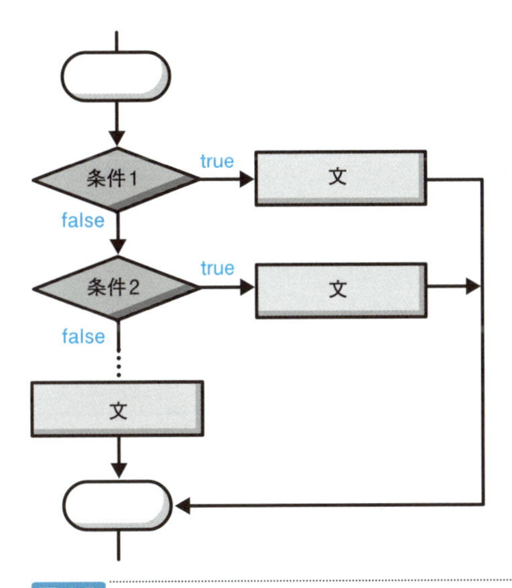

図4-5 if～else if～else

if～else if～elseでは、複数の条件に応じた処理ができます。

このしくみを使うと、複数の条件に応じた処理をすることができます。

それでは、コードを記述してみることにしましょう。

Sample2.cs ▶ if～else if～else文を使う

```
using System.Windows.Forms;
using System.Drawing;

class Sample2
{
    public static void Main()
    {
        Form fm = new Form();
        fm.Text = "サンプル";
        fm.Width = 300; fm.Height = 200;

        PictureBox pb = new PictureBox();
        pb.Image = Image.FromFile("c:¥¥car.bmp");
        pb.Left = 100;

        Label lb = new Label();
        lb.Top = pb.Bottom;
        lb.Text = "車です。";

        if (pb.Left >= 150)
        {
            lb.Text = "車は東にあります。";
        }
        else if (pb.Left <= 20)
        {
            lb.Text = "車は西にあります。";
        }
        else
        {
            lb.Text = "車は中部にあります。";
        }

        pb.Parent = fm;
        lb.Parent = fm;

        Application.Run(fm);
    }
}
```

Leftプロパティが100であるので・・・

この条件はfalseです

この条件もfalseです

この処理が行われることになります

Sample2の実行画面

Lesson 4

今度はLeftプロパティに100を代入しておきました。このため、「車は中部にあります」と表示されるのです。

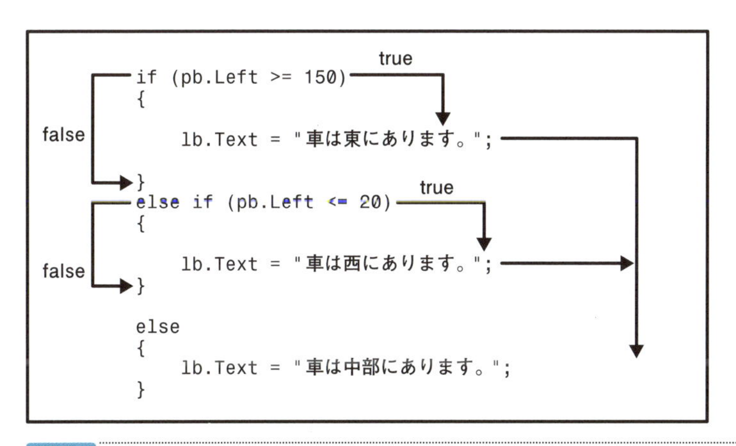

図4-6 if～else if～else文の流れ

switch文のしくみを知る

C#には、if文と同じように、条件によって処理をコントロールできるswitch文(switch statement)という構文があります。構文は次のようになっています。

switch文

```
switch (式)
{
    case 定数1:
        文1
        ...
        break;
    case 定数2:
        文2;
        ...
        break;
    default:
        文D;
        ...
        break;
}
```

式の評価が値1だった場合に処理されます

式の評価が値2だった場合に処理されます

式の評価がいずれでもなかった場合に処理されます

switch文では、switch文内の（式）がcaseのあとの定数値と一致すれば、そのあとに続く文からbreakまでの文を実行します。もしどれにもあてはまらなければ、「default:」以下の文を実行します。「default:」は省略することも可能です。

Sample3.cs ▶ switch文を使う

```
using System.Windows.Forms;
using System.Drawing;

class Sample3
{
    public static void Main()
    {
        Form fm = new Form();
        fm.Text = "サンプル";
        fm.Width = 300; fm.Height = 200;

        PictureBox pb = new PictureBox();
        pb.Image = Image.FromFile("c:¥¥car.bmp");
        pb.Left = 150;

        Label lb = new Label();
        lb.Top = pb.Bottom;
        lb.Text = "車です。";
```

```
        switch (pb.Left)
        {
            case 20:
                lb.Text = "西のガソリンスタンドです。";
                break;
            case 150:
                lb.Text = "東のガソリンスタンドです。";
                break;
            default:
                lb.Text = "走行中です。";
                break;
        }

        pb.Parent = fm;
        lb.Parent = fm;

        Application.Run(fm);
    }
}
```

Leftプロパティの値によって判断されます

値が20の場合に処理されます

値が150の場合に処理されます

いずれにもあてはまらない場合に処理されます

Sample3の実行画面

ここではLeftプロパティの値が150であるため、「東のガソリンスタンドです。」の表示が行われています。

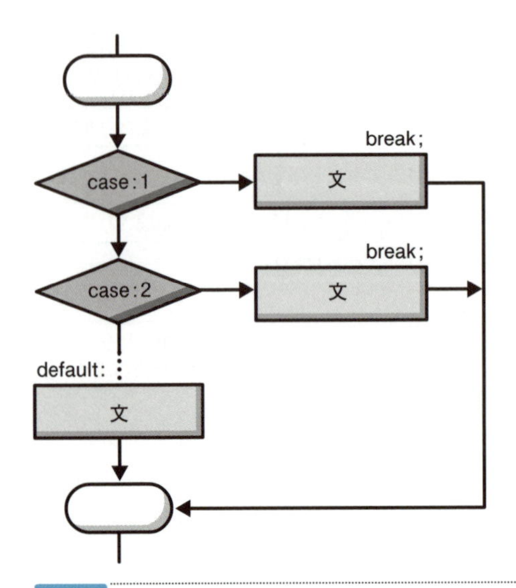

図4-7 switch文

switch文を使っても、if～else if～elseのように複数の条件に応じた処理ができます。

論理演算子を使って条件を記述する

これまで、いろいろな条件を指定した条件判断文を記述してきました。このような文の中で、もっと複雑な条件を書ければ便利な場合があります。たとえば、次のような場合を考えてみてください。

左端が0以上かつ左端が画面の幅以下であれば・・・

➡ 車は画面内にあると判断する

この場合の条件にあたる部分は、これまでとりあげた例よりも、もう少し複雑な場合をあらわしています。このような複雑な条件を記述したい場合には、論理演算子（logical operator）という演算子を使います。論理演算子は、

条件をさらに評価して、trueまたはfalseの値を得る

という役割をもっています。

たとえば、&&演算子という論理演算子を使って、上の条件を記述する方法を

考えてみましょう。これは次のようになります。

(左端が0以上である) && (左端が画面の幅以下である)

&&演算子は、左辺と右辺がともにtrueである場合に、全体の値もtrueとする論理演算子です。この場合は、「左端が0以上であり」かつ「左端が画面の幅以下である」場合に、この条件はtrueとなります。どちらか一方でも成立しない場合は、全体の条件はfalseとなり、成立しないことになります。

論理演算子は次の表のように評価されることになっています。

表4-2 論理演算子

演算子	trueとなる場合	評価		
&&	左辺・右辺ともにtrueの場合（左辺：true 右辺：true）	左	右	全体
		false	false	false
		false	true	false
		true	false	false
		true	true	true
||	左辺・右辺のどちらかがtrueの場合（左辺：true 右辺：true）	左	右	全体
		false	false	false
		false	true	true
		true	false	true
		true	true	true
!	右辺がfalseの場合（右辺：true）	左	右	全体
			false	true
			true	false

それでは、論理演算子を使ったコードを、具体的にみてみましょう。

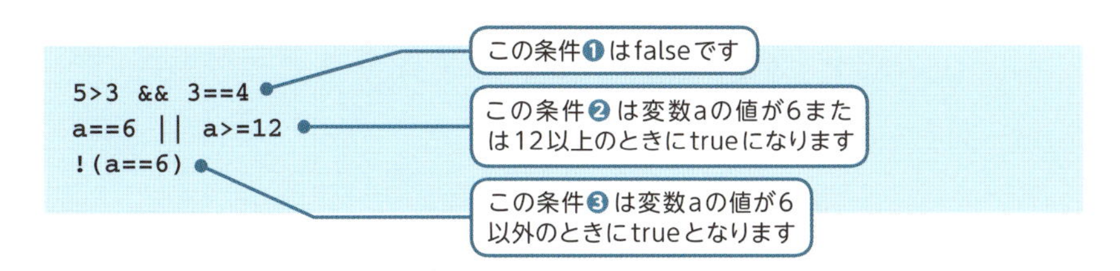

&&演算子を使った式は、左辺・右辺の式（オペランド）がともにtrueとなる場合のみ全体がtrueとなるのでした。したがって、条件❶の値はfalseです。

||演算子を使った式は、左辺・右辺の式のどちらかがtrueであれば、全体の式がtrueとなります。したがって、条件❷では、変数aに入っている値が6だった場合はtrueになります。また、aが5だった場合はfalseとなります。

！演算子は、オペランドを1つとる単項演算子で、オペランドがfalseのときにtrueとなります。条件❸では変数aが6ではない場合にtrueとなるわけです。

論理演算子は条件を組み合わせて複雑な条件をつくる。

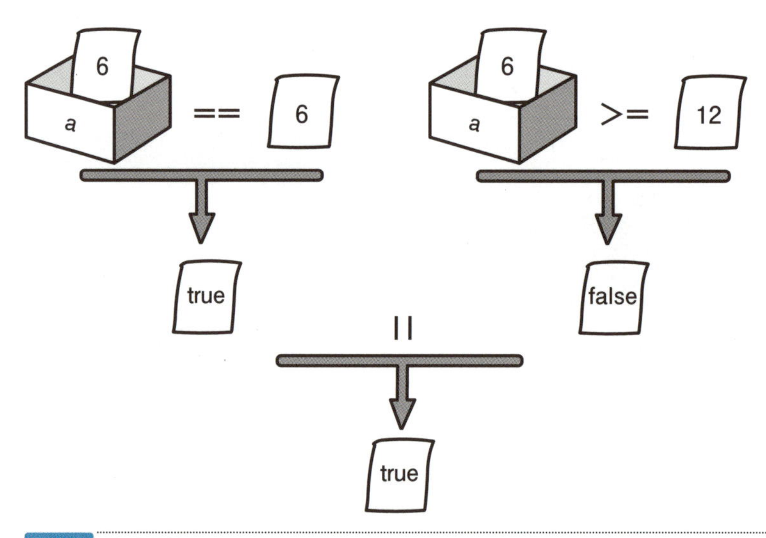

図4-8 論理演算子
論理演算子は、trueかfalseの値を演算します。

それでは論理演算子を使ってみることにしましょう。

Sample4.cs ▶ 論理演算子を使う

```
using System.Windows.Forms;
using System.Drawing;

class Sample4
{
    public static void Main()
    {
        Form fm = new Form();
        fm.Text = "サンプル";
        fm.Width = 300; fm.Height = 200;

        PictureBox pb = new PictureBox();
        pb.Image = Image.FromFile("c:¥¥car.bmp");
        pb.Left = 100;

        Label lb = new Label();
        lb.Top = pb.Bottom;
        lb.Text = "車です。";

        if (pb.Left >=0 && pb.Left <= fm.Width)
        {
            lb.Text = "車は画面内にあります。";
        }
        else
        {
            lb.Text = "車は画面外にあります。";
        }

        pb.Parent = fm;
        lb.Parent = fm;

        Application.Run(fm);
    }
}
```

「かつ」を意味する論理演算子です

Sample4の実行画面

このプログラムではLeftが0以上でかつ画面の幅以下であるなら、「車は画面内にあります。」と表示します。ここでは全体の条件はtrueとなっているので、画面内にあるという表示が行われることになります。

入れ子

if文やswitch文の中にさらにif文やswitch文を入れて、**入れ子**にすることもできます。C#ではブロックの中にブロックを記述することができるのです。

ただし、各ブロックについて最初の{と最後の}がきちんと対応しているかどうかに注意してください。内部のブロックは読みやすいコードとなるようにインデントを行って記述します。

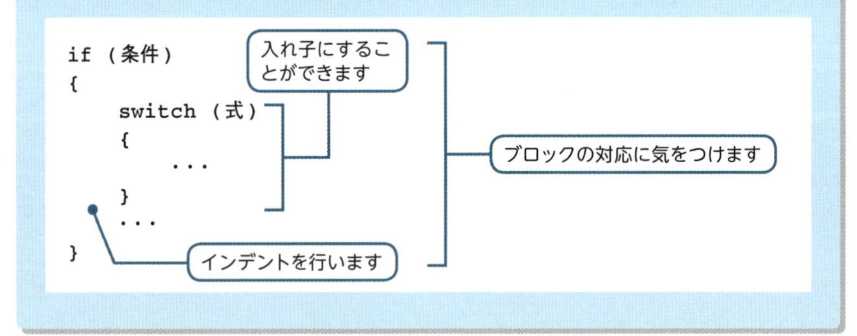

4.2 繰り返し

for文のしくみを知る

条件の値にしたがって処理する文をコントロールする方法を学びました。C#では、ほかにも複雑な処理を行うことができます。たとえば、次のような状況を考えてみてください。

車キャラクターがある限り・・・
➡ 車を表示する

C#では、このような処理を**繰り返し文**（loop statement：ループ文）と呼ばれる構文で記述することができます。

C#の繰り返し文には、複数の構文があります。ここでは**for文**（for statement）を学んでいくことにしましょう。for文のスタイルを最初にみてください。

for文

```
for (初期化の式1; 繰り返すかどうか調べる式2; 変化のための式3)
{
    文;
    ・・・
}
```

ブロック内の文を順に繰り返し処理します

実際にfor文を使ってみることにしましょう。

Sample5.cs ▶ for文を使う

```
using System.Windows.Forms;

class Sample5
```

```
{
    public static void Main()
    {
        Form fm = new Form();
        fm.Text = "サンプル";
        fm.Width = 300; fm.Height = 150;

        Label lb = new Label();
        lb.Width = fm.Width; lb.Height = fm.Height;

        for (int i = 0; i < 5; i++)
        {
            lb.Text += i + "号車を表示します。¥n";
        }

        lb.Parent = fm;

        Application.Run(fm);
    }
}
```

変数を使っています

Sample5の実行画面

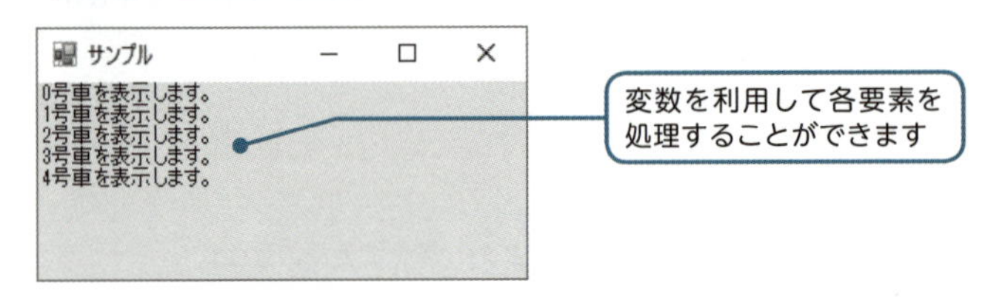

for文では、繰り返す回数をカウントするための変数を用います。このコードでも変数iを使っています。そして、次のような手順で処理を行うことになります。

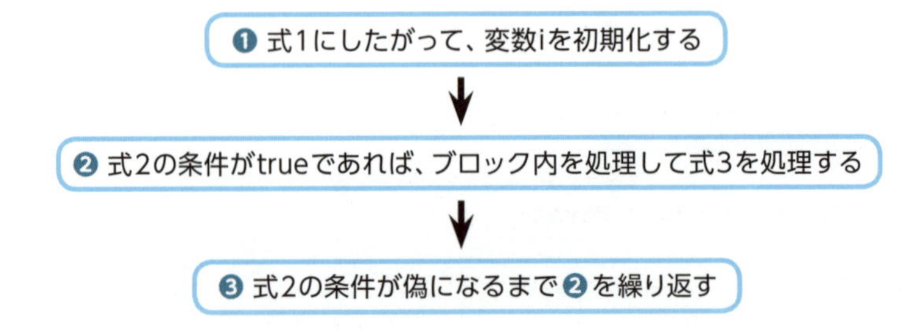

つまり、このfor文では変数iを0で初期化したあと、条件i < 5がfalseになるまで i++を繰り返し、「車」を文字列に追加していく文を処理するのです。

for文を理解するには、次のような状況を思いうかべてみるとわかりやすいかもしれません。

```
for (i = 0; i < 5; i++)
  i号車を表示する
```


for文の処理では、変数iが0から4まで増えていく間に、車を表示する処理を繰り返します。つまり、この場合には、全部で5回繰り返して表示することになるわけです。

なお、このブロックの内部では、変数iの値を使っています。「i号車を表示します。」という文の中のiの値が1つずつ増えて表示されるわけです。

for文を使うと、繰り返し処理を記述できる。

文字列の連結・代入

ここではラベルのテキストに文字列を連結して代入を行うため、+=演算子を使っています。文字列を連結する+演算子とあわせておぼえておくと便利です。

いろいろな繰り返し文

for文以外にも、C#にはさまざまな繰り返し文があります。

while文

```
while (条件)
{
    文;
    ...
}
```


while文では、条件がtrueである限り、指定した文を何度でも繰り返し処理することができます。また、次のdo～while文もあります。

do～while文

```
do
{
    文1
    ...
}while (条件);
```


do～while文がwhile文と異なるところは、

条件を判断する前にブロック内の処理を行う

ことです。while文では、繰り返し処理の最初に条件がfalseであれば、一度もブロック内の処理が行われません。一方、do～while文では、最低1回は必ずブロック内の処理が行われます。

Sample5の処理を2つの構文で書きかえてみましょう。while文では次のようになります。

```
int i = 0;
while (i < 5)
{
    lb.Text += i + "号車を表示します。¥n";
    i++;
}
```

そして、do～while文では次のようになります。

```
int i = 0;
do
{
    lb.Text += i + "号車を表示します。¥n";
    i++;
}while (i < 5);
```


ここでの処理はどちらも同じとなります。さまざまな書き方ができることがわかるでしょう。

ところで、ここでi++;の1文を書き忘れてしまうと、これらの文の条件は、何度繰り返してもfalseになりません。つまり、これら文の処理が永久に繰り返されてプログラムが終了しなくなってしまうことになります。繰り返し文の記述にあたっては注意するようにしてください。

while文・do～while文は条件がtrueである限り繰り返す。
do～while文は、最低1回ループ本体を実行する。

いろいろな繰り返し

繰り返しの方法には、いろいろなバリエーションが考えられます。たとえば、次のようなバリエーションが考えられるでしょう。

```
for(int i = 0; i < 10; i++){・・・}
for(int i = 1; i <= 10; i++){・・・}
for(int i = 10; i >= 1; i--){・・・}
```

- for(int i = 0; i < 10; i++){・・・}：10回繰り返されます
- for(int i = 1; i <= 10; i++){・・・}：1～10の整数iを順番に処理することができます
- for(int i = 10; i >= 1; i--){・・・}：10～1の整数iを逆順に処理することができます

また、処理を制御する文として、break文とcontinue文があります。**break文**は繰り返し処理を強制的に終了し、**continue文**は繰り返しの処理を飛ばして、次の繰り返しに移ります。

さまざまな繰り返し方法を使いこなせるようになると便利です。

4.3 配列

配列のしくみを知る

この節では、繰り返し文と一緒に使うと便利なしくみを紹介しましょう。プログラムの中では、たくさんのデータを扱う場合があります。たとえば、5台の車の画像を扱うプログラムを考えてみてください。

これまでに学んできた知識を使えば、5点の画像を作成して管理するコードを書くことができます。pb1からpb5というオブジェクトを全部で5個作成することが考えられるわけです。

```
PictureBox pb1 = new PictureBox();
PictureBox pb2 = new PictureBox();
PictureBox pb3 = new PictureBox();
PictureBox pb4 = new PictureBox();
PictureBox pb5 = new PictureBox();
```

5個の変数を利用しています

ただし、このようにたくさんの変数が登場すると、コードが複雑で読みにくくなってしまう場合があります。このようなときには、繰り返し文とともに**配列**（array）という機能を利用すると便利です。

配列は、

オブジェクトや値を複数まとめて扱う

という便利な機能となっています。

オブジェクトや値をまとめて扱うには配列を使う。

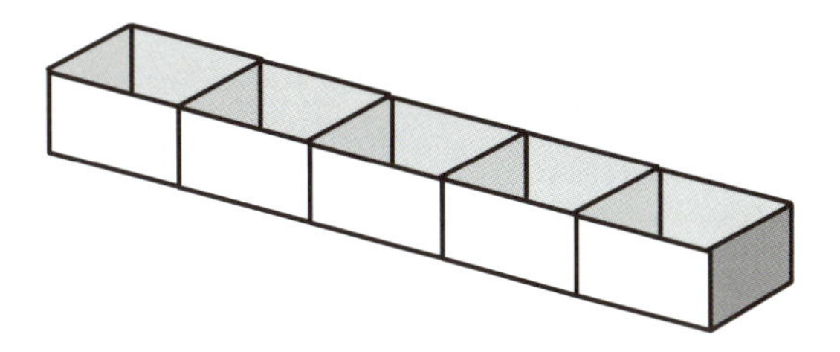

図4-9 配列
オブジェクトや値をまとめて扱うには配列を使います。

配列を準備する

配列を利用する場合には、まず配列の名前を宣言します。変数と同様に識別子から名前を選んでください。配列では型名のあとに[ ]をつける必要があります。

配列を宣言したら配列を作成することができます。いくつまとめて扱うことにするのか、配列要素の個数を指定して作成することになります。

構文 配列の宣言と作成

```
型名[] 配列名;
配列名 = new 型名[要素数];
```

配列の宣言です

配列要素の個数を指定して作成します

つまり、ピクチャボックスの場合は次のように配列を宣言し、作成するわけです。

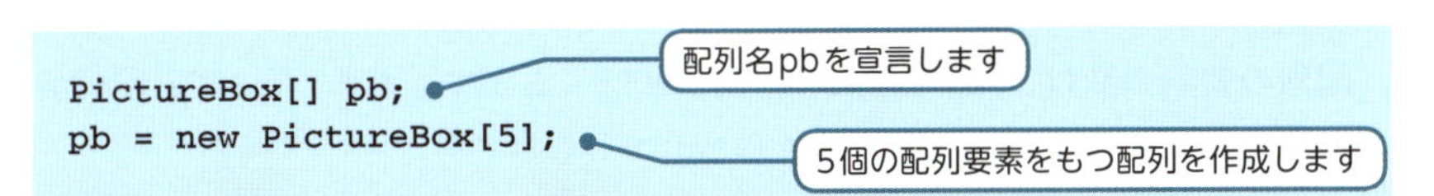

なお、配列の宣言と作成は、まとめて行うこともできます。この場合は次のように記述します。

構文 配列の宣言と作成

```
型名 配列名 = new 型名[個数];
```

つまりピクチャボックスの場合は、次のように記述するわけです。

```
PictureBox[] pb = new PictureBox[5];
```

配列要素に値を代入する

さて、配列を作成すると、配列の各要素はpb[0]、pb[1]・・・という名前で扱えるようになります。[ ]内の0、1、2・・・という数値は**添字**といいます。添字を使って扱う要素を指定できるわけです。

```
pb[0] = new PictureBox();
pb[1] = new PictureBox();
...
```

配列要素に1つずつオブジェクトを作成しています

ただし、実際に配列を取り扱う場合には、さらにかんたんな方法を使います。次のように繰り返し文を使って扱うのです。

```
for (int i = 0; i < pb.Length; i++)
{
    pb[i] = new PictureBox();
}
```

配列要素の数を得ることができます

配列要素に1つずつオブジェクトを作成しています

配列の要素の数は、「配列名.Length」で知ることができます。そこで、配列要素の数だけ繰り返してオブジェクトを作成しているのです。

繰り返し文の中では、変数iを添字として利用します。なお変数iのように、for文内で宣言した変数は、forブロック内でのみ使うことができます。

このように、配列は繰り返し文と一緒に使うことによって手軽に扱えるようになるわけです。

配列に値を記憶するには、添字を使って要素を指定する。
配列の要素数を知るには、.Lengthを使う。

配列を利用する

それでは、実際に配列を使うコードを作成してみましょう。

Sample6.cs ▶ 配列を使う

```
using System.Windows.Forms;
using System.Drawing;

class Sample6
{
    public static void Main()
    {
        Form fm = new Form();
        fm.Text = "サンプル";

        PictureBox[] pb = new PictureBox[5];

        for (int i = 0; i < pb.Length; i++)
        {
            pb[i] = new PictureBox();
            pb[i].Image = Image.FromFile("c:¥¥car.bmp");
            pb[i].Top = i * pb[i].Height;
            pb[i].Parent = fm;
        }
        Application.Run(fm);
    }
}
```

❶要素数5の配列を作成します

配列要素の数を取得できます

❷要素数分のオブジェクトを作成します

添字を使って配列要素を扱うことができます

Sample6の実行画面

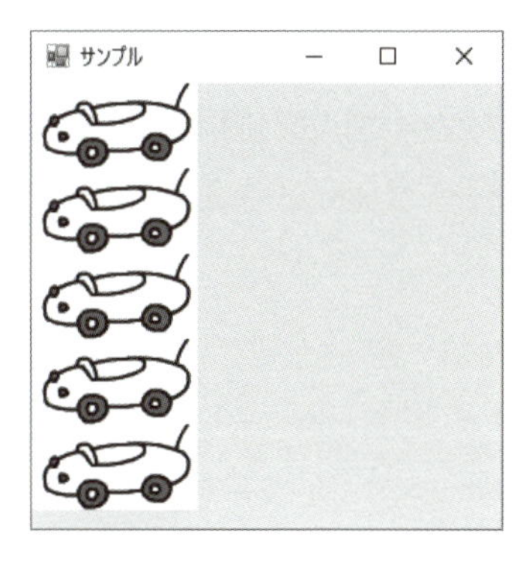

ここでは、まず配列を作成しています（❶）。

このあと、繰り返し文を使って、オブジェクトを作成しています。繰り返しのカウントに使っている変数iを使って、配列要素それぞれにオブジェクトを作成し、設定を行っているわけです（❷）。

配列と繰り返し文を使うことによって、コードがすっきりと記述できています。

なお、配列の作成と、オブジェクトの作成にはどちらもnewを使うのでまちがえないでください。❶では配列を作成し、❷では1つ1つにオブジェクトを作成して各要素で取り扱えるようにしているわけです。

配列と繰り返し文を使うと、たくさんのデータを簡潔に処理できる。

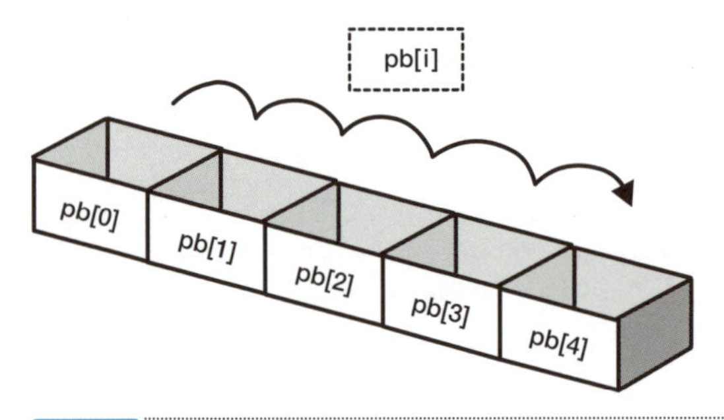

図4-10 配列要素の利用
配列と繰り返し文を使ってコードを記述することができます。

配列に初期値を与える

オブジェクトの配列を作成してみました。数値や文字列型の配列も同様に作成することができます。今度は文字列型の配列を作成してみることにしましょう。

Sample7.cs ▶ 文字列型の配列を作成する

```
using System.Windows.Forms;

class Sample7
{
    public static void Main()
    {
        Form fm = new Form();
        fm.Text = "サンプル";
        fm.Width = 250; fm.Height = 100;

        Label lb = new Label();
        lb.Width = fm.Width; lb.Height = fm.Height;

        string[] str = new string[3]{"鉛筆","消しゴム","定規"};

        foreach (string s in str)
        {
            lb.Text +=  s + "¥n";
        }

        lb.Parent = fm;

        Application.Run(fm);
    }
}
```

要素数3の配列を作成し、初期値を与えます

foreach文で配列要素を取り出すことができます

Sample7の実行画面

ここでは、配列の宣言・作成・初期化をまとめて行っています。このように配列の初期化を行った場合、値や変数で初期値を設定しておくこともできます。最初にまとめて値を与えることによって、より配列を扱いやすくなるでしょう。オブジェクトの配列の場合は、オブジェクトを作成したり、すでに作成したオブジェクト名を指定することになります。

値型の配列の初期化

```
型名　配列名　=　new 型名[要素数]{値,値,値・・・};
```

参照型による配列の初期化

```
型名　配列名　=　new 型名[要素数]{new クラス名(),オブジェクト名,・・・};
```

かんたんに配列要素を取り出す

C#には、配列要素をよりかんたんに取り出す繰り返し文であるforeach文（foreach statement）と呼ばれる繰り返し文が用意されています。

foreach文では次の構文を使って、指定した変数に配列の要素を取り出すことができます。

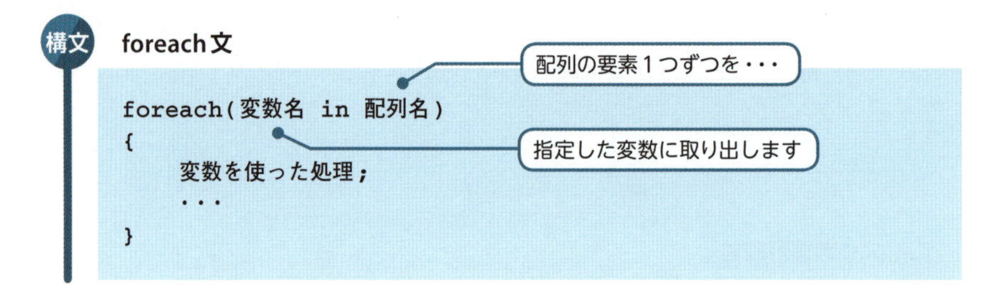

Sample7では、foreach文の中で文字列型の変数sを宣言し、配列strの要素を1つずつ取り出しているわけです。foreach文によってさらに配列をかんたんに扱うことができるでしょう。

```
foreach (string s in str)
{
    lb.Text +=  s + "¥n";
}
```

配列strの要素１つずつを・・・

変数sに取り出します

sの値を表示できます

foreach文を使って配列要素を1つずつ取り出すことができる。

配列要素数をこえないようにする

配列では、要素数をこえてアクセスしないように注意する必要があります。たとえば、5個の要素をもつ配列pb[]に、「pb[5] = ・・・;」などとアクセスすることはできません。5個の配列の要素は、pb[0]～pb[4]となっているからです。特に、境界となる要素には注意することが必要です。

要素数をこえてアクセスすると、プログラムの実行時にエラーが発生します。このエラーは、プログラムの作成時にみつけることができませんので注意してください。

「配列名.Length」やforeach文を使用すれば、配列の要素数をコード中に記述する必要がありませんから、コードを記述する際に配列の長さを変更しやすくなります。また、配列要素をこえるエラーの可能性も減らすことができます。こうした記述を使いこなしていくと便利でしょう。

4.4 配列の応用

多次元配列のしくみを知る

この節ではもう1つ配列の応用について学びましょう。前の節で学んだ配列は1列に並んだハコのようなイメージをもっていました。さらに配列は行方向と列方向に並んだイメージで指定することもできます。行と列に並んだイメージをもつ配列を、2次元配列と呼びます。

このときには次のように配列を扱います。

2次元配列の宣言・作成・利用

```
型名[,] 配列名;                          ← 2次元配列を宣言します
配列名 = new 型名[行の個数,列の個数];    ← 2次元配列を作成します
配列名[0,0]=値;                          ← 2次元配列を利用します
...
```

2次元配列も初期化を行うことができます。次の記述で、宣言と作成を行うことができます。

2次元配列の初期化

```
型名[,] 配列名 = new 型名[行の個数,列の個数];
```

2次元以上にハコが並んだイメージをもつ配列を、多次元配列と呼びます。多次元配列の場合も同様に次元を増やして扱うことができます。

なお、多次元配列の初期化時に値を代入することもできます。2次元配列の場合は、次のように値を設定することになるでしょう。

2次元配列の初期化と値の設定

```
型名[,] 配列名 = new 型名[行の個数,列の個数]{
     {値, 値, 値･･･},
     {値, 値, 値･･･},
     {値, 値, 値･･･}, ･･･
};
```


つまり、文字列型の配列の場合は、次のように配列をつくることができるわけです。

```
string[,] str = new string[4,3]{
     {"東京", "Tokyo", "とうきょう"},
     {"大阪", "Osaka", "おおさか"},
     {"名古屋", "Nagoya", "なごや"},
     {"福岡", "Fukuoka", "ふくおか"}
};
```

実際に2次元配列を利用してみましょう。

Sample8.cs ▶ 2次元配列を使う

```
using System.Windows.Forms;

class Sample8
{
    public static void Main()
    {
        Form fm = new Form();
        fm.Text = "サンプル";
        fm.Width = 250; fm.Height = 100;

        string[,] str = new string[4,3]{
            {"東京", "Tokyo", "とうきょう"},
            {"大阪", "Osaka", "おおさか"},
            {"名古屋", "Nagoya", "なごや"},
            {"福岡", "Fukuoka", "ふくおか"}
        };

        Label lb = new Label();
        lb.Width = fm.Width;
```

4行×3列の多次元配列を作成します

```
        lb.Height = fm.Height;

        string tmp = "";

        for (int i = 0; i < 4; i++)        ← i行分繰り返します
        {
            tmp += "(" ;
            for (int j = 0; j < 3; j++)    ← j列分繰り返します
            {
                tmp += str[i,j];           ← i行×j列の配列要素の値を得ます
                tmp += ",";
            }
            tmp += ")¥n";
        }

        lb.Text = tmp;
        lb.Parent = fm;

        Application.Run(fm);
    }
}
```

Sample8の実行画面

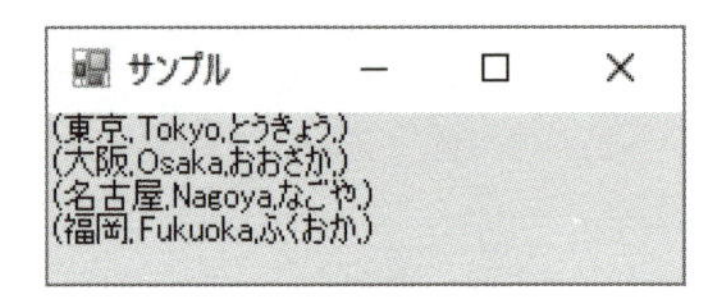

2次元配列を扱うために、4行繰り返す繰り返し文の中に、3列繰り返す入れ子のかたちで繰り返し文を使うことにしました。このように、繰り返し文は入れ子にして扱うことができます。ここでは外側のループが1回繰り返される間に、内側のループが3回繰り返されることになります。

```
for (int i = 0; i < 4; i++)         ← i行分繰り返します
{
    ...
    for (int j = 0; j < 3; j++)     ← j列分繰り返します
    {
        tmp += str[i,j];            ← i番目の行×j番目の列の配列要素の値を得ます
```

```
            ...
        }
        ...
}
```

このように、i行j列の配列要素は、次のかたちで使うことができるわけです。

2次元配列の利用

```
配列名[i,j]
```

i番目の行×j番目の列の配列要素の値を得ます

多次元配列を使うことができる。

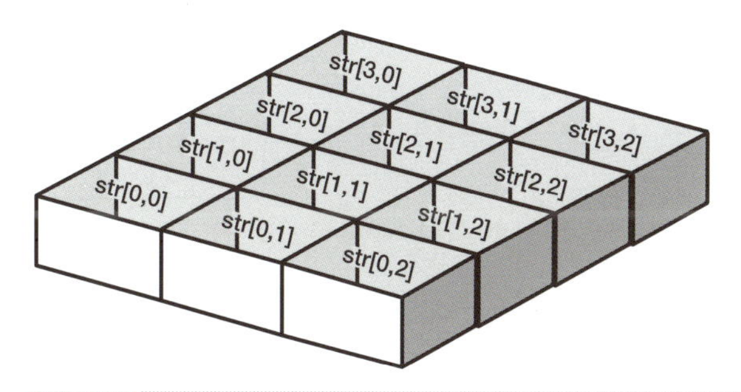

図4-11　2次元配列
行×列のイメージをもつ配列を作成することができます。

ジャグ配列のしくみを知る

2次元配列では升目のように並んだイメージになります。C#ではこれとは別に、配列の要素の長さが異なる配列を指定することもできます。

次のコードをみてみましょう。

Sample9.cs ▶ ジャグ配列を使う

```
using System.Windows.Forms;

class Sample9
{
    public static void Main()
    {
        Form fm = new Form();
        fm.Text = "サンプル";
        fm.Width = 250; fm.Height = 100;

        string[][] str = new string[4][]{
        new string[] {"東京", "Tokyo", "とうきょう", "トウキョウ"},
        new string[] {"大阪", "Osaka", "おおさか"},
        new string[] {"名古屋", "Nagoya", "なごや", "ナゴヤ"},
        new string[] {"福岡", "Fukuoka", "ふくおか"}
        };

        Label lb = new Label();
        lb.Width = fm.Width;
        lb.Height = fm.Height;

        string tmp = "";

        for (int i = 0; i < str.Length; i++)
        {
            tmp += "(";
            for (int j = 0; j < str[i].Length; j++)
            {
                tmp += str[i][j];
                tmp += ",";
            }
            tmp += ")¥n";
        }

        lb.Text = tmp;
        lb.Parent = fm;

        Application.Run(fm);
    }
}
```

ジャグ配列を作成します

各配列要素の長さは決まっていません

i個の配列にアクセスします

j個の配列要素にアクセスします

i番目の配列要素がさす配列のj番目の要素を利用します

Sample9の実行画面

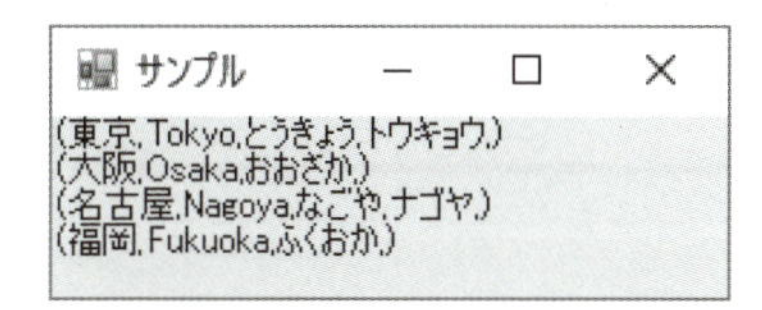

このコードでは、配列要素の長さが4であり、各要素について配列の長さが決まっていない配列を作成しています。

このようないびつなかたちの配列を**ジャグ配列**（jugged array）といいます。ジャグ配列は次のように作成します。

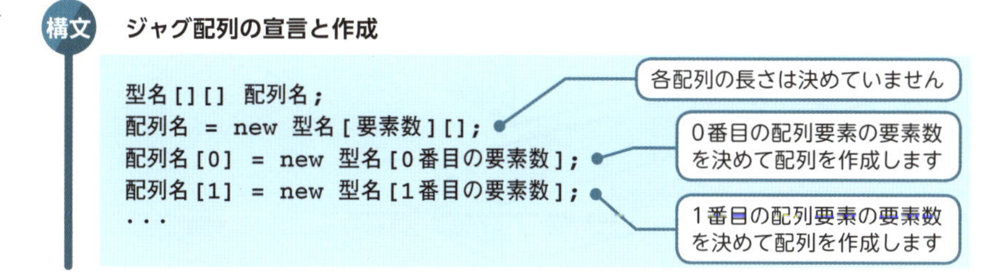

宣言と作成をまとめて、次のようにすることもできます。

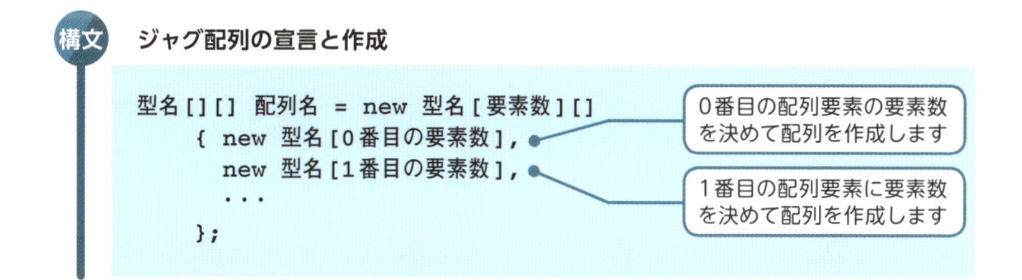

ジャグ配列は、次の指定で要素の値を得ることができます。多次元配列との違いに注意してください。

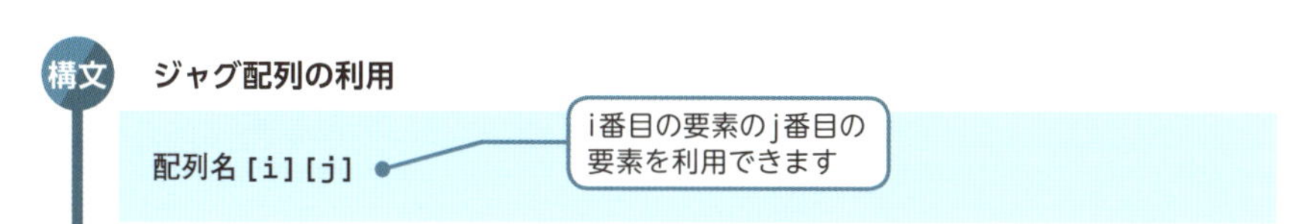

配列要素がさすそれぞれの配列の要素数が異なるジャグ配列を使うことができる。

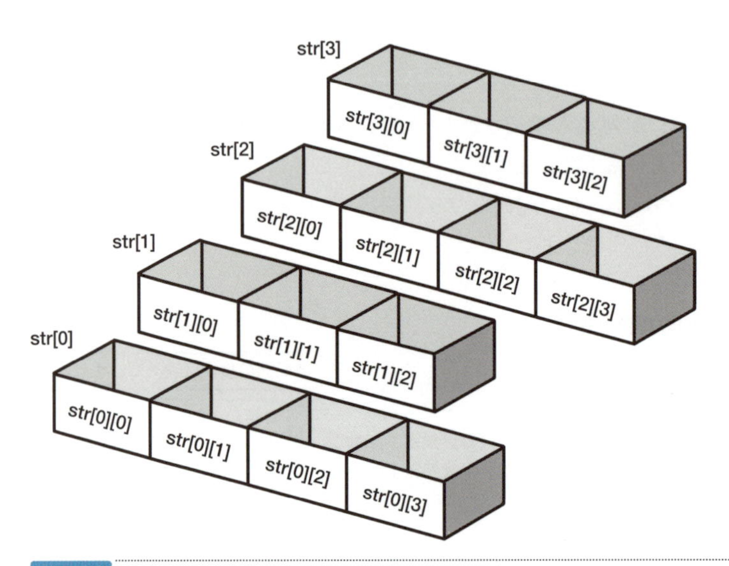

図4-12 ジャグ配列

ジャグ配列の各配列要素の数は異なっていてもかまいません。

4.5 レッスンのまとめ

この章では、次のようなことを学びました。

- 関係演算子を使って、条件を作成できます。
- if文を使って、条件に応じた処理を行うことができます。
- if文のバリエーションを使って、いろいろな条件に応じた処理を行うことができます。
- switch文を使って、式の値に応じた処理を行うことができます。
- 論理演算子を使って複雑な条件を作成できます。
- for文を使うと、繰り返し処理ができます。
- while文を使うと、繰り返し処理ができます。
- 配列を使うと、値やオブジェクトをまとめて扱うことができます。
- foreach文で配列にアクセスすることができます。
- 2次元配列は配列名[i,j]のかたちでアクセスします。
- ジャグ配列は配列名[i][j]のかたちでアクセスします。

条件判断文や繰り返し文を使うと、複雑な処理を行うコードを記述することができます。また配列によってたくさんのデータを扱うことができるようになります。多くのデータをまとめて処理する場合に便利です。使いこなせるようになっていきましょう。

練習

1. 繰り返し文を使って次のように画面に出力するコードを作成してください。

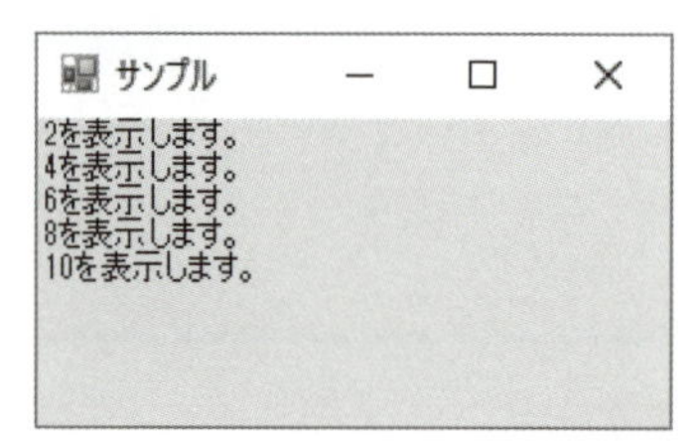

2. 2次元配列を使って次のように画面に出力するコードを作成してください。

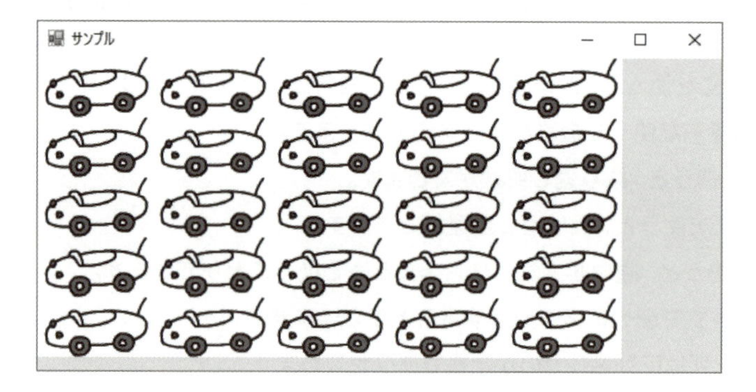

Lesson 5

クラス

この章ではクラスについて詳しく学びましょう。私たちはこれまでも多くのクラスを利用しています。さらにクラスを設計することができれば、さまざまなプログラムにクラスを再利用することができるでしょう。これまで利用してきたクラスに対する理解も深まります。クラスは、C#のプログラムを作成する際に欠かせない機能となっています。

Check Point!

- フィールド
- メソッド
- コンストラクタ
- アクセス指定子
- 基本クラス
- 派生クラス
- 継承

5.1 クラスの設計

クラスをふりかえる

さて、前章では、C#のプログラムを作成していくうえで必要となる、基本的なしくみについて学びました。かんたんなプログラムを作成していくことができるようになったでしょうか。

この節では、これまでも利用してきた「クラス」と「オブジェクト」について、さらに深く学んでいきましょう。C#を扱う場合、クラスとオブジェクトについて深く知ることが欠かせません。

これまでにみてきたように、私たちはウィンドウやラベル、画像などを扱うためにさまざまなクラスを利用しています。こうしたクラスは、どのように作成されているのでしょうか。どのようにして私たちはこれらのクラスを利用しているのでしょうか。そしてなぜクラスを利用する必要があるのでしょうか。この章ではこうしたクラスについてさらに注目し、理解を深めていくことにしましょう。

クラスとは

これまでも紹介したように、クラスは、

ある特定のモノの状態や機能に着目してまとめたもの

となっています。

たとえば、ウィンドウをあらわすフォームクラスでは、ウィンドウのタイトルなどの状態を提供していました。また、画像を読み込むピクチャボックスクラスでは画像の読み込み機能を提供していました。これらのクラスは、ウィンドウやピクチャなどといったモノに関して着目し、その状態や機能をまとめたひな形となっています。私たちはこうしたクラスからオブジェクトを作成し、実際のウィンドウやピクチャボックスを利用することができたわけです。

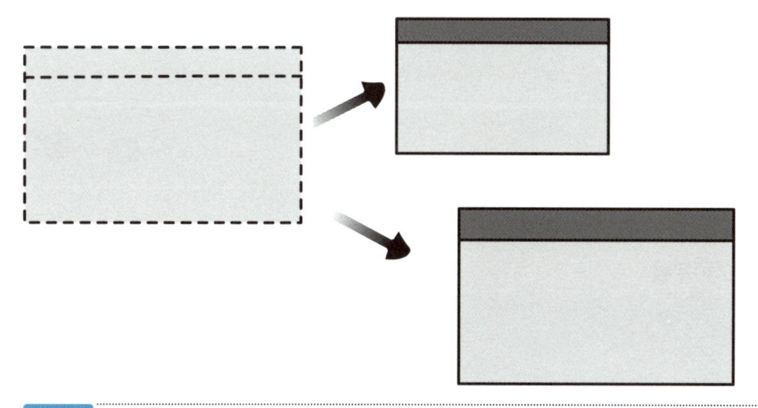

図5-1　クラスとオブジェクト
状態・機能をまとめたクラスから、実際のオブジェクトを作成することができます。

クラスを設計する

私たちもクラスを設計することができます。モノについて着目し、状態や機能についてまとめていくことができるわけです。

たとえば、プログラムで扱う車のキャラクターをあらわすかんたんなCarクラスを設計することを考えてみましょう。クラスの内容についてまとめ、コードを記述することを、**クラスを定義する**（definition）といいます。

私たちはまず車のキャラクターをあらわすひな形であるCarクラスを設計します。そして、このCarクラスから実際に動かす車キャラクターであるオブジェクトを作成します。これまでウィンドウに関するひな形であるクラスからオブジェクトを作成してきましたが、今度はひな形であるクラスの設計を行えるようにするのです。

クラスについてまとめれば、プログラム中で車のキャラクターをいくつも登場させるプログラムができます。また、車キャラクターを利用するさまざまなプログラムを作成していくこともできます。クラスはこうしたキャラクターやウィンドウ、画像などのモノに着目し、その機能をプログラムで使える部品としていくためのしくみなのです。

それでは、さっそくクラスについて考えていくことにしましょう。車キャラクターの場合では、次のように状態と機能を考えるとよいかもしれません。こうしたモノに着目した状態や機能が、クラスのひな形の候補となるわけです。

- 状態：車の画像、位置
- 機能：車が動く

クラスは次のように定義することになっています。

クラスの定義

```
class クラス名
{
    型名 変数名;

    戻り値の型 メソッド名(引数のリスト)
    {
        文;
        ...
        return 式;
    }
    ...
}
```

- 型名 変数名; ：変数の宣言をまとめます
- メソッド部分：処理を記述します

クラスの定義は、classに続けてクラス名を記述し、そのあとのブロックの中に状態や機能をまとめます。

まず、クラスの状態をあらわすために、第3章で学んだ変数を使います。これを**フィールド**（field）といいます。フィールドとして、値型や参照型の変数を宣言することができます。

また、クラスの機能をあらわすために、**メソッド**（method）を使います。これは、ブロックでかこんで処理を順番に記述するものです。第4章で学んだ条件判断文や繰り返し文を使うこともできます。

クラス内に記述するフィールド・メソッドは、クラスの**メンバ**（member）と呼ばれています。

クラスでは、フィールド・メソッドを定義できる。

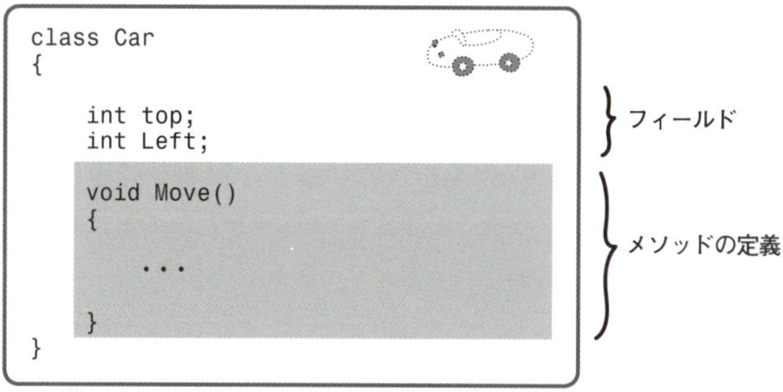

```
class Car
{

    int top;
    int Left;

    void Move()
    {

        ...

    }
}
```

フィールド

メソッドの定義

図5-2 クラスの定義

クラスにはフィールド・メソッドを記述します。

クラスを定義する

それでは、実際にクラスを定義してみましょう。

```
class Car
{
    public Image img;
    public int top;
    public int left;
    public Car()
    {
        img = Image.FromFile("c:¥¥car.bmp");
        top = 0;
        left = 0;
    }
    public void Move()
    {
        top = top+10;
        left = left+10;
    }
}
```

フィールドの宣言です

コンストラクタです

コンストラクタにはクラス名を使います

メソッドです

車の画像をあらわすimg、上端位置をあらわすtop、左端位置をあらわすleftをフィールドとして定義しました。

Move()メソッドでは、この上端位置と左端位置を10ずつ移動させることにしています。

なお、クラスの中では、オブジェクトを作成するときに初期化を行う特別なメソッドを記述することもあります。これを**コンストラクタ**（constructor）といいます。コンストラクタには、オブジェクトの初期化を行う際に必要な処理を記述しておきます。ここでは画像を読み込み、位置を0に設定する処理を行うことにしました。コンストラクタはクラス名と同じ名前を使うきまりとなっています。

コンストラクタの定義

```
コンストラクタ名 ( 引数のリスト )
{
    ...
}
```

コンストラクタにはクラス名を使います

オブジェクトの初期化を行う処理はコンストラクタに記述する。
コンストラクタ名はクラス名と同じとする。

オブジェクトを作成する

さて、クラスを定義したら、オブジェクトを作成することができます。オブジェクトの作成方法はこれまでも記述してきたとおりです。車キャラクターであっても同じです。ウィンドウやピクチャボックスの作成方法と同じであることをたしかめてみてください。

```
Car c = new Car();
```

車キャラクターのオブジェクトを作成することができます

オブジェクトを作成したら、フィールド・メソッドを次のように利用することができます。オブジェクト名にピリオド（.）を続け、メンバ名を指定します。私たちはこれまでプロパティを利用してきました。オブジェクト名にピリオド（.）をつけるのはプロパティと同じです。

```
c.top   ┐
c.left  ┘── フィールドを利用します
c.Move() ── メソッドを呼び出します
```

それではクラスを定義し、オブジェクトを作成するコードを記述してみましょう。

Sample1.cs ▶ クラスを定義・利用する

```
using System.Windows.Forms;
using System.Drawing;

class Sample1
{
    public static void Main()
    {
        Form fm = new Form();
        fm.Text = "サンプル";
        fm.Width = 300; fm.Height = 200;

        PictureBox pb = new PictureBox();

        Car c = new Car();          // オブジェクトを作成することができます
        c.Move();                   // メソッドを呼び出しています
        c.Move();

        pb.Image = c.img;           // フィールドを利用してピクチャボックスを設定します
        pb.Top = c.top;
        pb.Left = c.left;

        pb.Parent = fm;

        Application.Run(fm);
    }
}
class Car                           // クラスの定義です
{
    public Image img;               // フィールドの宣言です
    public int top;
    public int left;
    public Car()                    // コンストラクタです
    {
        img = Image.FromFile("c:¥¥car.bmp");
        top = 0;
```

```
            left = 0;
        }
        public void Move()
        {
            top = top+10;
            left = left+10;
        }
    }
```

メソッドです

Sample1の実行画面

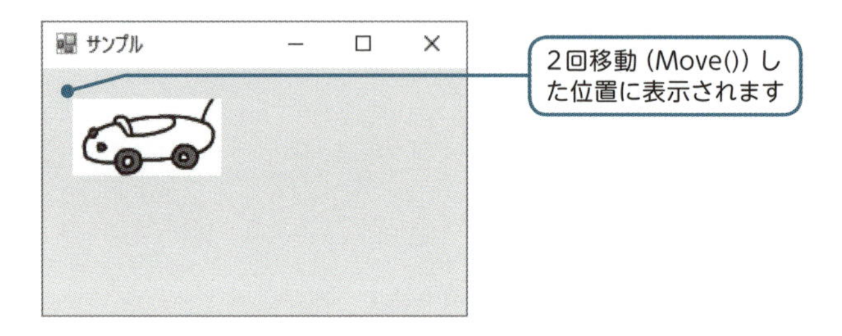

オブジェクトを作成すると、まずコンストラクタとして定義しておいた処理が自動的に呼び出されて、初期化が行われます（図5-3の❶・❷）。ここでは車キャラクターのフィールドに代入が行われることになります。

さらに、「c.Move()」でMove()メソッドを利用しています（❸）。すると、クラスの定義内にMove()メソッドとしてまとめておいた処理が順に実行されます（❹）。つまり、ここでは位置の移動が行われるわけです。

移動が終わったら、オブジェクトを利用している側の処理に戻ります。ここでもまたMove()メソッドが呼び出されているため（❺）、もう一度位置の移動が行われることになります（❻）。

このようにオブジェクトを利用するということは、

クラスとしてまとめておいた機能がその都度呼び出されて処理される

というしくみになっているわけです。

こうして私たちはクラスの機能を利用することができるようになります。クラスからオブジェクトを作成し、利用したときの処理がわかったでしょうか。

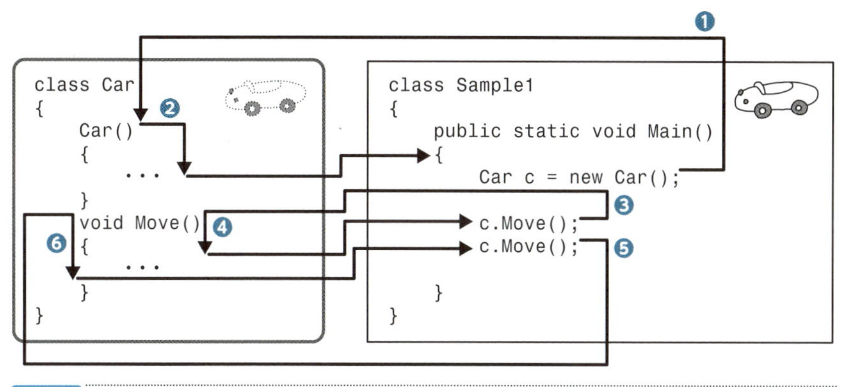

図5-3 メソッドの呼び出し

オブジェクトが作成されると、コンストラクタが呼び出されて処理されます（❶・❷）。メソッドが呼び出されると、メソッドの定義が呼び出されて処理されます（❸・❹・❺・❻）。

引数のしくみを知る

ところで、メソッドの処理においては、

メソッドを呼び出した側（オブジェクトを利用する側）と情報をやりとりする

ということができます。

メソッドが呼び出されるときに、呼び出し側から渡される情報を**引数**（argument）といいます。

```
戻り値の型　メソッド名(引数のリスト)
{
    文;
    ...
    return 式;
}
```


メソッドで引数を使う場合は、メソッドで定義する際に型と変数名をカンマで区切って示しておきます。この変数を**仮引数**（parameter）ともいいます。

このように仮引数を定義しておけば、メソッドの内部で引数を使った処理を定義しておくことができます。

たとえば、次のように定義したCalcクラスをみてください。このクラスにまとめたAddメソッドは、引数を2つ渡すメソッドとなっています。処理の中では渡された2つの情報を足しあわせる処理を行うものとしています。

```
class Calc
{
    public int Add(int x, int y)
    {
        int sum = x+y;
        ...
    }
}
```

引数を2つ渡すメソッドとします

渡された引数をメソッドの処理で使うことができます

このクラスを利用する側では、メソッドを呼び出すときに、次のように( )内のカンマで区切って実際の引数を渡します。

```
Calc c = new Calc();
int a = c.Add(2,3)
```

引数を2つ渡してメソッドを呼び出しています

すると、2がxに、3がyに渡されて、メソッドの内部の処理で使われるのです。つまり2 + 3の計算が行われることになります。実際に渡されるこの2や3の値を**実引数**（argument）といいます。

実引数を指定することで、メソッドを呼び出す際に仮引数に値を渡すことができるのです。引数によってより柔軟にクラスの機能を設計することができるようになります。

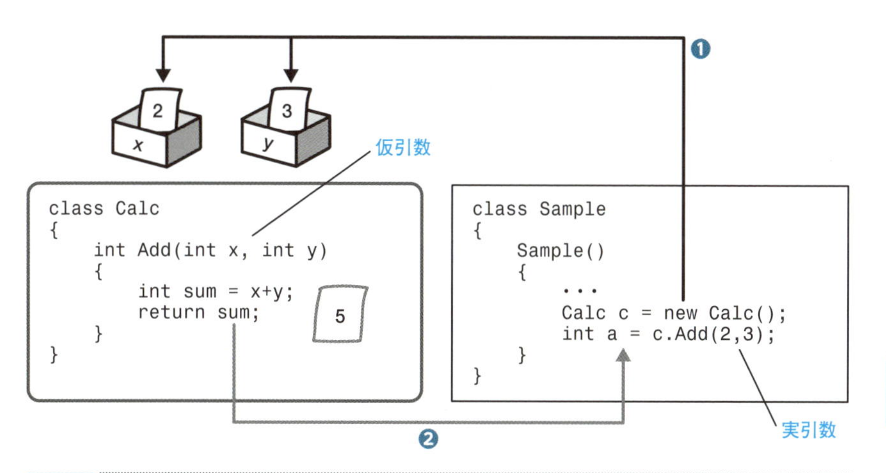

図5-4 引数
引数を使って、メソッドに情報を渡すことができます（❶）。

戻り値のしくみを知る

メソッドからは、情報を受け取ることもできます。呼び出し側に戻される情報を、**戻り値**（return value）といいます。戻り値を使う場合は、メソッドを定義する際に型を指定しておき、戻したい値を処理の最後に**return文**を使って戻します。

```
戻り値　メソッド名(引数のリスト)
{
    文;
    ...
    return 式;
}
```

- 戻り値を戻すメソッドとします
- 戻り値がある場合はreturn文で返します

たとえばCalcクラスのAdd()メソッドのように、計算結果を戻り値として返すメソッドを定義することができるのです。

```
class Calc
{
    public int Add(int x, int y)
    {
```

- 戻り値を戻すメソッドとします

```
        int sum = x+y;
        return sum;
    }
}
```

処理結果をreturn文で戻しています

オブジェクトを利用する側では、次のように変数に代入などを行って、戻り値を利用することになります。ここでは2＋3の処理結果である5が変数aに代入されることになります。

```
Calc c = new Calc();
int a = c.Add(2,3)
```

戻り値を変数aに代入しています

引数や戻り値を使えば、メソッドの中でさまざまな処理を行えることになるでしょう。これらのしくみを使って、クラスの機能を設計できるようになると便利です。

引数を使ってメソッドに情報を渡すことができる。
戻り値を使ってメソッドから情報を返すことができる。

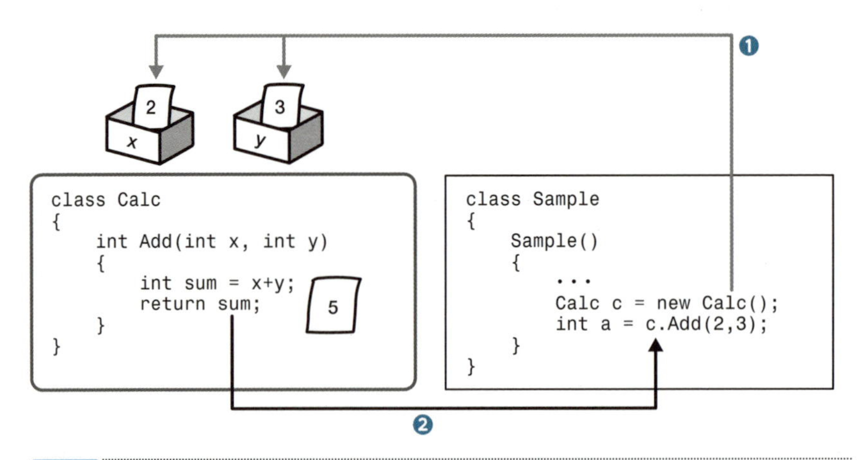

図5-5 戻り値
戻り値を使って、メソッドから情報を戻すことができます（❷）。

引数と戻り値に注意する

なお、メソッドには引数を複数定義することができますが、戻り値は1つしか戻すことができませんので、注意してください。

さらに、メソッドは必ずしも引数と戻り値を定義する必要はありません。Sample1で定義したCarクラスのMove()メソッドは引数と戻り値をもっていません。この場合、戻り値の型はvoidとし、引数の型は指定しないものとなっています。

なお、コンストラクタにも引数を定義することができます。ただし、コンストラクタはオブジェクトへの参照を戻すので、自分で戻り値を定義することはできません。コンストラクタの定義には戻り値の型を定義しないので注意してください。

ローカル変数

この節でみたように、クラス内部のメソッドの外で宣言した変数をフィールドといいます。これに対して、第3章でみたようにメソッドの内部で宣言される変数を**ローカル変数** (local variable) といいます。メソッド内部の仮引数もローカル変数の一種です。

ローカル変数はそれを宣言したメソッド内でのみ使うことができます。また、ローカル変数が値を格納していられるのは、そのメソッドが終了するまでの間となっています。

これに対してフィールドは、ピリオドをつけてクラスの外からも使うことができます (ただし次節のように使用を制限する場合があります)。またフィールドには、オブジェクトが存在している間は値を格納しておくことができます。

5.2 アクセスの制限

privateで保護する

オブジェクトを作成し、利用したときの、クラス内部での処理について理解できたでしょうか。

ところで、クラスを設計するにあたっては、いくつか注意をしなければならないことがあります。オブジェクトを利用する側がオブジェクトを利用する際に、自由にクラスのフィールドの値を設定してしまうと、困ったことが起きる場合があるのです。

たとえば、車キャラクタークラスを利用するときのことを考えてみましょう。このとき、キャラクターに想定しない座標位置が設定されてしまうと問題が起こる場合があります。車の座標位置として「-100, -100」などというありえない値が設定されてしまうことがあります。このように実際にありえない値が設定されると、車キャラクタークラスを利用したプログラムが完成した際に不具合が起きることになるかもしれません。

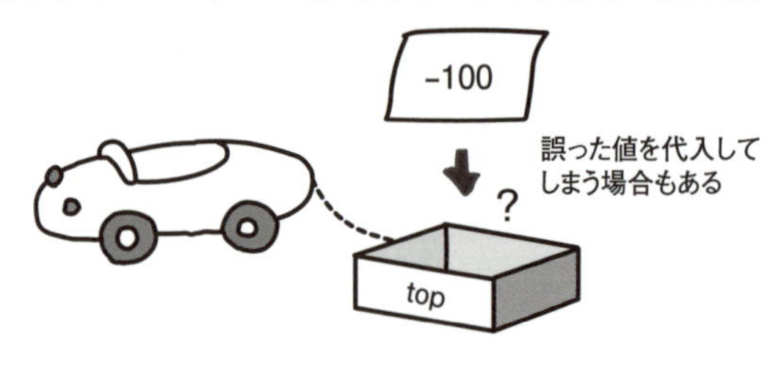

このため、一般的にフィールドは、

クラスの外部から直接アクセスできないようにする

という設定をしておくことが普通です。

クラスの外部からメンバに直接アクセスできないようにするには、メンバの宣言・定義の先頭にprivateという指定をつけます。

```
class Car
{
    ...
    private Image img;
    private int  top;
    private int  left;
    ...
}
```


このようにすると、フィールドである画像や座標位置へのアクセスができなくなります。

privateを指定すると、クラスの外部からのアクセスができなくなる。

```
class Car
{
    private int top;
    private int left;
    ...
}
```

```
class Sample
{
    public static void Main()
    {
        ...
        //c.top = 1234;
        //c.left = -10.0;
        ...
    }
}
```

図5-6 privateアクセス修飾子
メンバへのアクセス範囲はprivateを指定して限定することができます。

publicで公開する

privateを指定すれば、クラスの外部から指定したメンバにアクセスできなくなります。ただし、本当にクラスの外部からフィールドに値が代入できなくなってしまうのでは、オブジェクトを利用する側としても困るでしょう。

このため、一般的にクラスを設計するにあたっては、

フィールドに正しい値を設定するためのメソッドを定義する

ということが行われます。フィールドに値を設定するためのメソッドを用意して、この中で正しい値であるかを確認する処理を行ってから、フィールドに値を設定するようにするのです。

そこで、Carクラスにも、imgフィールドに画像を設定するSetImage()メソッドや、画像を得るGetImage()メソッドを追加し、これらの処理を呼び出してクラスの外部からアクセスできるようにしてみましょう。

```
public void SetImage(Image i)
{
    img = i;
}
public Image GetImage()
{
    return img;
}
```

クラスの外部からアクセスできるメソッドとします

SetImage()メソッドとGetImage()メソッドには、publicという指定をつけました。publicは、

クラスの外部からアクセスできる

という意味の指定です。フィールドを設定するメソッドをクラスの外部から利用できるようにしたのです。ここではかんたんに処理を記述してみましたが、通常、これらのメソッドの内部では、フィールドに正しい値が設定されるように、値のチェックをする処理をまとめることに注意してください。

オブジェクトを作成する側では、このメソッドを利用して画像を変更したり、取得したりするわけです。

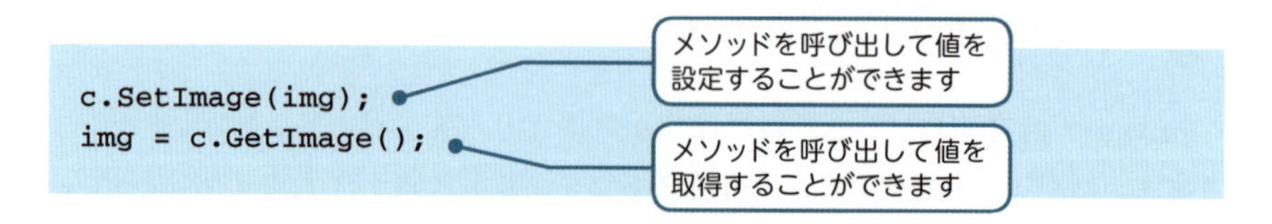

```
c.SetImage(img);
img = c.GetImage();
```


privateやpublicという指定をアクセス修飾子（access modifier）といいます。アクセス修飾子は、フィールド・メソッドにアクセスできる範囲を指定するものです。

なお、クラス内部でメンバにアクセス修飾子を指定しなかった場合は、自動的にprivateを指定したものとなります。

アクセス修飾子を明示的に使うことで、フィールドに直接アクセスできないようにし、値をチェックするメソッドだけを公開することができます。これによってクラスの内部に誤った値が設定されることが避けられます。

このようにクラス内部のデータを保護することを、カプセル化（encapsulation）と呼んでいます。これは誤りの起きにくいプログラムの部品としてクラスを設計する際に役立ちます。

publicを指定すると、クラスの外部からのアクセスができるようになる。

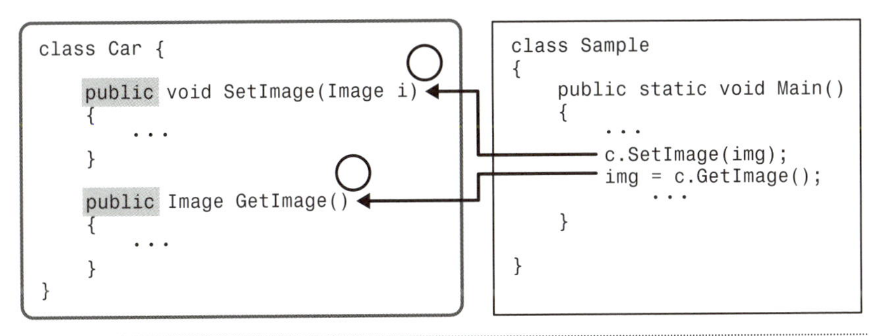

図5-7 publicアクセス修飾子
publicを指定してメンバを公開することができます。

プロパティのしくみを知る

ところで、常にSet・・・やGet・・・という名前のメソッドを定義し、これを使ってフィールドに値を設定することにすると、オブジェクトを利用するプログラムが煩雑になってしまう場合があります。

そこで、フィールドに簡潔にアクセスする方法として用意されているのが、プロパティ（property）というしくみです。私たちはこれまでもウィンドウやピクチャボックスなど、さまざまなクラスのプロパティを利用していますから、なじんできたものであることでしょう。

プロパティは、

setとgetという名前のフィールド設定・取得専用の処理を用意しておく

しくみです。この処理はアクセサ（accessor）と呼ばれます。

たとえば、フィールドtopにアクセスするTopプロパティを、クラス内部で次のように定義することができます。

```
public int Top
{
    set { top = value;}
    get { return top; }
}
```

- public int Top：クラスにはプロパティを定義することができます
- set { top = value;}：setアクセサで値を設定処理します
- get { return top; }：getアクセサで値を取得処理します

フィールドに値を設定する処理は、setアクセサのブロック内に記述します。このブロック内では、利用する側から渡される値をvalueという値で得ることができます。このため、valueの値をフィールドtopに代入しています。

また、値を取得する処理は、getアクセサのブロック内に記述します。この中では、returnを使って利用する側に値を返すことができます。

プロパティの処理の中でも、通常は設定される値が正しいものであるかを確認する処理を記述することになります。

さて、このようにプロパティを定義しておくと、オブジェクトを作成した側では、次のようにプロパティを利用して、フィールドにかんたんに値を設定・取得できるようになります。

```
c.Top =・・・
・・・ = c.Top
```

- c.Top =・・・：プロパティとして値を設定できます
- ・・・ = c.Top：プロパティとして値を取得できます

私たちはこれまでもさまざまなクラスのプロパティを利用しています。定義されたプロパティを利用することで、かんたんにウィンドウのタイトルや画像位置などを設定できたのです。

ここにプロパティの定義と利用方法をまとめておきましょう。

プロパティの定義

```
アクセス指定子　型　プロパティ名
{
    set { 値を設定する処理; }
    get { 値を戻す処理; }
}
```

プロパティの利用

```
オブジェクト名.プロパティ名 = 値;
オブジェクト名.変数 = プロパティ名;
```

プロパティによってフィールドの値を設定・取得する。

それでは、privateとpublicを使い分けて、フィールドを保護したクラスをみてみましょう。

Sample2.cs ▶ アクセス指定子を使う

```
using System.Windows.Forms;
using System.Drawing;

class Sample2
{
    public static void Main()
    {
        Form fm = new Form();
        fm.Text = "サンプル";
        fm.Width = 300; fm.Height = 200;

        PictureBox pb = new PictureBox();

        Car c = new Car();
        c.Move();
        c.Move();
```

```
        pb.Image = c.GetImage();
        pb.Top = c.Top;
        pb.Left = c.Left;

        pb.Parent = fm;

        Application.Run(fm);
    }
}
class Car
{
    private Image img;
    private int top;
    private int left;

    public Car()
    {
        img = Image.FromFile("c:¥¥car.bmp");
        top = 0;
        left = 0;
    }
    public void Move()
    {
        top = top + 10;
        left = left + 10;
    }
    public void SetImage(Image i)
    {
        img = i;
    }
    public Image GetImage()
    {
        return img;
    }
    public int Top
    {
        set { top = value; }
        get { return top; }
    }
    public int Left
    {
        set { left = value; }
        get { return left; }
    }
}
```

publicなメソッドを介してフィールドにアクセスします

publicなプロパティを介してフィールドにアクセスします

privateを指定してクラスの外部からアクセスできないようにします

publicなメソッドを定義できます

publicなメソッドを定義できます

publicなメソッドを定義できます

publicなプロパティを定義できます

publicなプロパティを定義できます

Sample2の実行画面

publicを指定したメソッドやプロパティを利用することで、privateを指定したフィールドに直接アクセスすることなく、オブジェクトを利用することができています。

私たちはこのように、クラスの安全性を考えながらクラスを設計していくのです。私たちはほかの人が設計したフォームクラスを利用してウィンドウプログラムを作成してきました。私たちが設計した車キャラクタークラスを、ほかの人が利用してプログラムを作成することがあるかもしれません。

クラスは部品を組み合わせるようにプログラムを設計していく際に役立つしくみです。クラスは、それを定義する側と利用する側が異なっている場合が多くあります。ほかの人に正しくクラスが利用されるようにするためには、思いもかけない使い方をされないように注意して設計しなければなりません。クラスの安全性を考えることによって、ほかのプログラムで利用しやすいクラスを設計していくことができるのです。

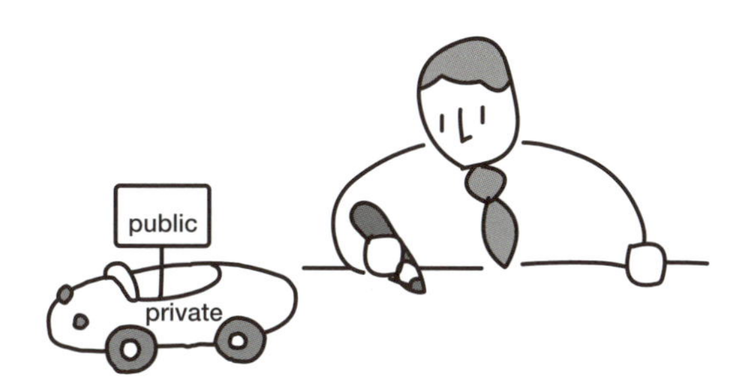

5.3 静的メンバ

静的なフィールド・メソッド

クラスの基本がわかったところで、クラスで利用されるそのほかの機能をみておくことにしましょう。

これまでみてきたフィールドは、個々のオブジェクトごとに値を格納することができました。1つのウィンドウや、1台の車をあらわすオブジェクトごとに情報をもつことができたわけです。つまりこれまでのフィールド・メソッドは、

オブジェクトに関連づけられていた

わけです。

これに対してクラス全体で値を格納したり、処理をしたい場合があります。たとえば、Carクラス全体でいくつオブジェクトがあるかを記憶したい場合などには、クラス全体で値を共有してもつことが必要になります。つまり、

クラス全体に関連づけられる

というメンバを考えていきたい場合があります。

クラス全体にメンバを関連づけるためには、フィールド・メソッドの先頭にstaticという指定をつけます。これを静的メンバと呼ぶことがあります。

```
class Car
{
    private Image img;
    private int top;
    ...
    public static int Count= 0;
    ...
}
```

オブジェクトごとに値が存在します

クラス全体に1つの値となります

これまでのフィールドではオブジェクトごとに値が存在しますが、staticをつけた静的なフィールドは、クラスに1つだけ存在することになるわけです。

staticをつけた静的メンバは「クラス名.」をつけて利用します。

```
Car.Count
```

クラス名をつけてあらわします

静的メンバを利用してみることにしましょう。

Sample3.cs ▶ 静的メンバを使う

```
using System.Windows.Forms;
using System.Drawing;

class Sample3
{
    public static void Main()
    {
        Form fm = new Form();
        fm.Text = "サンプル";
        fm.Width = 250; fm.Height = 100;

        Label lb = new Label();

        Car c1 = new Car();
        Car c2 = new Car();

        lb.Text = Car.CountCar();

        lb.Parent = fm;

        Application.Run(fm);
    }
}
class Car
{
    public static int Count = 0;
    private Image img;
    private int top;
    private int left;

    public Car()
    {
```

オブジェクトを2つ作成します

静的なメソッドを呼び出します

静的なフィールドの定義です

```
        Count++;
        img = Image.FromFile("c:¥¥car.bmp");
        top = 0;
        left = 0;
    }
    public static string CountCar()
    {
        return "車は" + Count + "台あります。";
    }
    public void Move()
    {
        top = top + 10;
        left = left + 10;
    }
    public void SetImage(Image i)
    {
        img = i;
    }
    public Image GetImage()
    {
        return img;
    }
    public int Top
    {
        set { top = value; }
        get { return top; }
    }
    public int Left
    {
        set { left = value; }
        get { return left; }
    }
}
```

コンストラクタが呼び出されたときに静的なフィールドであるCountの値を1増やします

静的なメソッドの定義です

Sample3の実行画面

サンプル

車は2台あります。

Carクラスでは、コンストラクタ内で静的フィールドのCountをインクリメントしています。したがって、Carクラスのオブジェクトを2つ作成することで、Countの値は2となります。

そこで、実行画面では「車が2台」と表示されているのです。静的メンバを利用することによって、クラス全体で、車の台数を管理できることがわかります。

クラス全体で管理される静的メンバにはstaticをつける。

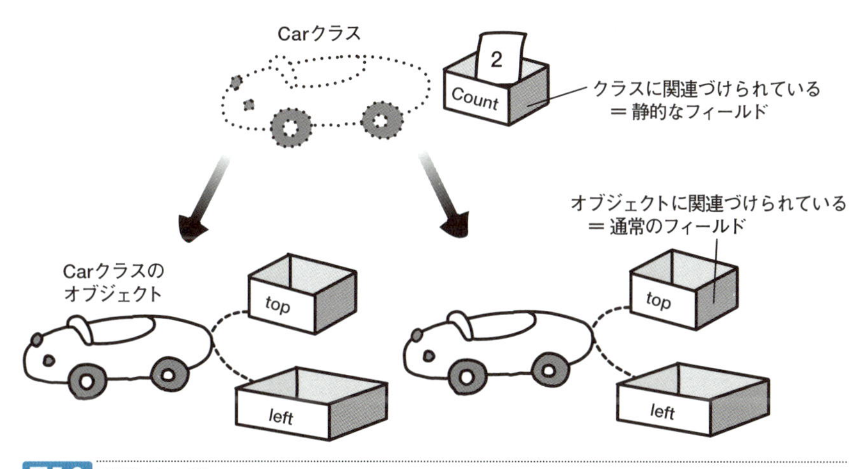

図5-8 静的メンバ
クラスに関連づける場合にstaticを指定します。

利用されている静的メンバ

ところで、staticがつけられた静的なメンバは、これまで私たちが利用してきたさまざまなクラスにも存在します。たとえば、第1章や第2章でみたコンソールへの出力では、Consoleクラスの静的メソッドであるWriteLine()メソッドを使っています。

```
Console.WriteLine("ようこそ");
```

また、画像の読み込みでは、Imageクラスの静的なメソッドであるFromFile()メソッドを使っています。

```
Image.FromFile("ファイル名");
```

これらは、ConsoleクラスやImageクラスに静的メンバとしてまとめられているものです。クラス名をつけて呼び出しているところに注目してください。

また、プログラムの本体となるMain()メソッドにもstaticをつける必要があります。静的メンバはよく利用されていることがわかるでしょう。

静的メンバの利用

通常のメンバのように、データや機能がオブジェクトに関連づけられるようになっていると、プログラムの独立した部品として役立つクラスが設計できます。けれどもオブジェクトの台数を管理する場合のように、そうしたしくみだけでは不便なこともあるでしょう。

静的メンバは、オブジェクトの間でデータや機能を共有するために役立てられるしくみとなっています。

5.4 新しいクラス

継承のしくみを知る

さらに高度なクラスの設計方法についてみていきましょう。私たちはすでに定義したクラスをもとにして、新しいクラスを定義することができます。たとえば、車キャラクタークラスをもとにして、より高度な機能をもつレーシングカーキャラクタークラスを設計することができるのです。

新しいクラスを設計することを、

クラスを拡張する (extend)

といいます。

既存の新しいクラスを定義できれば便利です。新しいクラスは、既存のクラスのメンバ変数・メソッドを「受け継ぐ」しくみになっています。既存のクラスのメンバ変数・メソッドを記述する必要はありません。既存のクラスに新しく必要となるメンバ変数・メソッドをつけ足すようにコードを書いていくことができるのです。

新しく拡張したクラスが既存のクラスの資産（メンバ）を受け継ぐことを、**継承** (inheritance) といいます。継承はプログラムに新しく機能を追加する際に便利なしくみです。

このとき、もとになる既存のクラスを**基本クラス** (base class) と呼びます。新しいクラスを**派生クラス** (derived class) と呼びます。

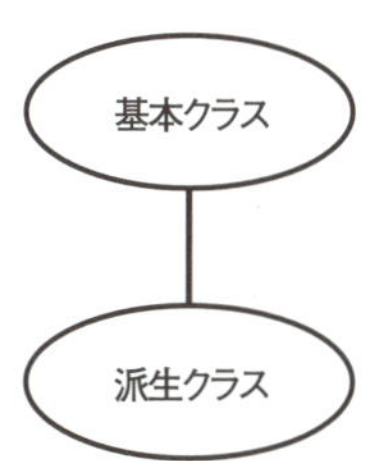

図5-9 クラスの派生
既存のクラス（基本クラス）から新しいクラス（派生クラス）を作成することができます。

クラスを拡張する

クラスの拡張方法をみてみることにしましょう。派生クラスは次のように定義します。

構文　クラスの拡張

```
class 派生クラス名 : 基本クラス名
{
    新しいフィールド;
    新しいメソッド(引数のリスト)
    {
        ...
    }
}
```

基本クラスを拡張して・・・

派生クラスを定義することができます

たとえば、Carクラスを基本クラスとして、次のように派生クラスであるRacingCarクラスを定義できるのです。

```
class RacingCar : Car
{
    ...
    ... void Move()
    {
    }
}
```

Carクラスを拡張して・・・

RacingCarクラスを設計することができます

新しいメソッドを定義することができます

基本クラスと同じ名前とすることもできます

RacingCarクラスはクラスの内部に記述しなくても、CarクラスのTopプロパティやLeftプロパティをもつことになります。また、クラスの内部に新しいフィールドやメソッドをつけ足すようにコードを記述していくことができます。

新しいメンバを定義する場合には、基本クラスと同じ名前のメンバを定義することもできます。たとえば、RacingCarクラスでは、より大きく移動するMove()メソッドを新しく定義することが考えられるでしょう。

基本クラスを拡張して、派生クラスを定義することができる。
派生クラスは、基本クラスのメンバを継承する。

派生関係のあるクラスはまとめて扱える

さて、派生クラスのオブジェクトは、たいへん便利な性質があります。それは、

派生クラスのオブジェクトは基本クラスのオブジェクトとしても扱える

ことです。RacingCarクラスは、一般的なCarクラスの機能を受け継いでおり、RacingCarクラスのオブジェクトは、Carクラスのオブジェクトであるともいえます。このため、派生クラスのオブジェクトは、基本クラスのオブジェクトとしても扱うことができるのです。

```
Car c = new RacingCar();
```

基本クラスの型のオブジェクトとして扱うこともできます

特に、基本クラスの型の配列を作成して扱うと、車やレーシングカーといった種類に関係なく、オブジェクトをまとめて扱えるようになります。これはとても便利なしくみです。

```
Car[] c = new Car[2];

c[0] = new Car();
c[1] = new RacingCar();

for(int i=0; i<c.Length; i++)
{
    c[i].Move();
}
```

基本クラスの型の配列で・・・

派生クラスのオブジェクトをまとめて扱うことができます

Lesson 5

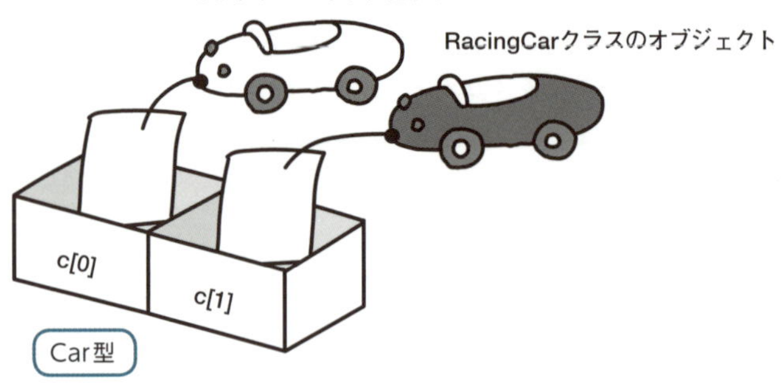

図5-10 オブジェクトをまとめて扱える
基本クラスの型の変数・配列で、派生クラスのオブジェクトを扱うことができます。

派生クラスから基本クラスにアクセスする

そこで、実際にRacingCarクラスに新しいメソッドMove()を定義することを考えましょう。ただし、このようなクラスの設計にあたっては、いくつか注意しなければならないことがあります。

まず注意しなければならないのは、Carクラスのprivateメンバには、派生クラスからもアクセスすることはできないということです。たとえば、Sample2の場合、privateが指定されているtop・leftフィールドにはアクセスすることができません。しかし、派生クラスと基本クラスには密接に関係するため、これでは不便なこともあります。

このようなとき、

基本クラスのメンバに、protectedというアクセス修飾子をつけておく

ことを行います。protectedを指定することで、派生クラスのみからアクセスでき、そのほかのクラスからはアクセスできないようにすることができます。

そこでtop・leftフィールドに直接アクセスするために、Carクラスの定義でこれらをprotectedメンバとしておきましょう。これによってRacingCarクラスのMove()メソッド内では、これらのフィールドにアクセスすることができるようになります。

```
class Car
{
    protected int top;
    protected int left;
    ...
}
class RacingCar : Car
{
    ...
    public void Move()
    {
        top = top + 100;
        left = left + 100;
    }
}
```

派生クラスからアクセスできるメンバとしておけば・・・

派生クラスから基本クラスのメンバにアクセスすることができます

基本クラスのprotectedメンバには、派生クラスからアクセスすることができる。

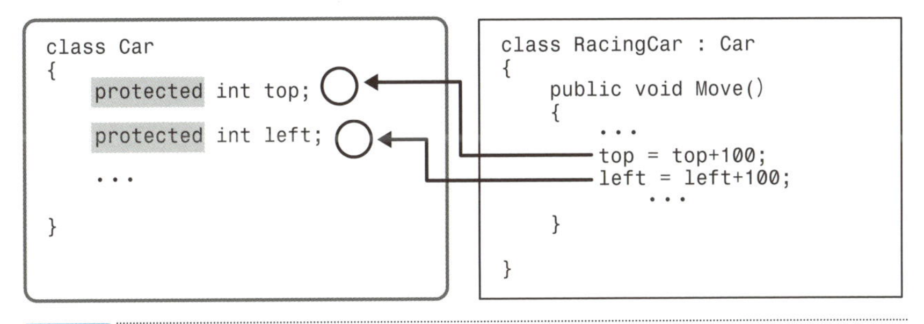

図5-11 protectedメンバ

派生クラスから、基本クラスのprotectedメンバにアクセスすることができます。

オーバーライドが行われるようにする

また、C#では、派生クラスのオブジェクトを基本クラスのオブジェクトとして扱った場合に、基本クラスのメンバが呼び出されることになっています。

つまり、Carクラスの配列でRacingCarクラスのオブジェクトを扱うと、派生クラスで定義した新しいMove()メソッドではなく、基本クラスで定義したMove()メソッドが呼び出されてしまうのです。これではそれぞれのオブジェクトに適したMove()メソッドがうまく機能していないということになるでしょう。

そこで、通常、基本クラスにおいて、同じ名前で再定義される予定のあるメンバにはvirtualというキーワードをつけておきます。そして派生クラスでは、同じ名前で処理を上書きしたいメンバにoverrideというキーワードをつけます。

```
class Car
{
    virtual void Move()
    {
        ...
    }
}
class RacingCar : Car
{
    override void Move()
    {
        ...
    }
}
```

上書きされる基本クラスのメンバにvirtualをつけておきます

上書きする派生クラスのメンバにoverrideをつけます

このようにしておくと、基本クラスの型で派生クラスのオブジェクトを扱ったとしても、派生クラスのメンバの処理内容が呼び出されます。

基本クラスのメンバにかわって派生クラスのメンバが機能する

わけです。つまり、新しい派生クラスのメンバによって、元のクラスのメンバを上書きすることができるのです。このしくみをオーバーライド（override）といいます。

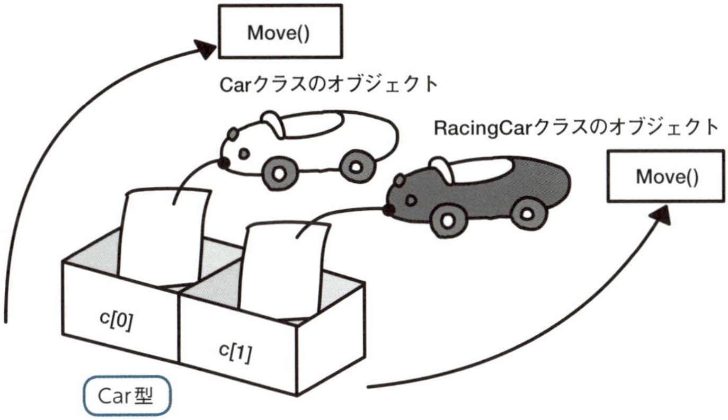

図5-12 オーバーライド

派生クラスのメソッドにoverrideをつけると、基本クラスのvirtualメソッドを上書きすることができます。オーバーライドによって、クラスに応じたメソッドが機能します。

このような注意を念頭において、実際にクラスを拡張して確認してみましょう。

Sample4.cs ▶ クラスを拡張する

```
using System.Windows.Forms;
using System.Drawing;

class Sample4
{
    public static void Main()
    {
        Form fm = new Form();
        fm.Text = "サンプル";
        fm.Width = 300; fm.Height = 200;

        PictureBox[] pb = new PictureBox[2];

        for(int i=0; i<pb.Length; i++)
        {
            pb[i] = new PictureBox();
            pb[i].Parent = fm;
        }

        Car[] c = new Car[2];
```

基本クラスの型で・・・

```
        c[0] = new Car();
        c[1] = new RacingCar();

        for(int i = 0; i < c.Length;i++)
        {
            c[i].Move();
            pb[i].Image = c[i].GetImage();
            pb[i].Top = c[i].Top;
            pb[i].Left = c[i].Left;
        }

        Application.Run(fm);
    }
}
class Car
{
    private Image img;
    protected int top;
    protected int left;

    public Car()
    {
        img = Image.FromFile("c:¥¥car.bmp");
        top = 0;
        left = 0;
    }
    virtual public void Move()
    {
        top = top + 10;
        left = left + 10;
    }
    public void SetImage(Image i)
    {
        img = i;
    }
    public Image GetImage()
    {
        return img;
    }
    public int Top
    {
        set { top = value; }
        get { return top; }
    }
    public int Left
```

オブジェクトをまとめて扱うことができます

protectedメンバとしておきます

上書きされる基本クラスのメンバにvirtualをつけておきます

```
        {
            set { left = value; }
            get { return left; }
        }
}
class RacingCar : Car
{
    override public void Move()
    {
        top = top + 100;
        left = left + 100;
    }
}
```

上書きする派生クラスのメンバにoverrideをつけます

protectedメンバにアクセスできます

Sample4の実行画面

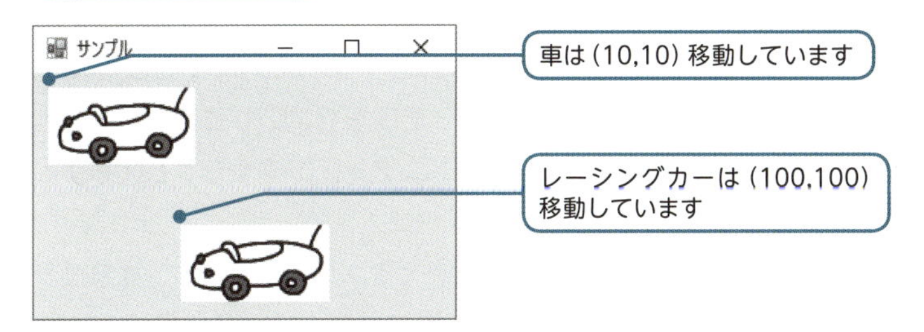

プログラムを実行してみると、Carクラスのオブジェクトをあらわす画像は小さく移動し、RacingCarクラスのオブジェクトをあらわす画像は大きく移動しています。つまり、新しいMove()メソッドが機能していることがわかります。

ここでは同じ名前のMove()メソッドが、それぞれ実際のオブジェクトのクラスに応じて機能しているわけです。

このように同じ名前が実際のオブジェクトのクラスに応じて機能するしくみは、多態性（polymorphism）と呼ばれています。

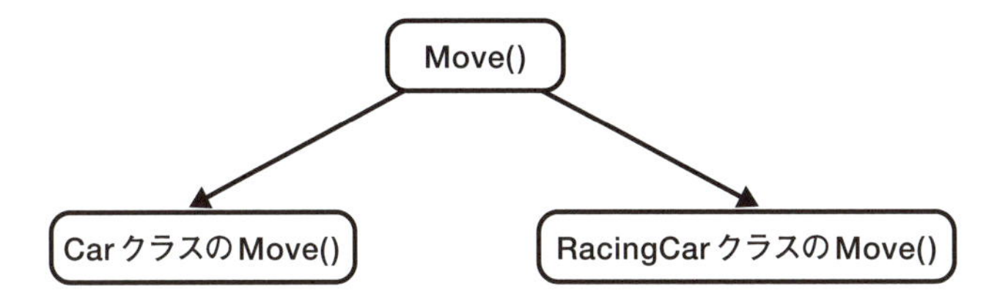

派生クラスのメソッドが、基本クラスの同じ名前のメソッドにかわって機能することをオーバーライドという。

オーバーライドのしくみはクラスを利用する際に便利です。それがCarクラスか、RacingCarクラスかであるかを意識する必要がなく利用することができるからです。もとからあるCarクラスも新しいRacingCarクラスも、意識せずに同じ方法（名前）で利用することができます。プログラムを作成する際に、意識することなく部品を差し替えたり追加したりすることができるでしょう。

抽象クラスとインターフェイス

なお、基本クラスでは、virtualをつけて複数の派生クラスに対して名前を提供し、派生クラスのオブジェクトをまとめて扱うことだけを目的として設計されるものもあります。このような基本クラスでは、オブジェクトを作成することは必ずしも必要ではありません。

そこで、オブジェクトを作成することができないようにしたクラスを、**抽象クラス**（abstract class）といいます。この抽象クラスではメソッドの内容自体を定義できないようにすることができ、このときメソッドの先頭には**abstract**をつけます。

さらに、すべてのメソッドの内容を定義できないようにしたものを**インターフェイス**（interface）といいます。

このような抽象クラスやインターフェイスは、さまざまな機能の名前を提供するために使われるしくみになっています。クラスを設計する際にはこうしたしくみも利用して設計を行っていくことになります。おぼえておくとよいでしょう。

抽象クラス

```
abstract class クラス名
{
    virtual 戻り値 メソッド名(引数のリスト)
    {
    }
    abstract 戻り値 メソッド名(引数のリスト);
    ...
}
```

抽象クラスはオブジェクトを作成することができません

メソッドの内容を定義しないこともできます

インターフェイス

```
interface インターフェイス名
{
    戻り値 メソッド名(引数のリスト);
    ...
}
```

インターフェイスはメソッドの内容を定義することができません

C#とオブジェクト指向

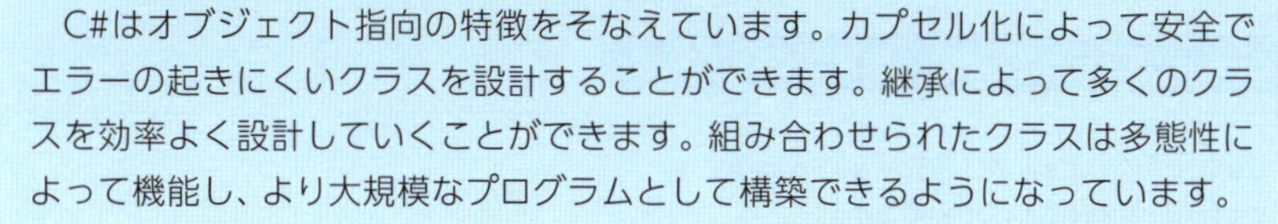

この章で紹介したカプセル化・継承・多態性などは、オブジェクト指向と呼ばれるプログラム設計手法の特徴となっています。

C#はオブジェクト指向の特徴をそなえています。カプセル化によって安全でエラーの起きにくいクラスを設計することができます。継承によって多くのクラスを効率よく設計していくことができます。組み合わせられたクラスは多態性によって機能し、より大規模なプログラムとして構築できるようになっています。

5.5 クラスライブラリ

フォームクラスを拡張したプログラムとする

前の節では、クラスの拡張について学んできました。拡張できるクラスは、私たちが定義したクラスばかりではありません。これまでにも使ったウィンドウや、ウィンドウにのせる部品を扱うクラスをもとにして拡張を行うこともできます。

私たちはこれまでも、開発環境によって提供されているクラスからオブジェクトを作成してウィンドウプログラムを作成してきました。オブジェクトを作成するだけではなく、提供されているクラスを拡張して、さらに高機能なプログラムを作成していくことができるのです。

これまでは、フォームをオブジェクトとして作成する方法でプログラムを作成してきました。しかし、一般的にウィンドウプログラムを作成する場合には、通常、Formクラスを拡張したプログラムとして作成していくスタイルをとります。

そこで、これまでのプログラムを、Formを拡張したプログラムとしてみましょう。

Sample5.cs ▶ 既存のクラスから拡張する

```
using System.Windows.Forms;
using System.Drawing;

class Sample5 : Form
{
    public static void Main()
    {
        Application.Run(new Sample5());
    }
    public Sample5()
    {
        this.Text = "サンプル";
        this.Width = 400; this.Height = 200;
```

- `class Sample5 : Form`：Formを拡張したクラスとします
- `Application.Run(new Sample5());`：クラスからオブジェクトを作成してウィンドウプログラムを実行します
- `public Sample5()`：コンストラクタです
- `this.Text = "サンプル";`：継承されたプロパティを使って設定を行います

```
        this.BackgroundImage = Image.FromFile("c:¥¥car.bmp");
    }
}
```

Sample5の実行画面

このコードでは、私たちが作成するプログラムであるSample5クラスを、Formクラスを拡張した派生クラスとしています。コントロールのプロパティの設定は、Main()メソッドではなく、コンストラクタ内で行うことにしました。

```
class Sample5 : Form
{
    ...
    public Sample5()
    {
        this.Text = ...
    }
}
```

Formを拡張して・・・

プログラムのクラスを定義します

コンストラクタ内で設定を行います

私たちが設計したSample5クラスは、基本クラスであるFormクラスのメソッドやプロパティを受け継ぐことになります。そこで、コンストラクタ内でFormクラスから受け継いだプロパティを使って、幅や高さの設定を行うことができます。ここでは特にフォームの背景画像をあらわすBackGroundImageプロパティを使って、あらかじめ車の画像が表示されるようにしました。

ただし、このようにFormを継承したスタイルのプログラムの中では、次のようにフォームのプロパティを設定していることに注意してください。

```
this.Width = 400; this.Height = 200;
```

thisはSample5クラスから作成されるオブジェクトをあらわします

ここではフォームのプロパティにthisという指定をつけています。

これまではフォームの幅を設定するために、作成されたフォームをあらわすfm.に続けてWidthプロパティをあらわしていました。

しかし今度のプログラムでは、「自分自身」がフォームとなります。このため、自分自身をあらわす名前を使う必要があります。

thisは、

クラス内で「自分自身のオブジェクト」をあらわす

という指定になっています。つまり、ここではフォームである自分自身のオブジェクトをあらわしているわけです。

なお、クラス内で特に何も指定しないでメンバ名を記述すると、自分自身のオブジェクトのメンバをあらわすことになります。つまり、このコードではthisは省略してもかまいません。ただし、本書ではthisを指定していくものとしましょう。

```
Width = 400; Height = 200;
```

Sample5内では、Sample5のプロパティをあらわします

クラス内で自分自身を明示的にあらわす場合にthisを使う。

さて、既存のクラスをうまく活用すれば、多機能なプログラムを効率よく作成していくことができます。

C#の開発環境では、ウィンドウ部品をはじめとした数多くのクラスが提供されています。

クラスをまとめたものをクラスライブラリ（class library）といいます。

私たちはこれから、この提供されたクラスライブラリを利用してさまざまなプログラムを作成していきましょう。

クラスライブラリを調べる

さて、クラスライブラリを利用してプログラムを作成するときには、クラスの機能について調べることが必要となります。

サンプル中でわからないクラスやメソッドが登場した場合には、インターネットで「.NET Framework」のリファレンスを調べてみてください。本書巻末の付録にもリソースを掲載しています。

「.NET Framework」は、C#の標準的なクラスライブラリを含む枠組み（フレームワーク）の名称となっています。さまざまなクラスが登場しますが、1つずつ根気よく調べていくことがたいせつです。バリエーションに富んだプログラムを作成していくことができるようになります。

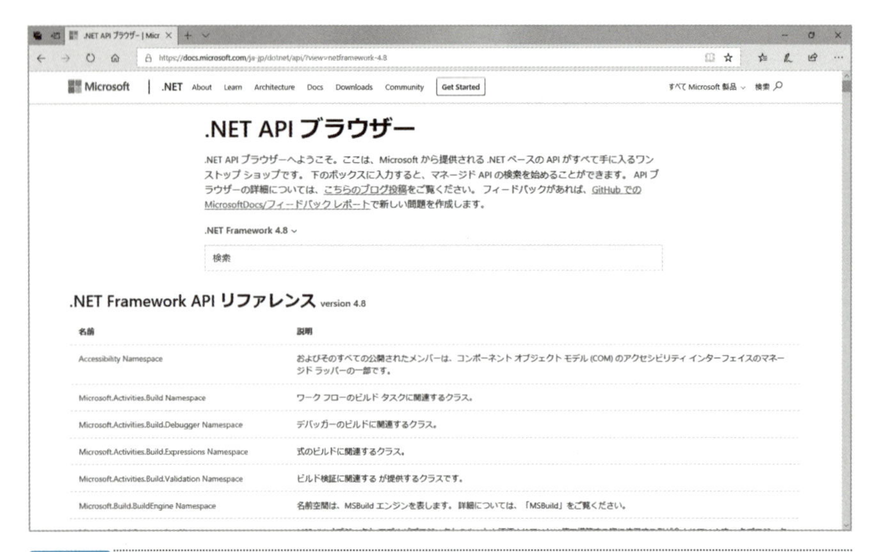

図5-13 クラスライブラリのリファレンス
クラスライブラリのリファレンスでクラスの機能を調べることができます。

名前空間を知る

なお、クラスライブラリが提供するクラス名は、**名前空間**（namespace）と呼ばれる概念で分類されています。

たとえば、フォームをあらわすFormクラスはSystem.Windows.Formsという名前空間に分類されています。本来、クラス名は名前空間をつけて、次のように記述する必要があります。たとえばFormクラスは、次のように指定する必要があるわけです。

```
System.Windows.Forms.Form
```

（本来名前空間を指定する必要があります）

しかし、同じ名前空間のクラスを多く使いたい場合には不便です。そこでこの名前空間を省略して名前を直接指定したいときには、コードの先頭などで**usingディレクティブ**を記述しておくことができます。

名前空間を指定しておくことができます

```
using System.Windows.Forms;
```

すると、コード中でFormクラスは「Form」という名前で使用できるようになります。私たちはこれまでのコードの先頭でもこのような表記を使っています。

C#の標準的なクラスライブラリに含まれる代表的な名前空間には次のようなものがあります。クラスの分類に注意しておきましょう。

表5-1 名前空間

名前空間	説明
System	基本機能を提供する
System.Windows.Forms	コントロールを提供する
System.Drawing	基本のグラフィック機能を提供する
System.Drawing.Imaging	高度なグラフィック機能を提供する
System.Data	データ関連機能を提供する
System.Xml	XML関連機能を提供する
System.Net	ネットワーク関連機能を提供する
System.Linq	LINQ関連機能を提供する
System.Xml.Linq	XML to LINQを提供する

5.6 レッスンのまとめ

この章では、次のようなことを学びました。

- クラスは、フィールド・メソッド・コンストラクタなどをもちます。
- クラスからオブジェクトを作成することができます。
- privateを指定するとクラスの外からアクセスすることはできません。
- publicを指定するとクラスの外からアクセスすることができます。
- コンストラクタはオブジェクトを作成するときに呼び出されます。
- 基本クラスから派生クラスを拡張することができます。
- 派生クラスは基本クラスのメンバを継承します。
- protectedメンバは派生クラスからのみアクセスすることができます。
- 基本クラスと同じメソッド名をもつメソッドを派生クラスで定義して、オーバーライドすることができます。

この章ではクラスの設計について学びました。クラスはプログラムを構築する際に活用されます。C#の開発環境には多数のクラスが用意されています。本書でもこうしたクラスを活用していきましょう。

練習

1. ボールをあらわすBallクラスを定義し、ラベルに位置を表示してください。

Topプロパティ
Leftプロパティ
Move()メソッド

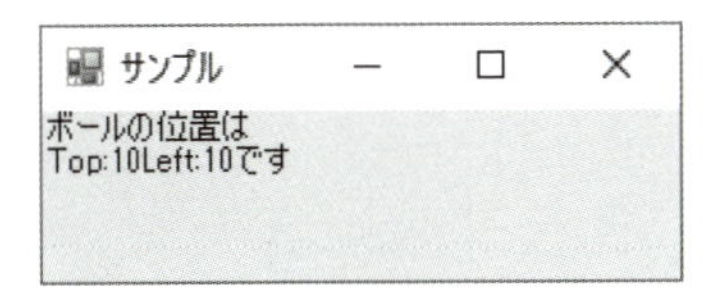

2. Labelクラスを拡張して、背景が白に初期化されるWhiteLabelクラスを設計し、オブジェクトを2つ作成してください。

BackColorプロパティ（背景色）
Color.White（白）

Lesson 6

イベント

C#のさまざまな処理を学んできました。この章ではユーザーがウィンドウを操作したときに処理をするプログラムを作成します。C#では操作などが発生したときの処理をイベントという概念で処理します。イベント処理を行うことによって、マウスやキーの操作に反応する多彩なプログラムを作成していくことができるようになります。

Check Point!

- イベント
- ソース
- イベントハンドラ
- デリゲート

6.1 イベントの基本

動きのあるプログラムを作成する

　これまでの章ではさまざまなプログラムを作成してきました。クラスについても理解を深めることができたでしょうか。しかし、これまでに作成したプログラムでは、プログラムの起動後に何か目に見える動きが起こることはありませんでした。私たちはさらにクラスの機能を利用して、バリエーションに富んだプログラムを作成していくことにします。

　この節では、

ユーザーがウィンドウを操作したときに、
何か処理をするプログラム

を作成していくことにしましょう。

　たとえば、

ユーザーがフォームをクリックしたときに、
ラベルのテキストが変わるプログラム

という動きのあるプログラムを作成するわけです。

イベント処理のしくみを知る

　最初に、「ユーザーが操作をしたときに、何か処理をする」というプログラムのしくみについて、学んでおくことにしましょう。

　ウィンドウをもつプログラムでは通常、「フォームをクリックした」といったユーザーの操作を、イベント（event）という概念で扱うことになっています。イベントの発生元となるコントロールは、ソース（source）と呼ばれています。つまり、「フォームをクリックした」というイベントを考えるときには、フォームがソースとなるわけです。

発生したイベントは、**イベントハンドラ**（event handler）と呼ばれるメソッドで処理することになります。

図6-1 イベント処理
イベント処理はソース、イベント、イベントハンドラによって行います。

ユーザーからの入力操作などをあらわすクラスをイベントと呼ぶ。
イベントを発行するクラスをソースと呼ぶ。
イベントを処理するメソッドをイベントハンドラと呼ぶ。

イベント処理を記述する

さて、私たちは次のようなコードを記述することで、イベントを処理するプログラムを作成します。

❶ イベントを処理するイベントハンドラを定義しておく

❷ そのイベントハンドラをデリゲートによってソース（フォーム）に登録する

まず、❶では、イベントハンドラに適当な名前をつけて定義します。たとえば、fm_Click()という名前でメソッドを定義しておきましょう。フォームをクリックしたときに処理をするという意味の名前にしてみます。

名前は識別子から適当に選んでかまいませんが、このイベントハンドラにはObjectとEventArgsという2種類の決まったクラスの引数をもたせることが必要になります。

❶イベントハンドラを設計します

```
public static void fm_Click(Object sender, EventArgs e)
{
    lb.Text = "こんにちは";
}
```

イベントが起こったときに行う処理を定義しておきます

次に❷として、イベントハンドラをソースに登録する処理を行います。この登録は**デリゲート**（delegate）と呼ばれるしくみを使って行います。EventHandler()という名前のデリゲートを作成して登録を行うのです。

❷イベントハンドラをデリゲートによってソースに登録します

```
this.Click += new EventHandler(fm_Click);
```

デリゲートを作成する際には引数として、設計したイベントハンドラの名前を渡します。このデリゲートを、ソースであるフォームのClickイベントに+=演算子を使って追加する形式で登録するのです。

この❶・❷のコードを記述しておくと、実際に「フォームをクリックした」というイベントが起きたときに、

イベントハンドラがソースから呼び出され、イベントが処理される

というしくみになっています。

イベントを処理するためには、イベントハンドラを定義する。
デリゲートによって、ソースにイベントハンドラを登録する。

それではイベント処理のしくみを、次のコードでたしかめてみることにしましょう。

Sample1.cs ▶ イベント処理をする

```
using System;
using System.Windows.Forms;

class Sample1 : Form
{
    private Label lb;

    public static void Main()
    {
        Application.Run(new Sample1());
    }
    public Sample1()
    {
        this.Text = "サンプル";
        this.Width = 250; this.Height = 200;

        lb = new Label();
        lb.Text = "ようこそ";

        lb.Parent = this;

        this.Click += new EventHandler(fm_Click);
    }
     public void fm_Click(Object sender, EventArgs e)
    {
        lb.Text = "こんにちは";
    }
}
```

❷イベントハンドラを登録します

❶イベントハンドラを設計します

フォームがクリックされたとき、このイベントハンドラが呼び出されて処理されます

Sample1の実行画面

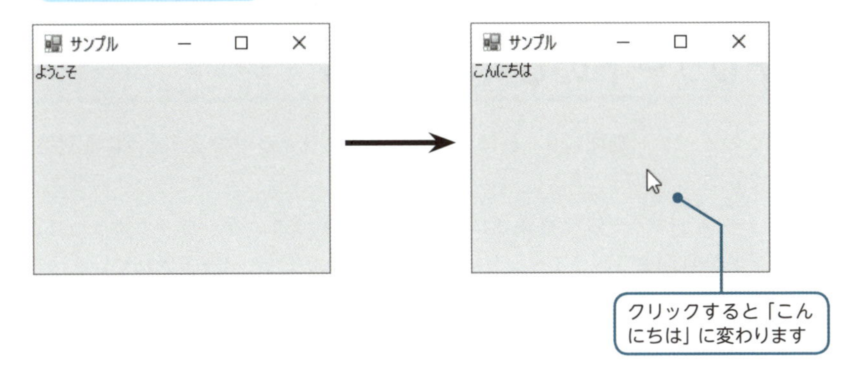

このプログラムを実行し、ユーザーがフォームをクリックすると、「クリックした」ことをあらわすClickイベントが発生します。すると、イベントハンドラとして設計・登録しておいたfm_Click()メソッドがソースから呼び出されて、その処理が行われるのです。

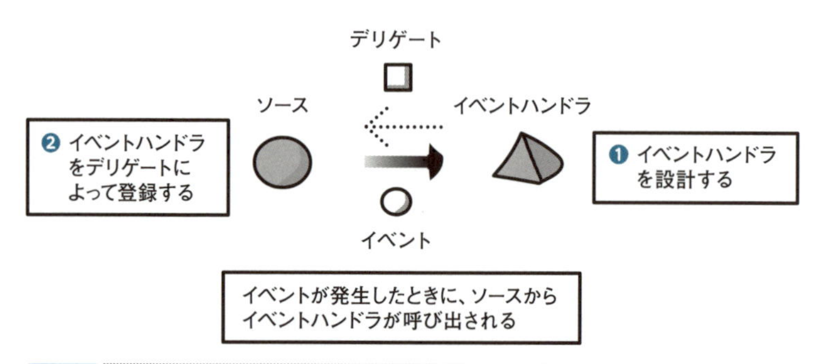

図6-2 イベントハンドラの登録

❶イベントハンドラを設計し、❷イベントハンドラをデリゲートによって登録しておくと、イベントが発生したときにイベントハンドラでイベントの処理が行われます。

Sample1のfm_Click()イベントハンドラには、ラベルのテキストを変更する処理を記述しました。このため、ユーザーがフォームをクリックとしたときに画面の表示が「こんにちは」に変わるわけです。

私たちはこれからいろいろな種類のコントロールを使っていきます。イベントやソースの種類によって、使われるクラスの名前は異なりますが、イベント処理のしくみは同じです。ここで概要をつかんでおいてください。

デリゲートのしくみを知る

なお、このイベント処理のしくみは、クラスライブラリの中で次のように記述されています。

まず、イベントはソースで定義され、発生させられます。デリゲートによって、このイベントを処理するべきイベントハンドラの引数のリストが宣言されています。

デリゲートの宣言

```
public void delegate デリゲート名(イベントハンドラの引数のリスト);

class ソースクラス名
{
    public event デリゲート名 イベント名;
    public 型 イベントが発生するメソッド名()
    {
            イベント名(this, 引数のリスト);
            ...
    }
}
```


私たちはこの中で決められている

ソース名
イベント名
デリゲート名
イベントハンドラの引数

にしたがってイベントハンドラを設計・登録することで、イベント処理ができるようになるのです。

なお、イベント処理においては、ソースであるフォームと、イベントを処理するイベントハンドラが、別のコードとなっていることが特徴です。ソースで発生したイベントの処理を、イベントハンドラに「依頼」して処理しているわけです。このしくみを使えば、ウィンドウで多く発生するさまざまなイベントのうち、必要なイベントだけを、登録したイベントハンドラだけに依頼して処理するため、効率のよい処理が行われます。

あるクラスが別の部分に処理を依頼するしくみを、一般的に**デリゲート**（**委譲**、delegate）と呼ぶこともあります。C#のデリゲートは、この依頼のしくみを登録する役割をもっているのです。

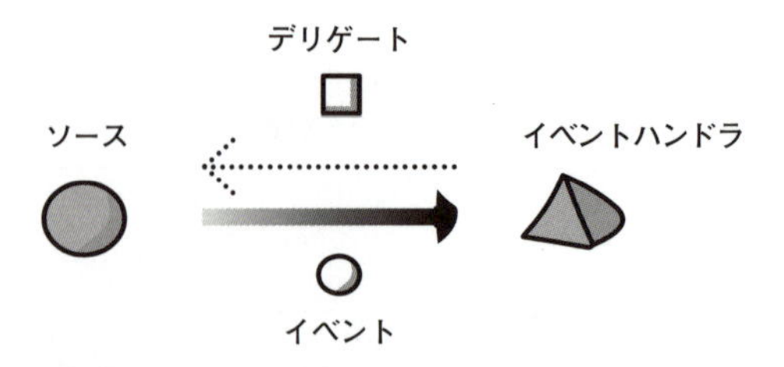

図6-3 デリゲート

ソースに依頼されて別の部分が処理することをデリゲートと呼びます。C#のデリゲートはこの依頼のしくみを登録します。

6.2 いろいろなイベント

ボタンをクリックしたときに処理をする

では、もう1つイベント処理をしてみることにしましょう。今度は「フォームをクリックしたとき」ではなく、「ボタンをクリックしたとき」というイベントを処理します。次のコードをみてください。

Sample2.cs ▶ ボタンをクリックしたときに処理をする

```
using System;
using System.Windows.Forms;

class Sample2 : Form
{
    private Label lb;
    private Button bt;

    public static void Main()
    {
        Application.Run(new Sample2());
    }
    public Sample2()
    {
        this.Text = "サンプル";
        this.Width = 250; this.Height = 100;

        lb = new Label();
        lb.Text = "いらっしゃいませ。";
        lb.Width = 150;
        bt = new Button();
        bt.Text = "購入";
        bt.Top = this.Top + lb.Height;
        bt.Width = lb.Width;

        bt.Parent = this;
```

```
        lb.Parent = this;

         bt.Click += new EventHandler(bt_Click);
    }
     public void bt_Click(Object sender, EventArgs e)
    {
        lb.Text = "ありがとうございます。";
    }
}
```

ソースにイベントハンドラを登録します

ボタンをクリックしたときに処理されます

Sample2の実行画面

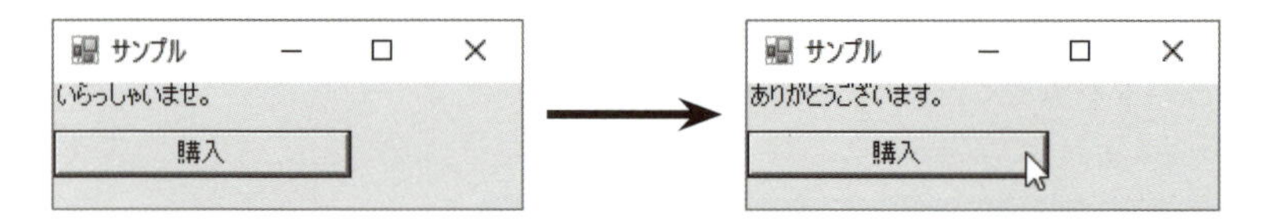

このプログラムでは、ボタンをクリックすると、ラベルのテキストが変更されるようになっています。このコードでは、ボタンをクリックしたという操作を、イベントとして扱っているからです。

カーソルが出入りしたときのコードを記述する

ではもう1つ、異なるイベント処理をしてみましょう。今度は「マウスのカーソルがフォームの上に入った」「出た」というイベントに対応するプログラムを作成します。

Sample3.cs ▶ カーソルが出入りしたときに処理をする

```
using System;
using System.Windows.Forms;

class Sample3 : Form
{
    private Label lb;
```

```
    public static void Main()
    {
        Application.Run(new Sample3());
    }
    public Sample3()
    {
        this.Text = "サンプル";
        this.Width = 250; this.Height = 200;

        lb = new Label();
        lb.Text = "ようこそ";

        lb.Parent = this;

        this.MouseEnter += new EventHandler(fm_MouseEnter);
        this.MouseLeave += new EventHandler(fm_MouseLeave);

    }
    public void fm_MouseEnter(Object sender, EventArgs e)
    {
        lb.Text = "こんにちは";
    }
    public void fm_MouseLeave(Object sender, EventArgs e)
    {
        lb.Text = "さようなら";
    }
}
```

ソースにイベントハンドラを登録します

カーソルが入ったときに、このメソッドが呼び出されます

カーソルが出たときに、このメソッドが呼び出されます

Sample3の実行画面

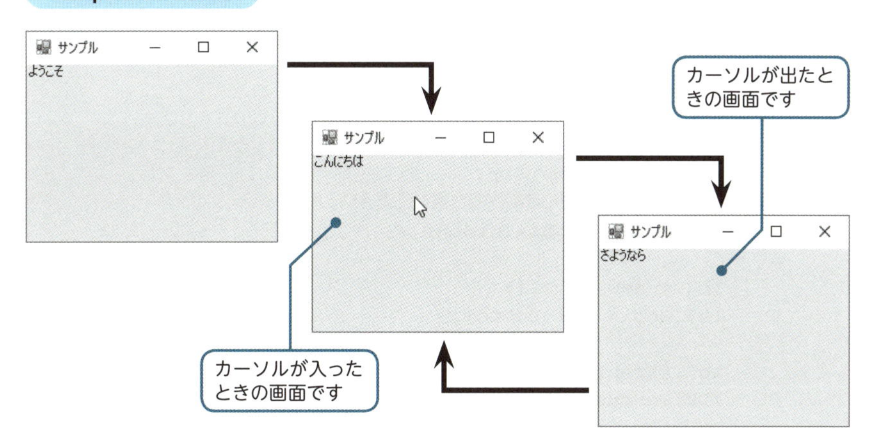

今度のプログラムでは、フォーム上にマウスのカーソルが入ったときに「こんにちは」、カーソルが出たときに「さようなら」と変わるようになっています。

今度は、fm_MouseEnter()イベントハンドラと、fm_MouseLeave()イベントハンドラが呼び出されるようにしています。

キーを入力したときに処理をする

ここまでのプログラムでは、マウスで操作したときのイベントを処理しました。しかし中には、キーボードから入力をしたときに処理を行いたい場合もあるかもしれません。そこで今度は、キーを入力したときのイベント処理を行ってみることにしましょう。

Sample4.cs ▶ キーを入力したときに処理をする

```
using System;
using System.Windows.Forms;

class Sample4 : Form
{
    private Label lb1, lb2;

    public static void Main()
    {
        Application.Run(new Sample4());
    }
    public Sample4()
    {
        this.Text = "サンプル";
        this.Width = 250; this.Height = 100;

        lb1 = new Label();
        lb1.Text = "矢印キーでお選びください。";
        lb1.Width = this.Width;

        lb2 = new Label();
        lb2.Top = lb1.Bottom;

        lb1.Parent = this;
        lb2.Parent = this;
```

```
        this.KeyDown += new KeyEventHandler(fm_KeyDown);

    }
    public void fm_KeyDown(Object sender, KeyEventArgs e)
    {
        String str;
        if(e.KeyCode == Keys.Up)
        {
            str = "上";
        }
        else if(e.KeyCode == Keys.Down)
        {
            str = "下";
        }
        else if(e.KeyCode == Keys.Right)
        {
            str = "右";
        }
        else if(e.KeyCode == Keys.Left)
        {
            str = "左";
        }
        else
        {
            str = "他のキー";
        }
        lb2.Text = str + "ですね。";
    }
}
```

ソースにイベントハンドラを登録します

キーが押されたときに、このイベントハンドラが呼び出されます

押した矢印キーの種類が表示されます

Sample4の実行画面

ここでは矢印キーを押したときに、キーの方向を表示するプログラムを作成しました。

ここではイベントハンドラの登録に、KeyEventHandler()デリゲートを使います。入力したキーの種類は、引数として渡されたeのKeyCodeプロパティを調べればわかります。調べるキーの種類は、Keys.XXで指定できます。次のようなキーが指定できますので紹介しておきましょう。

表6-1 主なキーの種類（System.Windows.Forms.Keys列挙体）

種類	説明
Up	↑
Down	↓
Left	←
Right	→
Enter	Enterキー
Space	スペースキー
A～Z	Aキー～Zキー
D0～D9	0キー～9キー

列挙体のしくみを知る

なお、ここで使ったKeysの名前でまとめられた値は、列挙体（enumeration）と呼ばれています。列挙体は「列挙体名.メンバ」で値をあらわせるように値をまとめたもので、おぼえにくい値をわかりやすいメンバ名であらわすことができます。

列挙体はenumキーワードで定義されます。ここでは、enumで定義されているKeys列挙体のUpメンバの値を、Keys.Upで指定できるわけです。

列挙体の定義

```
enum 列挙体名{ メンバ1 = 値, メンバ2 = 値・・・};
```

列挙体の利用

```
列挙体名.メンバ名;
```

イベント処理の種類を知る

さて、このように、イベント処理を行うコードを記述すれば、プログラムにさまざまな動きをつけることができるようになります。

次の表に代表的なイベントをあげておきましょう。私たちはこれからのサンプルでも、さまざまなイベント処理を行っていきます。わからなくなった場合は、この表に戻って確認してみるとよいでしょう。

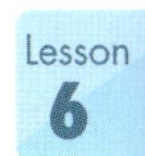

表6-2　主なイベント処理

ソース	イベント	説明	登録するデリゲート・イベントハンドラの引数
Formなど各種コントロール	Click	クリックした	EventHandler(Object sender, EventArgs e)
	MouseEnter	マウスカーソルが入った	EventHandler(Object sender, EventArgs e)
	MouseLeave	マウスカーソルが出た	
	MouseUp	マウスをはなした	MouseEventHandler (Object sender, Mouse EventArgs e)
	MouseDown	マウスを押した	
	MouseMove	マウスを動かした	
	KeyUp	キーをはなした	KeyEventHandler(Object sender, KeyEventArgs e)
	KeyDown	キーを押した	
	KeyPress	キーを押した(文字キーなど)	KeyPressEventHandler (Object sender, KeyEvent Args e)
	Paint	描画する必要が起こった	PaintEventHandler(Object sender, PaintEventArgs e)
CheckBox	CheckedChanged	チェックが変更された	EventHandler(Object sender, EventArgs e)
ListBox、ComboBox	SelectedIndexChanged	選択項目が変更された	EventHandler(Object sender, EventArgs e)
Timer	Tick	一定時間が経過した	EventHandler(Object sender, EventArgs e)

イベント処理のいろいろな記述法

本書ではソースであるウィンドウ部品にイベントハンドラを登録する方法でイベント処理を行いました。ただし、かんたんなイベント処理のためにイベントハンドラの登録を記述するのは煩雑な場合もあります。このため、さまざまな簡潔な記述法が用意されています。

❶

```
        ...
        this.Click += fm_Click;
    }
    public void fm_Click(Object sender, EventArgs e)
    {
        lb.Text = "こんにちは";
    }
}
```

イベントハンドラ名を省略することができます

❷

```
    ...
    this.Click += delegate(Object sender, EventArgs e)
    {
        lb.Text = "こんにちは";
    };
}
```

匿名メソッドで記述することができます

❸

```
    ...
    this.Click += (sender, e)
                          => { lb.Text = "こんにちは"; };
}
```

ラムダ式で記述することができます

❶はイベントハンドラのクラス名を省略したものです。❷は**匿名メソッド**と呼ばれ、クラス名だけでなくメソッド名も省略し、メソッドの内容のみを定義する方法です。❸は**ラムダ式**と呼ばれるさらに簡潔な記述法で、(メソッドの引数) => {メソッドの定義}でイベントハンドラを記述することができます。実践の場ではこうした記述法が使われることもおぼえておくとよいでしょう。

6.3 レッスンのまとめ

この章では、次のようなことを学びました。

- ユーザーが行う操作などは、イベントとして処理されます。
- イベント処理はソース・イベント・イベントハンドラによって行われます。
- イベントハンドラをデリゲートによってソースに登録します。
- イベントハンドラをあらかじめソースに登録しておくと、イベントが発生したときに、ソースからイベントハンドラにイベントが渡されて処理されます。

イベント処理を行って、プログラムに動きをつける方法を学びました。マウスやキーの操作によって動くプログラムを作成できれば便利です。この章での知識をもとに、さらに高機能なプログラムを作成していきましょう。

練習

1. ボタンをクリックしたときに、ボタンの表示が変わるプログラムを作成してください。

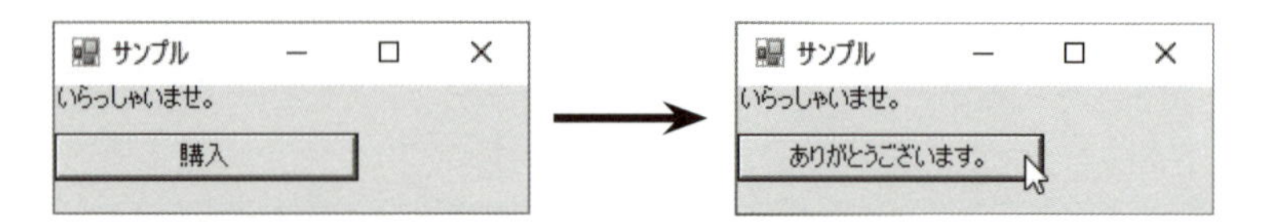

2. ボタンの上にマウスカーソルが出入りしたときに、ラベルの表示が変わるプログラムを作成してください。

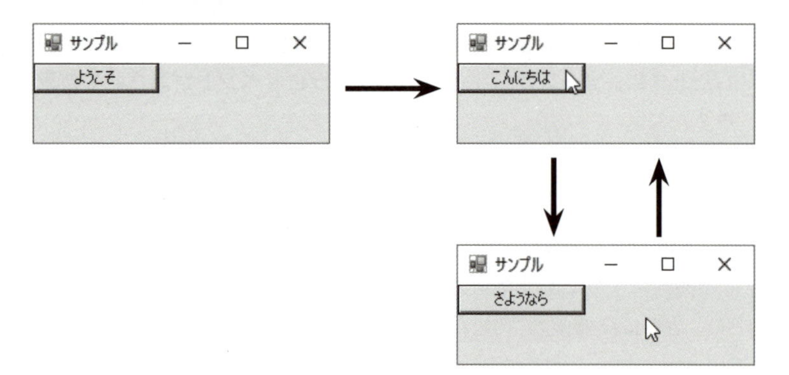

Lesson 7

コントロール

C#の開発環境には、ウィンドウをもつプログラムを作成するための機能が含まれています。私たちはこれまでもフォームやラベルなどさまざまなウィンドウ部品を利用しています。この章では、さらに多くのコントロールを学んで、グラフィカルなプログラムを作成することにしましょう。

Check Point!

- パネル
- ラベル
- ボタン
- チェックボックス
- ラジオボタン
- テキストボックス
- リストボックス
- メニュー

7.1 パネル

パネルのしくみを知る

ウィンドウには、さまざまなコントロールを配置することができます。このとき、コントロールをうまく配置することはたいせつです。コントロールを配置する**パネル**（panel）と呼ばれるコントロールが存在します。この節ではパネルを学びましょう。

まず、「ラベル」と「ボタン」という2つのコントロールを**フローレイアウトパネル**（FlowLayoutPanel）と呼ばれるパネルに配置してみることにしましょう。

Sample1.cs ▶ フローレイアウトパネルを使う

```
using System;
using System.Windows.Forms;

class Sample1 : Form
{
    private Button[] bt = new Button[6];
    private FlowLayoutPanel flp;

    public static void Main()
    {
        Application.Run(new Sample1());
    }
    public Sample1()
    {
        this.Text = "サンプル";
        this.Width = 600; this.Height = 100;

        flp = new FlowLayoutPanel();
        flp.Dock = DockStyle.Fill;
```

フローレイアウトパネルを作成します

```
        for(int i = 0; i < bt.Length; i++)
        {
            bt[i] = new Button();
            bt[i].Text = Convert.ToString(i);
            bt[i].Parent = flp;
        }

        flp.Parent = this;
    }
}
```

ボタンを6つ作成します

パネルにボタンを追加します

Sample1の実行画面

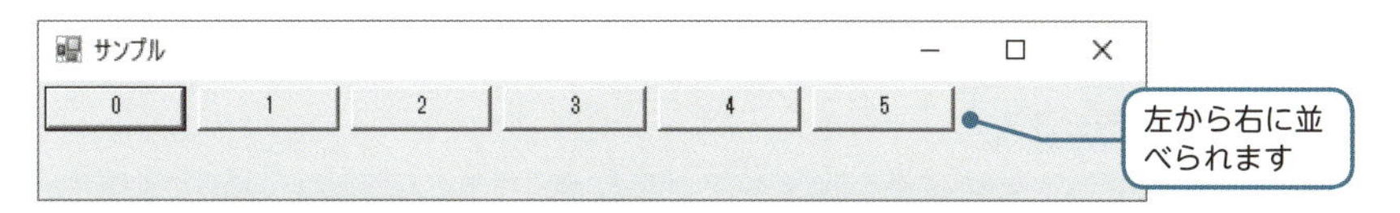

左から右に並べられます

フローレイアウトパネルはコントロールを直線的に並べるパネルです。このパネルを親としてコントロールを設定すると、コントロールは左から右に並べられます。

なお、ここではフローレイアウトパネルのDockプロパティをDockStyle.Fillという値に指定しています。Dockプロパティはそれが置かれるコントロールにどのようにドッキングされるかを示したものです。DockStyle.Fillは大きさいっぱいに張りつく値となります。つまりここでは、フォームいっぱいにフローレイアウトパネルが張りついていることになります。

表7-1　コントロールのドッキング (System.Windows.Forms.DockStyle列挙体)

種類	説明
Fill	大きさいっぱいにドッキングされる
Top	上にドッキングされる
Bottom	下にドッキングされる
Left	左にドッキングされる
Right	右にドッキングされる

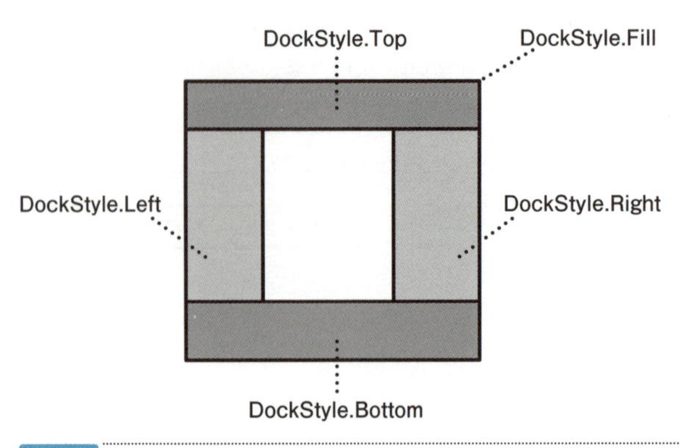

図7-1 DockStyle
コントロールのドッキング方法を指定することができます。

Sample1の関連クラス

クラス	説明
System.Windows.Forms.FlowLayoutPanelクラス	
FlowLayoutPanel()コンストラクタ	フローレイアウトパネルを作成する
System.Windows.Forms.Controlクラス	
Dockプロパティ	親コントロールへのドッキング方法を設定する
System.Convertクラス	
static string toString(int i)メソッド	整数を文字列に変換する

フローレイアウトパネルは、コントロールを横に並べる。

DockとAnchor

Dockプロパティと似たプロパティとしてAnchorプロパティが使われることもあります。

Anchorプロパティでは、AnchorStyles列挙体の値を指定して、コントロールの端を親コントロール中のどこの端に固定するかを指定します。Anchorプロパティは「右上」(AnchorStyles.Right | AnchorStyles.Top) のように、複数の端を指定して配置することができます。また、AnchorStyles.Noneを指定すると、コントロールの端は固定されずに中央に配置されます。

なお、DockプロパティとAnchorプロパティは同時に指定することができません。

格子状にレイアウトする

続いて、テーブルレイアウトパネル（TableLayoutPanel）を学ぶことにしましょう。このレイアウトパネルを使うと、縦横のコントロールの数を決めて、格子状にコントロールを並べることができます。次のコードを入力してください。

Sample2.cs ▶ テーブルレイアウトパネルを使う

```
using System;
using System.Windows.Forms;

class Sample2 : Form
{
    private Button[] bt = new Button[6];
    private TableLayoutPanel tlp;

    public static void Main()
    {
        Application.Run(new Sample2());
    }
    public Sample2()
    {
        this.Text = "サンプル";
        this.Width = 300; this.Height = 200;
```

```
            tlp = new TableLayoutPanel();
            tlp.Dock = DockStyle.Fill;
            tlp.ColumnCount = 3;
            tlp.RowCount = 2;

            for (int i = 0; i < bt.Length; i++)
            {
                bt[i] = new Button();
                bt[i].Text = Convert.ToString(i);
                bt[i].Parent = tlp;
            }

            tlp.Parent = this;
        }
    }
```

テーブルレイアウトパネルを作成します

列を3とします

行を2とします

Sample2の実行画面

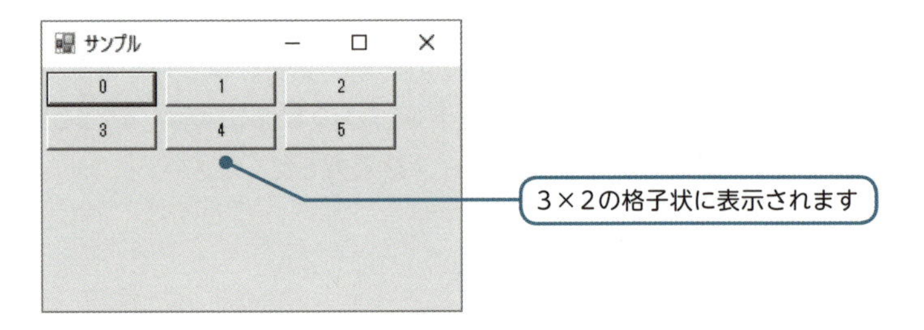

テーブルレイアウトパネルは、ColumnCountプロパティとRowCountプロパティで縦横に配置するコントロールの数を指定することができます。

ここでは3×2のコントロールを配置できるようにしています。数を変更して、いろいろなレイアウトをためしてみるようにしてください。

Sample2の関連クラス

クラス	説明
System.Windows.Forms.TableLayoutPanelクラス	
TablePanel()コンストラクタ	テーブルレイアウトパネルを作成する
ColumnCountプロパティ	列数を指定・取得する
RowCountプロパティ	行数を指定・取得する

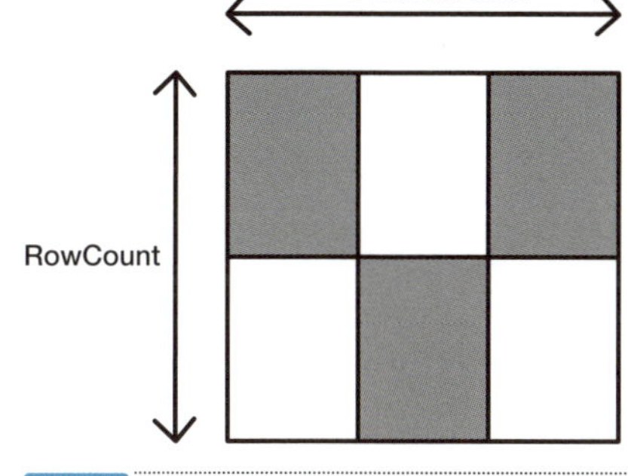

図7-2 **テーブルレイアウトパネルの配置**

テーブルレイアウトパネルを使って、コントロールを格子状に配置することができます。

テーブルレイアウトパネルで、格子状にレイアウトできる。

複数列・行のコントロールにするには

テーブルレイアウトパネルでは、setColumnSpan()メソッドとsetRowSpan()メソッドによって、コントロールを複数列・行にまたがるようにすることができます。コントロールの配置をより自由に行うことができるでしょう。

```
tlp.setColumnSpan(bt[0],2);
tlp.setRowSpan(bt[1], 2);
```

コントロールを指定して・・・
2列にまたがるものとします
2行にまたがるものとします

7.2 ラベル

ラベルの設定をする

この節から基本的なコンポーネントについて、1つずつ使いかたをみていくことにしましょう。最初に、これまでにも使ったラベル（Label）についてみていくことにします。ラベルにはさまざまな設定をすることができます。次のコードを入力してください。

Sample3.cs ▶ ラベルにテキストを設定する

```
using System.Windows.Forms;
using System.Drawing;

class Sample3 : Form
{
    private Label[] lb = new Label[3];
    private TableLayoutPanel tlp;

    public static void Main()
    {
        Application.Run(new Sample3());
    }
    public Sample3()
    {
        this.Text = "サンプル";
        this.Width = 250; this.Height = 200;

        tlp = new TableLayoutPanel();
        tlp.Dock = DockStyle.Fill;

        tlp.ColumnCount = 1;
        tlp.RowCount = 3;

        for (int i = 0; i < lb.Length; i++)
```

```
        {
            lb[i] = new Label();
            lb[i].Text = i + "号車です。";
        }

        lb[0].ForeColor = Color.Black;
        lb[1].ForeColor = Color.Black;
        lb[2].ForeColor = Color.Black;

        lb[0].BackColor = Color.White;
        lb[1].BackColor = Color.Gray;
        lb[2].BackColor = Color.White;

        lb[0].TextAlign = ContentAlignment.TopLeft;
        lb[1].TextAlign = ContentAlignment.MiddleCenter;
        lb[2].TextAlign = ContentAlignment.BottomRight;

        lb[0].BorderStyle = BorderStyle.None;
        lb[1].BorderStyle = BorderStyle.FixedSingle;
        lb[2].BorderStyle = BorderStyle.Fixed3D;

        for (int i = 0; i < lb.Length; i++)
        {
            lb[i].Parent = tlp;
        }

        tlp.Parent = this;
    }
}
```

❶ 前景色を設定します
❷ 背景色を設定します
❸ 位置揃えを設定します
❹ 境界線を設定します

Sample3の実行画面

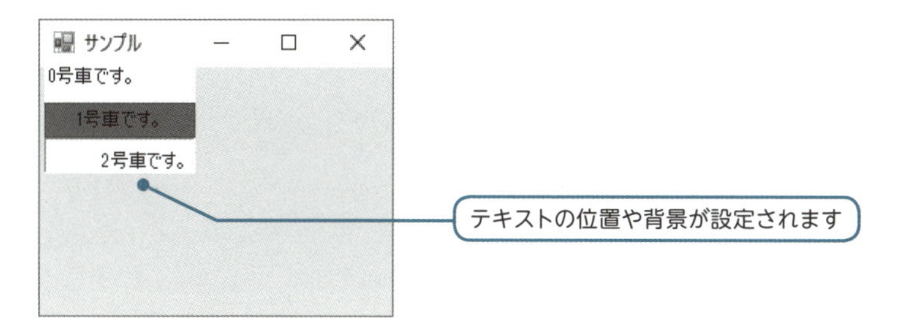

ここでは3つのラベルに、さまざまなプロパティの設定をしています。

❶ 前景色 (ForeColor) を設定する
❷ 背景色 (BackColor) を設定する
❸ テキスト位置 (TextAlign) を設定する
❹ 境界線 (BorderStyle) を設定する

❶・❷のプロパティは、ほかのコントロールでも指定できるようになっています。リファレンスを参考に確認してみるといいでしょう。

Sample3の関連クラス

クラス	説明
System.Windows.Forms.Labelクラス	
Label()コンストラクタ	ラベルを作成する
TextAlignプロパティ	テキストの位置を設定・取得する
BorderStyleプロパティ	境界線を設定・取得する
System.Windows.Forms.Controlクラス	
ForeColorプロパティ	前景色を設定・取得する
BackColorプロパティ	背景色を設定・取得する

構造体のしくみを知る

なお、ここで色をあらわすために使っているColorは**構造体**（structure）と呼ばれ、**struct**キーワードを使って定義されているものです。

構文 **構造体の定義**

```
struct 構造体名
{
    フィールドの宣言;
    メソッド(引数のリスト)の定義
    プロパティの定義・・・
}
```

構文 **構造体の利用**

```
構造体名.メンバ
```

構造体はクラスと同様に利用することができます。ここでは「Color.White」という指定で白を取得するプロパティをあらわしているのです。

ただし、構造体はクラスと異なり、参照型ではなく値型となっていますので、newによって作成することはありません。

色を指定する際に使用できるColor構造体の主なプロパティをあげておきましょう。このほかにもDarkOrchid、DeepPink、SlateBlue・・・などの名前をもつさまざまな中間色を利用することができます。

表7-2　主な色（System.Drawing.Color構造体）

種類	説明
White	白
Black	黒
Gray	グレー
Red	赤
Green	緑
Blue	青
Cyan	シアン
Yellow	黄色
Magenta	マゼンタ

構造体を利用することができる。

コントロールにフォントを設定する

さて、ラベルはテキストを表示するものですから、表示されている文字のフォントを変えることができれば便利です。そこで、今度はラベルのフォントを変更してみることにしましょう。

Sample4.cs ▶ コントロールにフォントを設定する

```
using System.Windows.Forms;
using System.Drawing;

class Sample4 : Form
{
    private Label[] lb = new Label[3];
    private TableLayoutPanel tlp;

    public static void Main()
    {
        Application.Run(new Sample4());
    }
    public Sample4()
    {
        this.Text = "サンプル";
        this.Width = 250; this.Height = 200;

        tlp = new TableLayoutPanel();
        tlp.Dock = DockStyle.Fill;
        tlp.ColumnCount = 1;
        tlp.RowCount = 3;

        for (int i = 0; i < lb.Length; i++)
        {
            lb[i] = new Label();
            lb[i].Text = "This is a Car.";
            lb[i].Width = 200;
        }

        lb[0].Font = new Font("Arial", 12, FontStyle.Bold);
        lb[1].Font = new Font("Times New Roman", 14,
                              FontStyle.Bold);
        lb[2].Font = new Font("Courier New", 16,
                              FontStyle.Bold);

        for (int i = 0; i < lb.Length; i++)
        {
            lb[i].Parent = tlp;
        }
        tlp.Parent = this;
    }
}
```

フォントを設定します

Sample4の実行画面

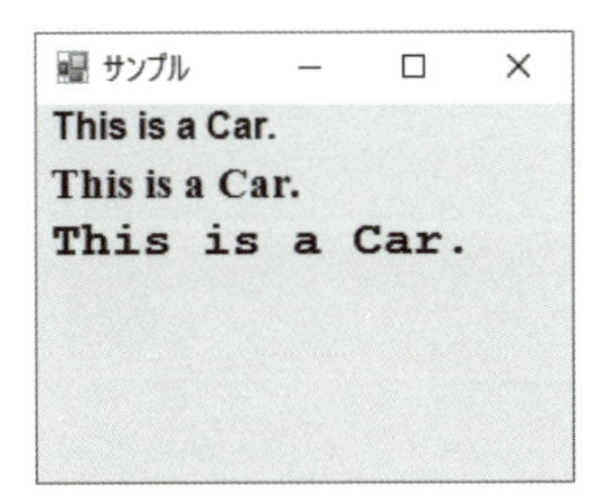

ここでは、

フォントを作成してラベルに設定する

というコードを作成しています。このコードでは、3種類のフォントを使っています。

また、フォントファミリー名とサイズとスタイルを指定しています。

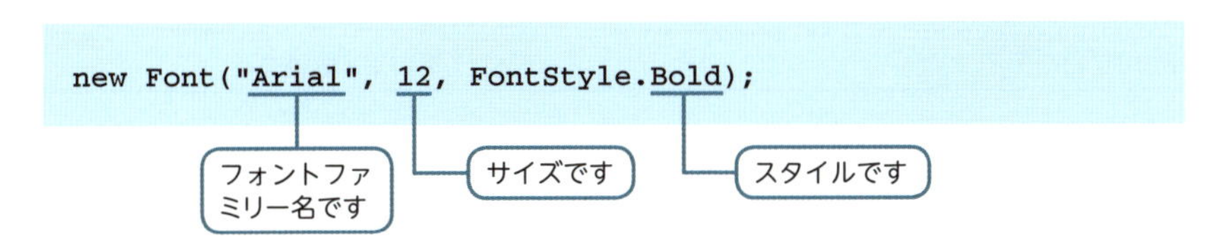

Windowsの代表的なフォントファミリー名には次のものがあります。指定してみるとよいでしょう。

表7-3 フォントファミリー名

種類	説明
Arial	ゴシック体の仲間
Times New Roman	明朝体の仲間
Courier New	等幅書体の仲間

また、指定できるスタイルには次のものがあります。

表7-4 フォントスタイル（System.Drawing.FontStyle列挙体）

種類	説明
Regular	レギュラー
Bold	太字
Italic	イタリック
Underline	下線
Strikeout	取り消し線

さきほどのサンプルで学んだ文をつけ加えて、表示されるテキストの位置を変えることもできます。ためしてみてください。

Sample4の関連クラス

クラス	説明
System.Drawing.Fontクラス	
Font(FontFamily ff,float s,FontStyle fs)コンストラクタ	フォントファミリー名・サイズ・スタイルを指定してフォントを初期化する
System.Windows.Forms.Controlクラス	
Fontプロパティ	フォントを設定・取得する

サイズの自動変更

ここではラベルの幅を指定して、ラベルに長いテキストを表示するようにしています。

この方法のほかにも、ラベルのサイズをテキストにあわせて自動的に変更することができます。このためにはラベルのAutoSizeプロパティをtrueに設定します。目的にあわせて利用してみるとよいでしょう。

また、ほかの各種コントロールもAutoSizeプロパティをtrueとすることでコントロールのサイズを内容に応じて自動的に変更することができます。ただし、ピクチャボックスを画像のサイズに応じて自動変更をする際には、SizeModeプロパティの値をPictureBoxMode.Autosizeに設定します。

7.3 ボタン

ボタンの種類を知る

この節では、ボタン（Button）について、さらにくわしく学ぶことにしましょう。ボタンには、いろいろな種類があります。

表7-5　ボタンの種類

種類	説明	画像
ボタン (Button)	通常のボタン	送信
チェックボックス (CheckBox)	「はい」または「いいえ」の選択をするときに使うボタン	車
ラジオボタン (RadioButton)	複数項目から１つだけを選択するときに使うボタン	トラック

このうち、これまでは通常のボタン（Button）を使ってきたのです。

そこでまず、普通のボタンを復習するために、次のコードを入力してみましょう。

Sample5.cs ▶ ボタンを使う

```
using System;
using System.Windows.Forms;

class Sample5 : Form
{
    private Label lb;
    private Button bt;

    public static void Main()
    {
```

```
        Application.Run(new Sample5());
    }
    public Sample5()
    {
        this.Text = "サンプル";
        this.Width = 250; this.Height = 100;

        lb = new Label();
        lb.Text = "いらっしゃいませ。";
        lb.Dock = DockStyle.Top;

        bt = new Button();
        bt.Text = "購入";
        bt.Dock = DockStyle.Bottom;

        bt.Click += new EventHandler(bt_Click);

        lb.Parent = this;
        bt.Parent = this;
    }
    public void bt_Click(Object sender, EventArgs e)
    {
        lb.Text = "ご購入ありがとうございました。";
        bt.Enabled = false;
    }
}
```

ボタンを無効に設定します

Sample5の実行画面

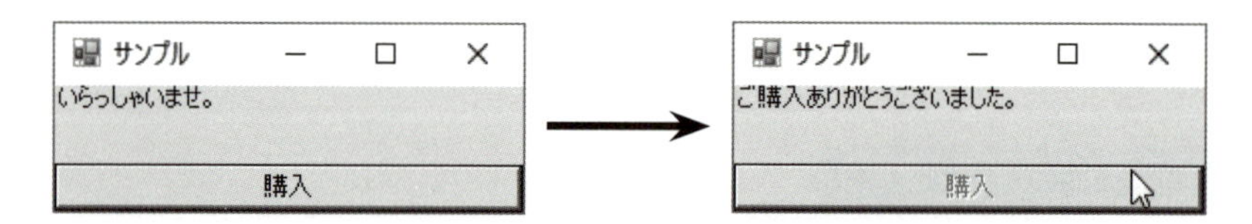

ここでは、

ボタンを無効にして使用できなくする

という設定をしています。ボタンに限らず、コントロールでは、ユーザーが誤った操作をしないように、コントロールを無効に設定することがあります。おぼえておくと便利でしょう。

Sample5の関連クラス

クラス	説明
System.Windows.Forms.Buttonクラス	
Button()コンストラクタ	ボタンを作成する
System.Windows.Forms.Controlクラス	
Enabledプロパティ	有効／無効を設定・取得する

チェックボックスのしくみを知る

今度は違う種類のボタンを紹介しましょう。まず最初に、**チェックボックス**（CheckBox）を紹介します。チェックボックスは、ある項目に対して、「はい」または「いいえ」の答えを入力するためのボタンです。

Sample6.cs ▶ チェックボックスを使う

```
using System;
using System.Windows.Forms;

class Sample6 : Form
{
    private Label lb;
    private CheckBox cb1, cb2;
    private FlowLayoutPanel flp;

    public static void Main()
    {
        Application.Run(new Sample6());
    }
    public Sample6()
    {
        this.Text = "サンプル";
        this.Width = 250; this.Height = 200;

        lb = new Label();
        lb.Text = "いらっしゃいませ。";
        lb.Dock = DockStyle.Top;

        cb1 = new CheckBox();
```

```
        cb2 = new CheckBox();

        cb1.Text = "車";
        cb2.Text = "トラック";

        flp = new FlowLayoutPanel();
        flp.Dock = DockStyle.Bottom;

        cb1.Parent = flp;
        cb2.Parent = flp;

        lb.Parent = this;
        flp.Parent = this;

        cb1.CheckedChanged +=
            new EventHandler(cb_CheckedChanged);
        cb2.CheckedChanged +=
            new EventHandler(cb_CheckedChanged);
    }
    public void cb_CheckedChanged(Object sender, EventArgs e)
    {
        CheckBox tmp = (CheckBox)sender;
        if(tmp.Checked == true)
        {
            lb.Text =  tmp.Text + "を選びました。";
        }
        else if (tmp.Checked == false)
        {
            lb.Text = tmp.Text + "をやめました。";
        }
    }
}
```

チェックが変更されたときに呼び出されます

チェックマークをつけたときに・・・

テキストを変更します

チェックマークをはずしたときにも・・・

テキストを変更します

Sample6の実行画面

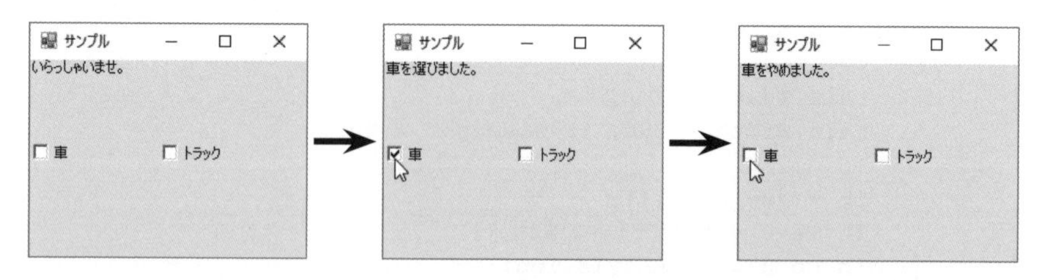

ここでは、CheckBoxクラスのCheckedChangedイベントを処理しています。このイベントはチェックボックスのチェックマークを変更した場合に発生します。CheckedChangedイベントを処理することによって、チェックマークをつけたとき・はずしたときにラベルのテキストを変更する処理を行うのです。

Sample6の関連クラス

クラス	説明
System.Windows.Forms.CheckBoxクラス	
CheckBox()コンストラクタ	指定したテキストをもつチェックボックスを作成する
Checkedプロパティ	チェックを設定・取得する
CheckedChangedイベント	チェックが変更されるイベント
System.Windows.Forms.ButtonBaseクラス	
Textプロパティ	ボタンのテキストを返す

キャストを行う

なお、ここではチェックボックスを判別するために、イベントハンドラ内で、引数senderとして渡されたソースをチェックボックス型に変更しています。

```
public void cb_CheckedChanged(Object sender, EventArgs e)
{
    CheckBox tmp = (CheckBox)sender;
    ...
}
```

Objectクラスのオブジェクトを・・・

CheckBoxクラスに型変換しています

senderの型は「Object」となっています。Objectはコントロールやウィンドウをあらわすクラスの基本クラスです。基本クラスのオブジェクトとして渡されたソースを、チェックボックスなどの具体的なコントロールとして扱うためには、**型変換**（キャスト）と呼ばれる処理を行う必要があります。

キャストをするには、()内に変換先の型を示します。ここではCheckBoxクラスに変換するという処理になります。

このように、基本クラスの型を派生クラスの型とする場合などには、型変換を行うことがあります。型変換を行える場合は限られています。たとえば、次のような場合にキャストを行うことが可能です。

- 基本クラスを派生クラスに変換する
- 数値型から別の数値型に変換する

ただし、型変換を行うと、変換先の型によって表現できない情報が失われる場合もあります。

キャストによって型を変換できる場合もある。

ラジオボタンのしくみを知る

次に、ラジオボタン（RadioButton）を学ぶことにしましょう。ラジオボタンは複数の選択肢の中から、1つの項目を選ぶためのコントロールです。1つを選ぶと、ほかの項目の選択が自動的にはずされます。

ラジオボタンでは、複数の選択肢をグループ化するために、グループボックス（GroupBox）というコントロールとあわせて使います。さっそくコードを入力してみることにしましょう。

Sample7.cs ▶ ラジオボタンを使う

```
using System;
using System.Windows.Forms;

class Sample7 : Form
{
    private Label lb;
    private RadioButton rb1, rb2;
    private GroupBox gb;

    public static void Main()
```

```
    {
        Application.Run(new Sample7());
    }
    public Sample7()
    {
        this.Text = "サンプル";
        this.Width = 300; this.Height = 200;

        lb = new Label();
        lb.Text = "いらっしゃいませ。";
        lb.Dock = DockStyle.Top;

        rb1 = new RadioButton();
        rb2 = new RadioButton();

        rb1.Text = "車";
        rb2.Text = "トラック";
        rb1.Checked = true;

        rb1.Dock = DockStyle.Left;
        rb2.Dock = DockStyle.Right;

        gb = new GroupBox();          ← グループボックスを作成します
        gb.Text = "種類";
        gb.Dock = DockStyle.Bottom;

        rb1.Parent = gb;  ┐           グループボックスにラジ
        rb2.Parent = gb;  ┘           オボタンを追加します

        lb.Parent = this;
        gb.Parent = this;

        rb1.Click += new EventHandler(rb_Click);
        rb2.Click += new EventHandler(rb_Click);
    }
    public void rb_Click(Object sender, EventArgs e)
    {
        RadioButton tmp = (RadioButton)sender;
        lb.Text = tmp.Text + "を選びました。";
    }
}
```

Sample7の実行画面

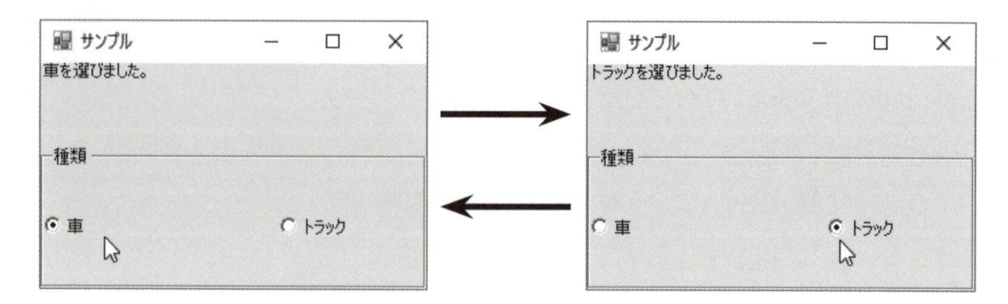

ここでは、「トラック」項目にチェックをすると、同じグループ内の「車」項目のチェックが解除されます。

このように複数のラジオボタンをひとまとめのグループにするために、

ラジオボタンをグループボックスに追加する

という処理をしています。それ以外は、普通のボタンを扱う場合と同じです。

Sample7の関連クラス

クラス	説明
System.Windows.Forms.RadioButtonクラス	
RadioButton()コンストラクタ	ラジオボタンを作成する
System.Windows.Forms.GroupBoxクラス	
GroupBox()コンストラクタ	グループボックスを作成する

Object

イベントハンドラの引数として使っているObjectは、C#では「object」と表記することもできます。本書では「Object」の表記を使っています。

7.4 テキストボックスとリストボックス

テキストボックスのしくみを知る

この節では、テキストボックス（TextBox）というコントロールを使ってみることにしましょう。

これまでにも文字列を表示するコントロールである、ラベルを使ったことを思い出してください。テキストボックスを使えば、テキストを表示するばかりでなく、ユーザーからの入力を受け付けることもできるようになります。

Lesson 7

Sample8.cs ▶ テキストボックスを使う

```
using System;
using System.Windows.Forms;

class Sample8 : Form
{
    private Label lb;
    private TextBox tb;

    public static void Main()
    {
        Application.Run(new Sample8());
    }
    public Sample8()
    {
        this.Text = "サンプル";
        this.Width = 250; this.Height = 200;

        lb = new Label();
        lb.Text = "いらっしゃいませ。";
        lb.Dock = DockStyle.Top;

        tb = new TextBox();
        tb.Dock = DockStyle.Bottom;
```

テキストボックスを作成します

```
        lb.Parent = this;
        tb.Parent = this;

        tb.KeyDown += new KeyEventHandler(tb_KeyDown);
    }
    public void tb_KeyDown(Object sender, KeyEventArgs e)
    {
        TextBox tmp = (TextBox)sender;
        if (e.KeyCode == Keys.Enter)
        {
            lb.Text = tmp.Text + "を選びました。";
        }
    }
}
```

Enter キーが入力されたら・・・

テキストボックスのテキストを取得します

Sample8の実行画面

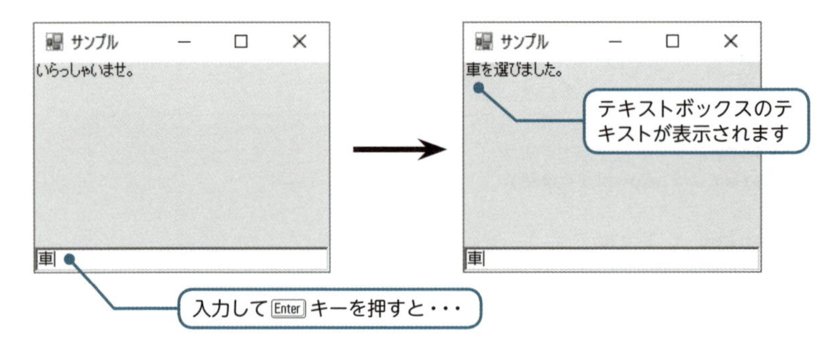

このサンプルを実行すると、テキストボックスに「乗用車」や「トラック」などというテキストを入力することができます。テキストを入力・漢字などに変換したあと、さらに Enter キーをもう1回押すと、その内容がラベルに設定されます。

Enter キーの押し下げを調べているため、KeyDownイベントを処理しています。

Sample8の関連クラス

クラス	説明
System.Windows.Forms.TextBoxクラス	
TextBox()コンストラクタ	テキストボックスを作成する

クラス	説明
System.Windows.Forms.TextBoxBaseクラス	
Textプロパティ	テキストボックス系コントロールのテキストを設定・取得する

リストボックスのしくみを知る

リストボックス（ListBox）は、

複数項目の中からある項目を選ぶ

というコントロールです。

さっそく次のコードを入力してみてください。

Sample9.cs ▶ リストを利用する

```
using System;
using System.Windows.Forms;

class Sample9 : Form
{
    private Label lb;
    private ListBox lbx;

    public static void Main()
    {
        Application.Run(new Sample9());
    }
    public Sample9()
    {
        string[] str = {"乗用車", "トラック", "オープンカー",
                        "タクシー", "スポーツカー", "ミニカー",
                        "自転車", "三輪車", "バイク",
                        "飛行機", "ヘリコプター", "ロケット"};

        this.Text = "サンプル";
        this.Width = 250; this.Height = 200;

        lb = new Label();
        lb.Text = "いらっしゃいませ。";
```

❶リストボックスのデータを用意します

```
        lb.Dock = DockStyle.Top;

        lbx = new ListBox();

        for (int i = 0; i < str.Length; i++)
        {
            lbx.Items.Add(str[i]);
        }
        lbx.Top = lb.Bottom;

        lb.Parent = this;
        lbx.Parent = this;

        lbx.SelectedIndexChanged +=
            new EventHandler(lbx_SelectedIndexChanged);
    }
    public void lbx_SelectedIndexChanged(Object sender,
       EventArgs e)
    {
        ListBox tmp = (ListBox)sender;

        lb.Text = tmp.Text + "を選びました。";
    }
}
```

❷リストボックスを作成します

項目を選択したときに、このメソッドが呼び出されて処理されます

Sample9の実行画面

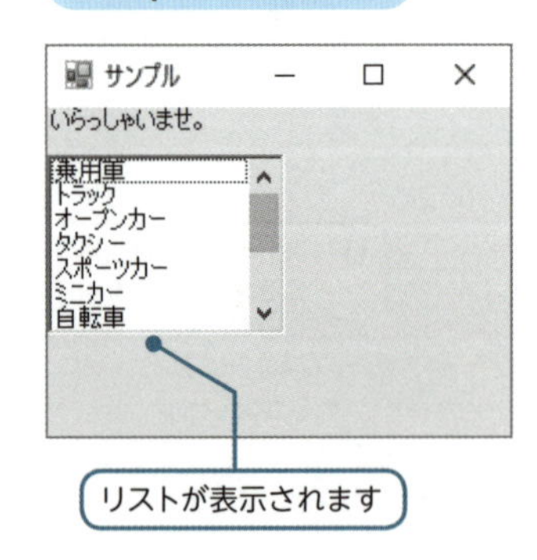

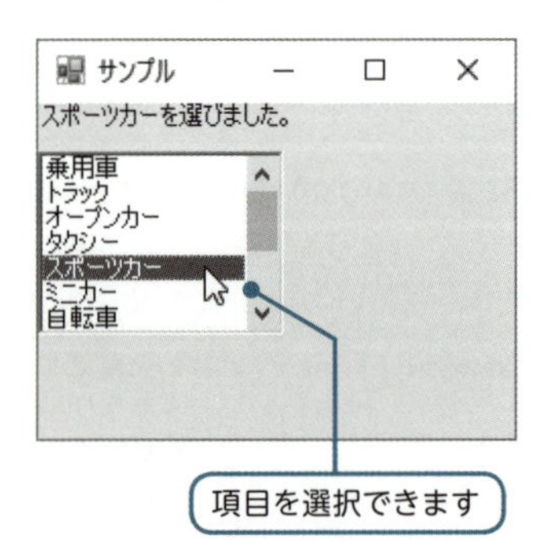

このサンプルでは、リストボックスの項目を選択したときに、その名前がラベルに表示されるようになっています。

ここではリストボックスのSelectedIndexChangedイベントを処理しています。

このイベントを処理するイベントハンドラをEventHandler(Object sender, EventArgs e)によって登録することで、リスト項目を選択したときに処理を行うプログラムを作成できるのです。

Sample9の関連クラス

クラス	説明
System.Windows.Forms.ListBoxクラス	
ListBox()コンストラクタ	リストボックスを作成する
Itemsプロパティ	リストボックスのアイテムを取得する
SelectedIndexChangedイベント	リストの選択が変更されるイベント
System.Windows.Forms.ListBox.ObjectCollectionクラス	
int Add(Object item)メソッド	アイテムを追加する

コンボボックス

リストボックスに似たコントロールとして、**コンボボックス**(ComboBox) があります。コンボボックスはリストと同じ使いかたができますが、表示されるのは1行のみとなっており、そのほかの項目は右端のボタンをクリックしたときにドロップダウンされます。

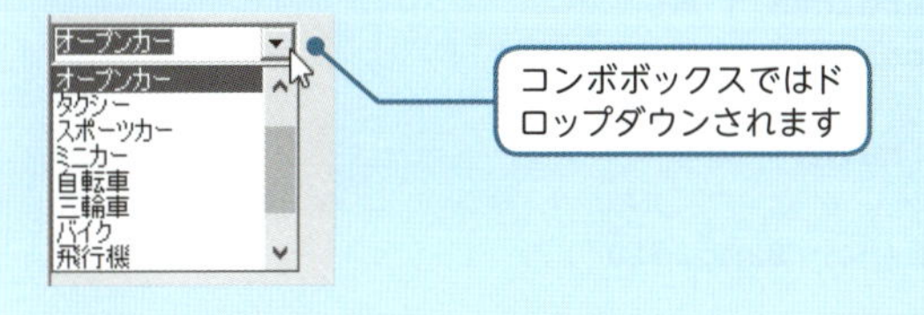

7.5 メニュー

メニューのしくみを知る

この節までに、さまざまなコントロールを学んできました。次に補助的な役割をもつコントロールについて学びましょう。

ウィンドウにはメニューをつけることができます。さっそくためしてみましょう。

Sample10.cs ▶ メニューを使う

```
using System;
using System.Windows.Forms;

class Sample10 : Form
{
    private Label lb;
    private MenuStrip ms;
    private ToolStripMenuItem[] mi
               = new ToolStripMenuItem[10];

    public static void Main()
    {
        Application.Run(new Sample10());
    }
    public Sample10()
    {
        this.Text = "サンプル";
        this.Width = 250; this.Height = 200;

        lb = new Label();
        lb.Text = "いらっしゃいませ。";
        lb.Dock = DockStyle.Bottom;

        ms = new MenuStrip();
        mi[0] = new ToolStripMenuItem("メイン1");
        mi[1] = new ToolStripMenuItem("メイン2");
```

❶ メインメニューを作成します

❷ メニュー項目を作成します

```
        mi[2] = new ToolStripMenuItem("サブ1");
        mi[3] = new ToolStripMenuItem("サブ2");
        mi[4] = new ToolStripMenuItem("乗用車");
        mi[5] = new ToolStripMenuItem("トラック");
        mi[6] = new ToolStripMenuItem("オープンカー");
        mi[7] = new ToolStripMenuItem("タクシー");
        mi[8] = new ToolStripMenuItem("スポーツカー");
        mi[9] = new ToolStripMenuItem("ミニカー");

        mi[0].DropDownItems.Add(mi[4]);
        mi[0].DropDownItems.Add(mi[5]);

        mi[1].DropDownItems.Add(mi[2]);
        mi[1].DropDownItems.Add(new ToolStripSeparator());
        mi[1].DropDownItems.Add(mi[3]);
        mi[2].DropDownItems.Add(mi[6]);
        mi[2].DropDownItems.Add(mi[7]);
        mi[3].DropDownItems.Add(mi[8]);
        mi[3].DropDownItems.Add(mi[9]);

        ms.Items.Add(mi[0]);
        ms.Items.Add(mi[1]);

        this.MainMenuStrip = ms;

        ms.Parent = this;
        lb.Parent = this;

        for (int i = 4; i < mi.Length; i++)
        {
            mi[i].Click += new EventHandler(mi_Click);
        }
    }
    public void mi_Click(Object sender, EventArgs e)
    {
        ToolStripMenuItem mi = (ToolStripMenuItem)sender;
        lb.Text = mi.Text + "ですね。";
    }
}
```

❸ドロップダウン項目を設定します

セパレータです

❹最上位のメニューを設定します

❺フォームのメニューを設定します

メニューが表示されます

Lesson 7

Sample10の実行画面

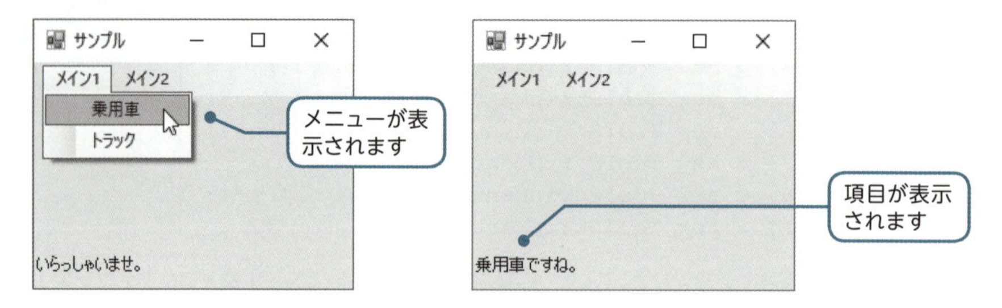

このサンプルでは、メニューを選択したときにラベルの表示が変更されるようにしました。メニューは、次のような順序で作成しています。

❶ メインメニュー（MenuStrip）を作成する
❷ メニューアイテム（ToolStripMenuItem）を作成する
❸ ドロップダウンするメニューアイテムを親メニューアイテムに追加する
❹ ドロップダウンしない最上位のメニューアイテムをメインメニューに追加する
❺ メインメニューをフォームに追加する

メニューアイテム（ToolStripMenuItem）がメニューの各項目に対応しています。コードと実際のプログラムを比べて確認してみるとよいでしょう。

なお、セパレータは、メニューの間に入れる仕切りです。ToolStripSeparator()コンストラクタを使うことができます。

Sample10の関連クラス

クラス	説明
System.Windows.Forms.MenuStripクラス	
MenuStrip()コンストラクタ	メインメニューを作成する
System.Windows.Forms.ToolStripMenuItemクラス	
ToolStripMenuItem()コンストラクタ	メニューを作成する
DropDownItemsプロパティ	ドロップダウン項目を設定する
System.Windows.Forms.ToolStripSeparatorクラス	
ToolStripSeparator()コンストラクタ	セパレータを作成する
System.Windows.Forms.Formクラス	
MainMenuStripプロパティ	メインメニューを設定する

7.6 ダイアログ

メッセージボックスを表示する

この節では、メッセージを表示するための新しいウィンドウについて学ぶことにしましょう。

メッセージを表示する小さなウィンドウは、メッセージボックス（MessageBox）と呼ばれています。まず、次のコードを入力してみてください。

Sample11.cs ▶ メッセージボックスを表示する

```
using System;
using System.Windows.Forms;

class Sample11 : Form
{
    private Label lb;
    private Button bt;

    public static void Main()
    {
        Application.Run(new Sample11());
    }
    public Sample11()
    {
        this.Text = "サンプル";
        this.Width = 250; this.Height = 200;

        lb = new Label();
        lb.Text = "いらっしゃいませ。";
        lb.Dock = DockStyle.Top;

        bt = new Button();
        bt.Text = "購入";
        bt.Dock = DockStyle.Bottom;
```

```
        lb.Parent = this;
        bt.Parent = this;

        bt.Click += new EventHandler(bt_Click);

    }
    public void bt_Click(Object sender, EventArgs e)
    {
        MessageBox.Show("ご購入ありがとうございました。", "購入");
    }
}
```

メッセージボックスを表示します

Sample11の実行画面

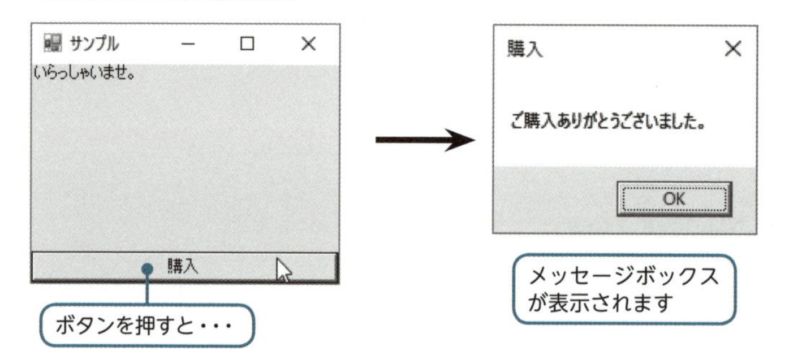

タイトルとメッセージをもったかんたんなメッセージボックスが表示されます。タイトルとメッセージを引数として指定しています。

かんたんなメッセージを表示するには、MessageBoxクラスを使う。

Sample11の関連クラス

クラス	説明
System.Windows.Forms.MessageBoxクラス	
DialogResult Show(string s, string t)メソッド	メッセージボックスにメッセージとタイトルを表示する

メッセージボックスを変更する

さて、メッセージボックスには、「OK」という1つのボタンが表示されました。メッセージボックスを表示する際には、表示されるボタンの種類やアイコンを指定できます。今度は、イベントハンドラだけを次のように書きかえてみてください。

Sample12.cs ▶ メッセージボックスを変更する

```
...
    public void bt_Click(Object sender, EventArgs e)
    {
        DialogResult dr = MessageBox.Show("本当に購入しますか？",
            "確認", MessageBoxButtons.YesNo,
                                MessageBoxIcon.Question);

        if (dr == DialogResult.Yes)
        {
            MessageBox.Show("ご購入ありがとうございました。", "購入",
                                MessageBoxButtons.OK,
                                MessageBoxIcon.Information);
        }
    }
}
```

ボタンを指定します

アイコンを指定します

Sample12の実行画面

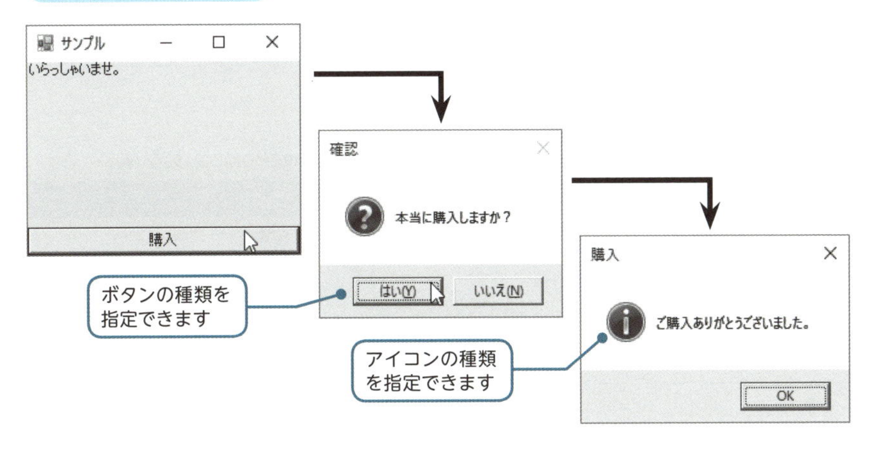

このサンプルでは、ボタンが押されたときに、次の処理を行っています。

❶「はい」「いいえ」ボタンをもつメッセージボックスを表示する
❷ユーザーが「はい」を押したときだけ、「OK」ボタンを押すメッセージボックスを表示する

❶では「はい」「いいえ」ボタンを表示し、❷では「OK」ボタンを表示しています。

「はい」ボタンを押したとき、MessageBoxクラスのShow()メソッドはDialogResult型の値DialogResult.YESを返します。そこでユーザーが「はい」を押したときにだけ、次のメッセージボックスを表示しているのです。

なお、Show()メソッドの3番目の引数として指定できるボタンの種類には、次のものがありますので、ながめておいてください。

表7-6　主なメッセージボックスのボタンの種類 (System.Windows.Forms.MessageButtons列挙体)

種類	表示
OK	OK
OKCancel	OK　キャンセル
YesNo	はい(Y)　いいえ(N)
YesNoCancel	はい(Y)　いいえ(N)　キャンセル

また、Show()メソッドの4番目の引数の指定によってメッセージボックスに表示されるアイコンも変わります。ここでは、エラー、情報、警告、質問のアイコンを表示することができます。メッセージの内容に応じたアイコンを使用するとよいでしょう。

表7-7　アイコンの種類 (System.Windows.Forms.MessageBoxIcon列挙体)

種類	内容	表示
Error	エラーアイコン	
Information	情報アイコン	
Warning	警告アイコン	
Question	質問アイコン	

フォームをモーダルで表示する

メッセージボックスはかんたんにメッセージを伝えたいときに便利です。しかし、より多くの情報を自由に伝えたい場合もあります。

そこで、今度はボタンを押したときに新しいフォームを作成し、表示してみることにしましょう。

Sample13.cs ▶ モーダルで表示する

```
using System;
using System.Windows.Forms;

class Sample13 : Form
{
    private Label lb;
    private Button bt;

    public static void Main()
    {
        Application.Run(new Sample13());
    }
    public Sample13()
    {
        this.Text = "サンプル";
        this.Width = 250; this.Height = 200;

        lb = new Label();
        lb.Text = "いらっしゃいませ。";
        lb.Dock = DockStyle.Top;

        bt = new Button();
        bt.Text = "購入";
        bt.Dock = DockStyle.Bottom;

        lb.Parent = this;
        bt.Parent = this;

        bt.Click += new EventHandler(bt_Click);

    }
    public void bt_Click(Object sender, EventArgs e)
    {
```

Lesson 7

```
        SampleForm sf = new SampleForm();
        sf.ShowDialog();
    }
}

class SampleForm : Form
{
    public SampleForm()
    {
        Label lb = new Label();
        Button bt = new Button();

        this.Text = "御礼";
        this.Width = 250; this.Height = 200;

        lb.Text = "ありがとうございました。";
        lb.Dock = DockStyle.Top;

        bt.Text = "OK";
        bt.DialogResult = DialogResult.OK;
        bt.Dock = DockStyle.Bottom;

        lb.Parent = this;
        bt.Parent = this;
    }
}
```

❷新しいフォームを作成します

❸新しいフォームをモーダルで表示します

❶新しいフォームの定義です

Sample13の実行画面

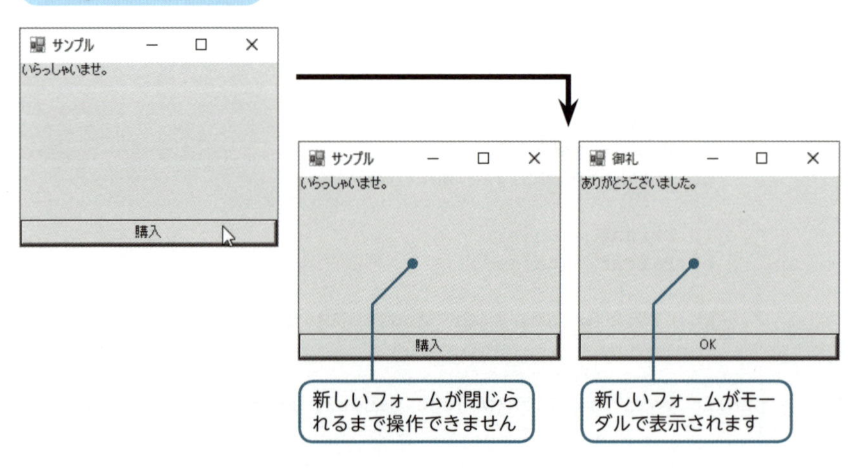

今度は新しいフォームを定義しておきます。ここではSampleFormという新しいフォームを定義しています。このフォームは、これまで作成しているフォームと同様に、Formクラスを拡張したクラスです（❶）。

このSampleFormを作成してから（❷）、FormクラスのShowDialog()メソッドを呼び出すことによってフォームを表示します（❸）。

ただし、この新しいフォームは、ユーザーが「OK」ボタンを押すかフォームの「閉じる」ボタンを押すまでは、ほかのウィンドウの操作ができない状態となります。この状態はモーダル（modal）と呼ばれています。

ShowDialog()メソッドでモーダルなフォームを表示できる。

Lesson 7

Sample13の関連クラス

クラス	説明
System.Windows.Forms.Formクラス	
DialogResult ShowDialog()メソッド	フォームをモーダルで表示する
System.Windows.Forms.Buttonクラス	
DialogResultプロパティ	親フォームに返す値を設定・取得する

フォームをモードレスで表示する

「モーダル」な状態では、新しいフォームが表示されている状態では元のフォームを操作することができないようになっています。

これに対して、新しいフォームが表示されても、元のフォームやほかのフォームの入力もできるようすることができます。この状態を、モードレス（modeless）といいます。

モードレスでフォームを表示するには、表示する際にShow()メソッドを使います。

Sample14.cs ▶ モードレスで表示する

```
using System;
using System.Windows.Forms;

class Sample14 : Form
{
    private Label lb;
    private Button bt;

    public static void Main()
    {
        Application.Run(new Sample14());
    }
    public Sample14()
    {
        this.Text = "サンプル";
        this.Width = 250; this.Height = 200;

        lb = new Label();
        lb.Text = "いらっしゃいませ。";
        lb.Dock = DockStyle.Top;

        bt = new Button();
        bt.Text = "購入";
        bt.Dock = DockStyle.Bottom;

        lb.Parent = this;
        bt.Parent = this;

        bt.Click += new EventHandler(bt_Click);
    }
    public void bt_Click(Object sender, EventArgs e)
    {
        SampleForm sf = new SampleForm();   // 新しいフォームを作成します
        sf.Show();   // 新しいフォームをモードレスで表示します
    }
}

class SampleForm : Form   // 新しいフォームの定義です
{
    public SampleForm()
    {
        Label lb = new Label();
        Button bt = new Button();
```

```
        this.Text = "新規";
        this.Width = 250; this.Height = 200;

        lb.Text = "新しい店をはじめました。";
        lb.Dock = DockStyle.Top;

        bt.Text = "OK";
        bt.Dock = DockStyle.Bottom;

        lb.Parent = this;
        bt.Parent = this;

        bt.Click += new EventHandler(bt_Click);
    }
    public void bt_Click(Object sender, EventArgs e)
    {
        this.Close();
    }
}
```


Sample14の実行画面

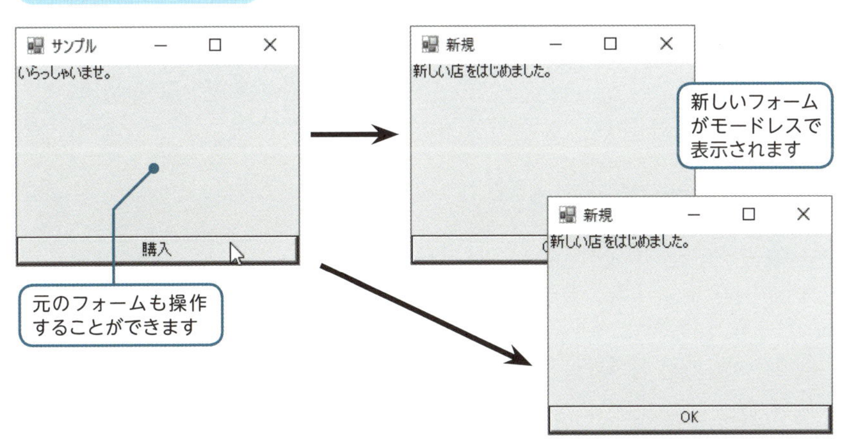

今度は新しいフォームが表示されても、元のフォームを操作することができます。新しいフォームを2つ以上表示することも可能になります。

Show()メソッドでモードレスなフォームを表示できる。

Sample14の関連クラス

クラス	説明
System.Windows.Forms.Controlクラス	
void Show()メソッド	コントロールをモードレスで表示する

モーダルとモードレス

モーダルではダイアログボックスが閉じられないと次の操作ができないため、プログラムのコードが簡潔になります。一方、モードレスでは次の操作ができるため、コードの作成が複雑になりますが、ユーザーの操作には柔軟性が生まれます。違いに注意して使いわけてみるとよいでしょう。

7.7 レッスンのまとめ

この章では、次のようなことを学びました。

- コントロールのレイアウトを行うパネルを使うことができます。
- ラベルは、テキストを表示するためのコントロールです。
- ボタンは、ユーザーからの操作を受けつけるためのコントロールです。
- ボタンの一種として、チェックボックスやラジオボタンがあります。
- テキストボックスは、テキストを入力するためのコントロールです。
- リストボックスは、複数のデータを表示するコントロールです。
- ウィンドウに、メニューをつけることができます。
- メッセージを表示するダイアログボックスが作成できます。

この章ではコントロールについて学びました。これらの知識を利用すれば、みばえのよいプログラムを作成することができます。ユーザーにとって使いやすいプログラムを作成することが必要です。さまざまなコントロールを使いこなせるようになりましょう。

練習

1. ラジオボタンをチェックすると、ラベルの色が変化するプログラムを作成してください。

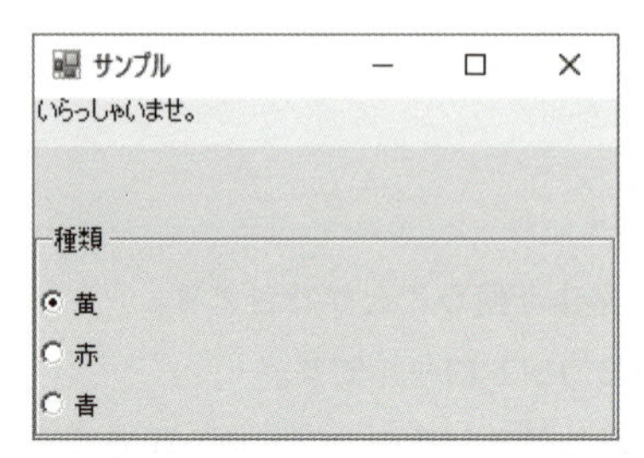

2. ラジオボタンをチェックすると、ラベルのフォントが変化するプログラムを作成してください。

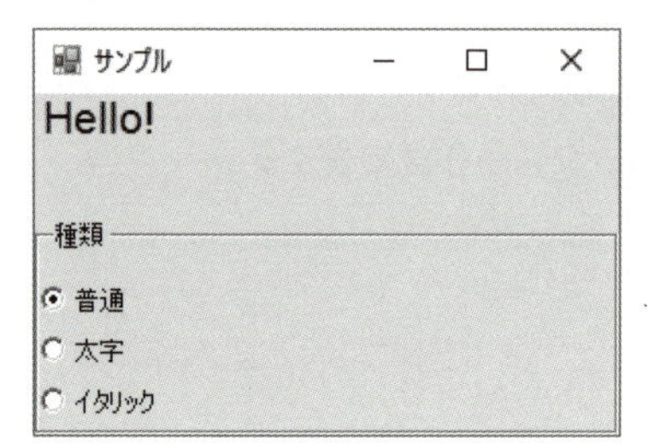

Lesson 8

グラフィック

プログラムの処理中に、画像に関する処理を行いたい場合があります。画像処理を行うためには、さまざまな手法で画像を描画する必要があります。この章では画像処理に関する技法を学んでいきましょう。また、数学・日付・時刻などに関する処理も紹介します。

Check Point!

- Paintイベント
- Graphicsクラス
- 数学クラス
- Timerクラス
- 日付クラス

8.1 グラフィックの基本

画像を処理する

この章では、描画に関する処理についてみていくことにしましょう。

私たちは、ピクチャボックスを使って画像を読み込み、表示しています。しかし、これまでのプログラムは、プログラムの処理中も変化しない画像を表示しているにすぎません。ウィンドウ上で高度な画像処理をしつつ動作するプログラムを作成していくためには、これまでの知識だけでは不十分です。高度な画像処理を行うためには、プログラムの処理中にさまざまな手法で画像を描画する必要があります。

フォームに描画をする

描画を行うには、これまでにもコントロールを扱う際に利用してきた、イベント処理のしくみを利用することになります。

今度は、

Paintイベント

を処理することになります。これは、ソースを描画するイベントです。

たとえば、フォームに描画したい場合にはPaintEventHandler(Object sender, PaintEventArgs e)デリゲートによって、イベントハンドラを設計・登録する必要があります。

```
this.Paint += new PaintEventHandler(fm_Paint);
```

Paintイベントを処理するイベントハンドラを登録します

このイベントハンドラ内で、Graphicsクラスのオブジェクトを取得します。このオブジェクトのメソッドを使ってさまざまな画像処理を行うのです。なお、イベントハンドラの2つ目の引数はPaintEventArgsとする必要があります。

```
public static void fm_Paint(Object sender, PaintEventArgs e)
{
    Graphics g = e.Graphics;

    g.DrawImage(im, 0, 0);

}
```

グラフィックオブジェクトを取得します

描画を行います

描画を行うにはPaintイベントを処理するイベントハンドラを設計する。

画像を描画・回転する

それでは、どんな画像処理を行うことができるのでしょうか。実際にコードを作成しながらみていくことにしましょう。

Sample1.cs ▶ 画像を回転する

```
using System;
using System.Windows.Forms;
using System.Drawing;

class Sample1 : Form
{
    private Image im;
```

```
    public static void Main()
    {
        Application.Run(new Sample1());
    }
    public Sample1()
    {
        this.Text = "サンプル";
        this.Width = 250; this.Height = 200;

        im = Image.FromFile("c:¥¥car.bmp");

        this.Click += new EventHandler(fm_Click);
        this.Paint += new PaintEventHandler(fm_Paint);
    }
    public void fm_Click(Object sender, EventArgs e)
    {
        im.RotateFlip(RotateFlipType.Rotate90FlipNone);
        this.Invalidate();
    }
    public void fm_Paint(Object sender, PaintEventArgs e)
    {
        Graphics g = e.Graphics;

        g.DrawImage(im, 0, 0);
    }
}
```

描画イベントハンドラを登録します

回転します

回転後の状態で再描画します

描画イベントハンドラです

画像を描画します

Sample1の実行画面

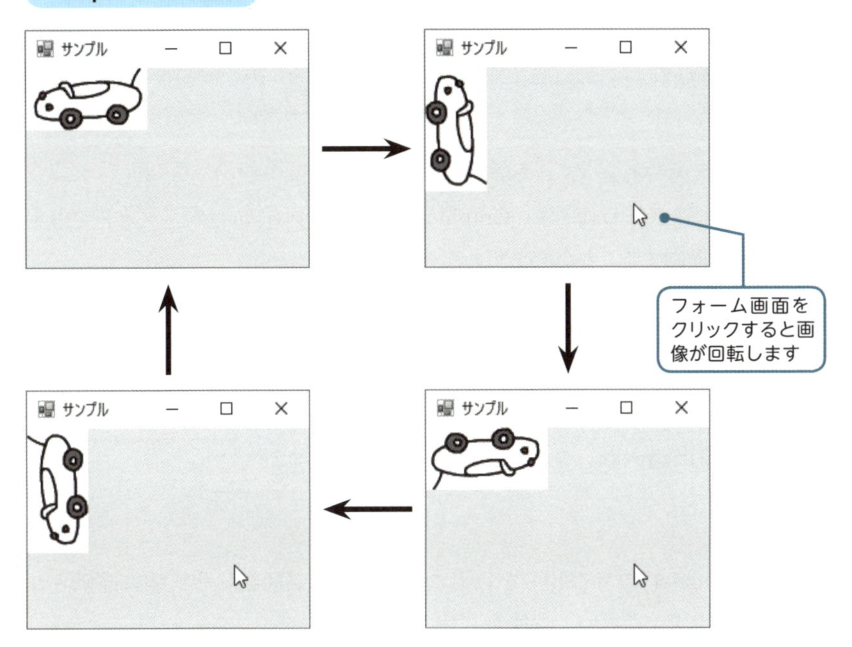

Lesson 8

ここでは、クリックした場合に処理されるイベントハンドラ内で、画像の回転を行うようにしています。

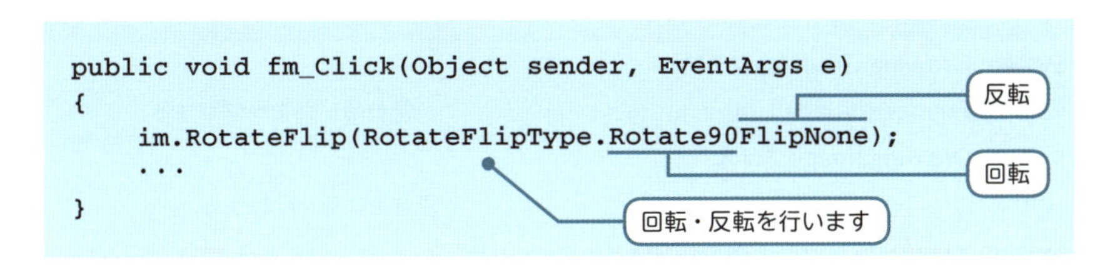

```
public void fm_Click(Object sender, EventArgs e)
{
    im.RotateFlip(RotateFlipType.Rotate90FlipNone);
    ...
}
```


RotateFlipType列挙体のメンバ名として、Rotate「回転」、Flip「反転」という指定ができます。

回転・・・None、90、180、270
反転・・・None、X、XY、Y

回転を行ったら、フォーム画面を、回転後の状態で描画しなおす必要があります。このために、フォームを再描画するメソッドであるInvalidate()メソッドを呼び出します。

```
this.Invalidate();
```

自分自身（フォーム）の再描画を行います

この呼び出しが行われると、今度はフォームのPaintイベントが発生し、イベントハンドラの処理が行われます。GraphicsクラスのDrawImage()メソッドで指定位置に画像を描画することができます。

```
public void fm_Paint(Object sender, PaintEventArgs e)
{
    Graphics g = e.Graphics;

    g.DrawImage(im, 0, 0);
}
```

フォームを描画するイベントハンドラです

画像を描画します

なお、Invalidate()の呼び出しを行わないと、画像が回転した状態に描画されないので注意してください。画像を変更したタイミングで（クリックしたときに）描画を行う必要があるのです。

Sample1の関連クラス

クラス	説明
System.Drawing.Graphicsクラス	
void DrawImage(Image i, int x, int y)メソッド	指定位置に画像を描画する
System.Drawing.Imageクラス	
void RotateFlip(RotateFlipType t)メソッド	画像を回転・反転する
System.Windows.Forms.Controlクラス	
void Invalidate()メソッド	コントロールを再描画する

画像の回転・反転を行うことができる。
画像が変更されたタイミングで再描画を行う。

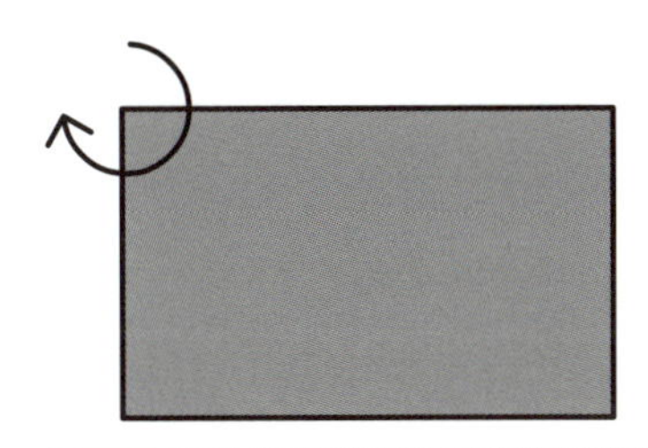

図8-1 **画像の回転・反転**
画像を回転・反転させることができます。

画像を拡大・縮小する

次に画像の拡大・縮小を行ってみましょう。今度は拡大・縮小の選択を行うラジオボタンを使って処理してみることにします。

Sample2.cs ▶ 画像の拡大・縮小

```
using System;
using System.Windows.Forms;
using System.Drawing;

class Sample2 : Form
{
    private Image im;
    private RadioButton rb1, rb2, rb3;
    private GroupBox gb;
    private int i;

    public static void Main()
    {
        Application.Run(new Sample2());
    }
    public Sample2()
    {
        this.Text = "サンプル";
        this.Width = 300; this.Height = 300;
        im = Image.FromFile("c:¥¥car.bmp");

        rb1 = new RadioButton();
        rb2 = new RadioButton();
```

```
        rb3 = new RadioButton();
        rb1.Text = "通常";
        rb2.Text = "拡大";
        rb3.Text = "縮小";
        rb1.Dock = DockStyle.Bottom;
        rb2.Dock = DockStyle.Bottom;
        rb3.Dock = DockStyle.Bottom;
        rb1.Checked = true;

        gb = new GroupBox();
        gb.Text = "種類";
        gb.Dock = DockStyle.Bottom;

        rb1.Parent = gb;
        rb2.Parent = gb;
        rb3.Parent = gb;
        gb.Parent = this;

        rb1.Click += new EventHandler(rb_Click);
        rb2.Click += new EventHandler(rb_Click);
        rb3.Click += new EventHandler(rb_Click);
        this.Paint += new PaintEventHandler(fm_Paint);
    }
    public void rb_Click(Object sender, EventArgs e)
    {
        RadioButton tmp = (RadioButton)sender;
        if (tmp == rb1)
            i=1;
        else if(tmp == rb2)
            i=2;
        else if(tmp == rb3)
            i=3;
        this.Invalidate();
    }
    public void fm_Paint(Object sender, PaintEventArgs e)
    {
        Graphics g = e.Graphics;

        if (i == 1)
            g.DrawImage(im, 0, 0);
        else if(i == 2)
            g.DrawImage(im, 0, 0, im.Width * 2, im.Height * 2);
        else if(i == 3)
            g.DrawImage(im, 0, 0, im.Width / 2, im.Height / 2);
    }
}
```

拡大を行います

縮小を行います

Sample2の実行画面

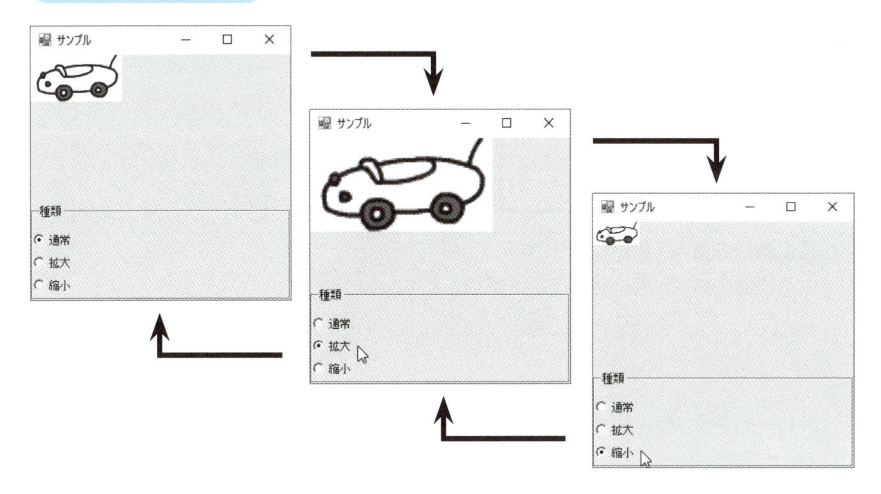

ここでは通常・拡大・縮小のいずれが表示されるかを変数iで管理しています。DrawImage()メソッドで必要な引数を指定すれば、必要な大きさで描画できます。

指定幅・高さに拡大します

```
g.DrawImage(im, 0, 0, im.Width * 2, im.Height * 2);
g.DrawImage(im, 0, 0, im.Width / 2, im.Height / 2);
```

指定幅・高さに縮小します

画像の拡大・縮小を行うことができる。

Sample2の関連クラス

クラス	説明
System.Drawing.Graphicsクラス	
void DrawImage(Image i, int x, int y, int w, int h)メソッド	指定位置に指定幅・高さで画像を描画する

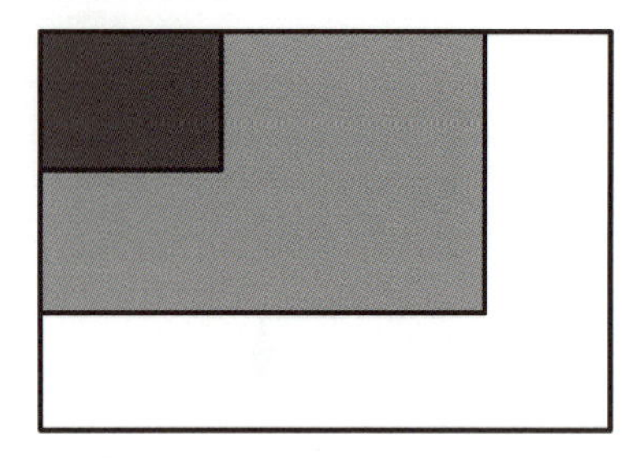

図8-2 **画像の拡大・縮小**
画像の拡大・縮小を行うことができます。

描画の方法

Graphicsクラスの DrawImage()メソッドには、ここで紹介したように位置などを引数として指定して描画する種類のほかにも、サイズなどさまざまな値を引数として指定する種類が用意されています。詳細な指定方法はクラスライブラリのリファレンスを参照してみてください。

表8-1 主なDrawImage()メソッドの種類

種類	説明
DrawImage(Image im, int x, int y)	指定位置に元のサイズで画像を描画する
DrawImage(Image im, Point p)	指定位置（座標）に元のサイズで画像を描画する
DrawImage(Image im, Rectangle rc)	指定位置に指定サイズ（矩形）で画像を描画する

8.2 グラフィックの応用

画像を操作する

この節では描画の応用についてみていくことにしましょう。Bitmapクラスのメソッドを使うと、画像を1ピクセルずつ取得・設定することができます。このことを利用して画像の色を処理してみましょう。ここではcドライブの下に「tea.jpg」という400×300ピクセルの画像ファイルを保存してから実行します。

Sample3.cs ▶ 画像の操作

```
using System;
using System.Windows.Forms;
using System.Drawing;

class Sample3 : Form
{
    private Bitmap bm1, bm2;
    private int i;

    public static void Main()
    {
        Application.Run(new Sample3());
    }
    public Sample3()
    {
        this.Text = "サンプル";
        this.Width = 400; this.Height = 300;

        bm1 = new Bitmap("c:¥¥tea.jpg");
        bm2 = new Bitmap("c:¥¥tea.jpg");

        i = 0;

        this.Click += new EventHandler(fm_Click);
```

Lesson 8

```
        this.Paint += new PaintEventHandler(fm_Paint);
    }
    public void convert()
    {
        for (int x = 0; x < bm1.Width; x++)
        {
            for (int y = 0; y < bm1.Height; y++)
            {
                Color c = bm1.GetPixel(x, y);
                int rgb = c.ToArgb();
                int a = (rgb >> 24) & 0xFF;
                int r = (rgb >> 16) & 0xFF;
                int g = (rgb >>  8) & 0xFF;
                int b = (rgb >>  0) & 0xFF;
                switch(i)
                {
                    case 1:
                        r>>=2; break;
                    case 2:
                        g>>=2; break;
                    case 3:
                        b>>=2; break;
                }
                rgb = (a << 24)|(r << 16)|(g << 8)|(b << 0);

                c = Color.FromArgb(rgb);

                bm2.SetPixel(x, y, c);
            }
        }
    }
    public void fm_Click(Object sender, EventArgs e)
    {
        i++;
        if (i >= 4)
            i = 0;
        convert();
        this.Invalidate();
    }
    public void fm_Paint(Object sender, PaintEventArgs e)
    {
        Graphics g = e.Graphics;
        g.DrawImage(bm2, 0, 0, 400, 300);
    }
}
```

画像を1ピクセルずつ処理します

❶ピクセルの色を取得します

❷RGB値に変換します

❸RGB値を取り出します

❹赤成分の値を小さくします

❹緑成分の値を小さくします

❹青成分の値を小さくします

❺RGB値に変換します

❻ピクセルの色を設定します

画像の変換を行います

Sample3の実行画面

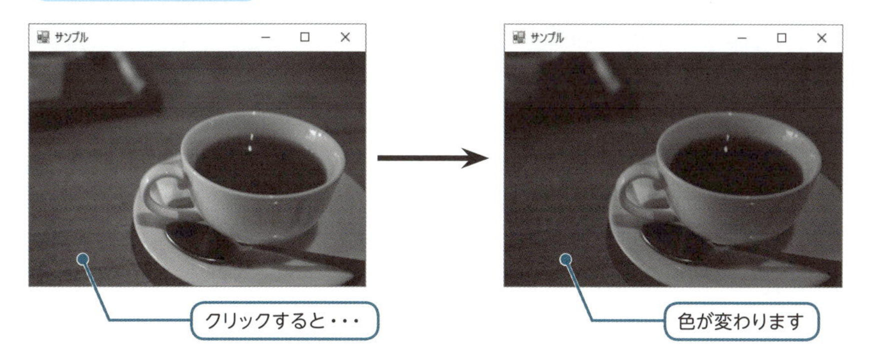

ここでは画像の変換をconvert()という名前のメソッドにまとめています。

まず、横・縦について入れ子にした繰り返し文を使ってピクセルの色を取得しています（❶）。

このピクセルの色はToArgb()メソッドで透明度・赤・緑・青成分をあらわす整数値に変換されます（❷）。この整数値を、>>演算子とビット演算子を使って各成分に分けて抜き出します（❸）。

そして、クリックによって変わるiの状態によって、特定成分のビットを小さくして変換します（❹）。

変換が終わったら、再びこの色をRGB整数値に変換し（❺）、Colorとしてピクセルに戻しています（❻）。

この結果、画像の赤成分・緑成分・青成分が抜けた画像となるのです。

Sample3の関連クラス

クラス	説明
System.Drawing.Bitmapクラス	
Bitmap()コンストラクタ	ビットマップ画像を作成する
Color GetPixel(int x, int y)メソッド	色を取得する
void SetPixel(int x, int y, Color c)メソッド	色を設定する
System.Drawing.Colorクラス	
int ToArgb(Color c)メソッド	ColorからRGB値を得る
Color FromArgb(int rgb)メソッド	RGB値からColorを得る

Lesson 8

画像の色を取得・変換することができる。

マウスでクリックした位置に円を描く

今度はマウスでクリックした位置に円を描画してみることにしましょう。

Sample4.cs ▶ 円を描く

```
using System;
using System.Windows.Forms;
using System.Drawing;
using System.Collections.Generic;

class Sample4 : Form
{
    private List<Point> ls;

    public static void Main()
    {
        Application.Run(new Sample4());
    }
    public Sample4()
    {
        this.Text = "サンプル";

        ls = new List<Point>();

        this.MouseDown += new MouseEventHandler(fm_MouseDown);
        this.Paint += new PaintEventHandler(fm_Paint);
    }
    public void fm_MouseDown(Object sender, MouseEventArgs e)
    {
        Point p = new Point();
        p.X = e.X;
        p.Y = e.Y;
        ls.Add(p);
        this.Invalidate();
    }
```

クリックした位置を格納するリストを作成しています

マウスでクリックしたときに・・・

位置を記録し・・・

描画を行います

```
    public void fm_Paint(Object sender, PaintEventArgs e)
    {
        Graphics g = e.Graphics;
        Pen dp = new Pen(Color.Black,1);

        foreach(Point p in ls)
        {
            g.DrawEllipse(dp, p.X, p.Y, 10, 10);
        }
    }
}
```

円を描画します

Sample4の実行画面

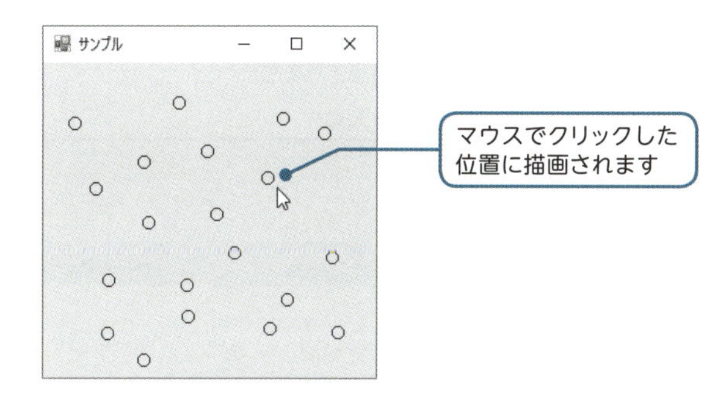

MouseDownイベントを処理するイベントハンドラで、マウスをクリックした位置を記録し、描画処理を行います。

Paintイベントを処理するイベントハンドラでは、これを受けて描画を行います。ここではDrawEllipse()メソッドを使って線画の円を描画しています。このほかにも、表8-2にあげているような描画を実行できます。

なお、線画を描画するためには、線の色と太さを決めるPenクラスのオブジェクト（ペン）を用意する必要があります。ペンは、DrawEllipse()メソッドなどの1番目の引数として指定します。また、塗りつぶしを行う場合には、ペンのかわりにブラシと呼ばれる塗りつぶしの色を決めるブラシオブジェクトを用意します。線画・ペン・ブラシの種類を変えていろいろな描画を確認してみてください。

表8-2 主な図形描画の種類

メソッド名	説明
DrawEllipse()	楕円を描く
DrawLine()	線を描く
DrawLines()	線の集まりを描く
DrawRectangle()	四角形を描く
DrawRectangles()	四角形の集まりを描く
DrawPie()	扇型を描く
DrawString()	文字列を描く
FillEllipse()	塗りつぶし楕円を描く
FillLine()	塗りつぶし線を描く
FillLines()	塗りつぶし線の集まりを描く
FillRectangle()	塗りつぶし四角形を描く
FillRectangles()	塗りつぶし線の集まりを描く
FillPie()	塗りつぶし扇形を描く

表8-3 主なペンの種類

メソッド名	説明
Pen(Color c)	色を指定したペン
Pen(Brush b)	ブラシを指定したペン
Pen(Color c, Single s)	色と太さを指定したペン
Pen(Brush b, Single s)	ブラシと太さを指定したペン

表8-4 主なブラシの種類

メソッド名	説明
SolidBrush(Color c)	色を使用したブラシ
TextureBrush(Image i)	イメージを使用したブラシ
HatchStyleBrush(HatchStyle h, Color c)	ハッチスタイルを使用したブラシ
LinearGradientBrush()	線形グランデーションブラシ
PathGradientBrush(GraphicsPath gp)	パスの内部をグランデーションするブラシ

Sample4の関連クラス

クラス	説明
System.Drawing.Graphicsクラス	
void DrawEllipse(Pen p, int x, int y, int w, int h)メソッド	指定ペン・座標・幅・高さで楕円を描画する

図形を描画することができる。

コレクションクラスのしくみを知る

ここで、Sample4のコードで使われているC#のさまざまなしくみについてみておくことにしましょう。

Sample4の次の部分では、クリックした位置を格納するリストを作成しています。

```
private List<Point> ls;
...
ls = new List<Point>();
```

Point型の値を扱うリストを作成しています

これは座標をあらわすPoint構造体の値を格納する**リスト**（list）となっています。リストは配列と似て複数の要素をまとめて扱うためのしくみですが、配列と異なり、あとから要素を追加することが前提となっています。

このように、要素の集合を扱うクラスを**コレクション**（Collection）**クラス**といいます。

なお、クラスの中で取り扱う型を、<型>と指定できるクラスは、**ジェネリック**（Generic）**クラス**と呼ばれています。ジェネリッククラスでは扱う型を指定して、エラーが起きにくい安全なコードを記述できるように設計されています。

表8-5　主なジェネリックコレクションクラス（System.Collections.Generic名前空間）

クラス（<T>は扱う型）	説明
List<T>	リストを管理する
Queue<T>	キュー（先入先出の構造）を管理する
Stack<T>	スタック（先入後出の構造）を管理する
Dictionary<Tkey, TValue>	キーと値のペアを管理する

コレクションクラスを利用することができる。

インデクサのしくみを知る

また、Sample4の最後の部分では、位置情報を格納したリストを、foreach文で扱うことによって描画を行うようにしています。

ただし、このList<Point>型の変数lsには、次のように[ ]で添字を記述してリスト構造の要素にアクセスすることもできます。

```
Point p0 = ls[0]
Point p1 = ls[1]
...
```

配列のようにリストの要素にアクセスすることもできます

このしくみを**インデクサ**（indexer）といいます。クラスにインデクサが定義されていれば、オブジェクトを配列のように扱うことができるのです。リストの構成要素のように、集合的なクラスが小さな構造から構成される場合には、インデクサを定義する場合があります。List<T>クラスにはインデクサが提供されているのです。

通常、インデクサは次のように定義されています。プロパティと同じようにsetアクセサとgetアクセサが定義されるものですが、添字と値の指定によって配列に値を設定・取得するようになっています。

構文 **インデクサの定義**

```
class クラス名<T>
{
    配列の宣言と作成;
    public T this [int i]
    {
        set{ 配列[i]に値を代入; }
        get{ 配列[i]の値を返す; }
    }
}
```

集合的なクラスです

個々の型です

インデクサは、オブジェクト名[i]の表記で、i番目の要素（T型）を設定・取得できるようにします

クラスが集合の機能として提供される場合には、個々の要素にアクセスするためにインデクサを利用することがある。

クリッピングのしくみを知る

さて、フォームを表示したりInvalidate()を使ったりすると、通常フォーム全体が描画されます。このとき、描画を行う範囲を指定することができます。これを**クリッピング**（clipping）といいます。クリッピングなどの範囲を指定する概念を**リージョン**（region）といいます。リージョンを扱うコードを作成してみましょう。

Sample5.cs ▶ クリッピングを行う

```
using System;
using System.Windows.Forms;
using System.Drawing;
using System.Drawing.Drawing2D;

class Sample5 : Form
{
   private Image im;

   public static void Main()
   {
      Application.Run(new Sample5());
   }
```

```
    public Sample5()
    {
        im = Image.FromFile("c:¥¥tea.jpg");

        this.Text = "サンプル";
        this.ClientSize = new Size(400, 300);
        this.BackColor = Color.Black;

        this.Paint += new PaintEventHandler(fm_Paint);
    }
    public void fm_Paint(Object sender, PaintEventArgs e)
    {
        Graphics g = e.Graphics;
        GraphicsPath gp = new GraphicsPath();

        gp.AddEllipse(new Rectangle(0,0,400,300));
        Region rg = new Region(gp);
        g.Clip = rg;

        g.DrawImage(im, 0, 0, 400, 300);
    }
}
```

グラフィックパスを作成し・・・

❶グラフィックパスに円を追加します

❷グラフィックパスからリージョンを作成します

❸クリッピングを行います

Sample5の実行画面

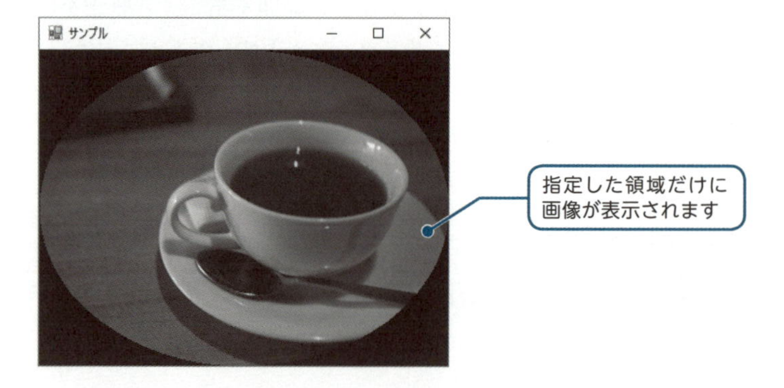

ここではリージョンを作成するために、まずGraphicsPathクラスのパスを作成し、ここに円のパスを追加しています（❶）。そして、このパスを指定してリージョンを作成しています（❷）。

リージョンが作成されたら、リージョンを指定してフォームのクリッピング領域を指定します（❸）。

この結果、クリッピングされた領域だけに画像が描かれることになります。

クリッピングの効果が確認できるでしょうか。

Sample5の関連クラス

クラス	説明
System.Drawing.Drawing2D.GraphicsPathクラス	
GraphicsPath()コンストラクタ	グラフィックパスを作成する
void AddEllipse(Rectangle r)メソッド	円のパスを追加する
System.Drawing.Regionクラス	
Region()コンストラクタ	リージョンを作成する
System.Windows.Forms.Controlクラス	
ClientSizeプロパティ	クライアント領域のサイズを設定・取得する
System.Drawing.Sizeクラス	
Widthプロパティ	幅を設定・取得する
Heightプロパティ	高さを設定・取得する

領域を指定するためにRegionクラスを利用できる。
クリッピングを行うことができる。

8.3 数学関連クラス

数学関連クラスを利用する

クラスライブラリには、数学関連の処理がまとめられています。描画に関する機能とあわせると、さらに高度な処理ができます。まずは、ランダムな数（乱数）を返す、Randomクラスを利用してみましょう。

Sample6.cs ▶ ランダムに円を表示

```
using System;
using System.Windows.Forms;
using System.Drawing;
using System.Collections.Generic;

class Sample6 : Form
{
    private List<Ball> ls;

    public static void Main()
    {
        Application.Run(new Sample6());
    }
    public Sample6()
    {
        this.Text = "サンプル";
        this.Paint += new PaintEventHandler(fm_Paint);

        ls = new List<Ball>();

        Random rn = new Random();

        for (int i = 0; i < 30; i++)
        {
            Ball bl = new Ball();
```

```
            int x = rn.Next(this.Width);
            int y = rn.Next(this.Height);

            int r = rn.Next(256);
            int g = rn.Next(256);
            int b = rn.Next(256);

            Point p = new Point(x, y);
            Color c = Color.FromArgb(r, g, b);

            bl.Point = p;
            bl.Color = c;

            ls.Add(bl);
        }
    }
    public void fm_Paint(Object sender, PaintEventArgs e)
    {
        Graphics g = e.Graphics;

        foreach (Ball bl in ls)
        {
            Point p = bl.Point;
            Color c = bl.Color;
            SolidBrush br = new SolidBrush(c);

            g.FillEllipse(br, p.X, p.Y, 10, 10);
        }
    }
}

class Ball
{
    public Color Color;
    public Point Point;
}
```

フォームの幅未満の乱数値を返します

フォームの高さ未満の乱数値を返します

0〜255の乱数値を返します

ランダムな赤・緑・青成分から色を作成しています

Sample6の実行画面

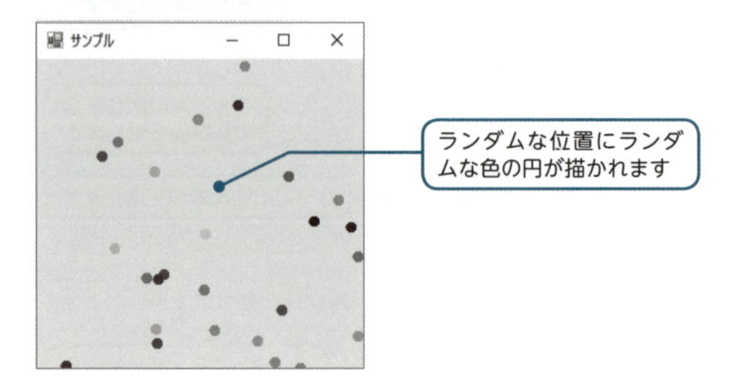

ここでは、ランダムな数（乱数）を作成するRandomクラスを使っています。このNext()メソッドを使うと、0以上引数未満の乱数値が返されます。そこで、ランダムな位置とランダムなカラーを得ているのです。これをFillEllipse()で塗りつぶし、円として描画しています。

このほかにも、数学関連のクラスには次のような機能があります。

表8-6　主なな数学関連のクラス (System名前空間)

クラス	説明
Randomクラス	
Next()メソッド	乱数値を得る
Mathクラス	
Abs()メソッド	絶対値を得る
Max()メソッド	最大値を得る
Min()メソッド	最小値を得る
Pow()メソッド	累乗を得る
Sqrt()メソッド	平方根を得る
Sin()メソッド	サインを得る
Cos()メソッド	コサインを得る
Tan()メソッド	タンジェントを得る

Sample6の関連クラス

クラス	説明
System.Randomクラス	
Random()コンストラクタ	乱数クラスのオブジェクトを作成する
int Next(int i)メソッド	指定値より小さい0以上の乱数を得る
System.Drawing.Graphicsクラス	
void FillEllipse(Brush b, int x, int y, int w, int h)メソッド	指定ブラシ・座標・幅・高さで楕円を描画する

数学関連のクラスの機能を利用できる。

8.4 タイマー

タイマーのしくみを知る

この節ではタイマー（Timer）について紹介しましょう。タイマーは、指定間隔ごとにTickイベントと呼ばれるイベントを発生させるクラスです。

このクラスのイベントを利用すると、一定時間ごとにTickイベントが発生し、このイベントを処理するために登録されたイベントハンドラが呼び出されるようになります。つまり、一定時間ごとに画像を動かしたりするなどといった処理ができるようになります。

図8-3 タイマー
タイマーはTickイベントを発生させるクラスです。

アニメーションを行う

タイマーと画像を使うとアニメーションをすることができます。さっそくコードをみていきましょう。

Sample7.cs ▶ アニメーションを行う

```
using System;
using System.Windows.Forms;
using System.Drawing;

class Sample7 : Form
{
    private Ball bl;
    private int dx, dy;

    public static void Main()
    {
        Application.Run(new Sample7());
    }
    public Sample7()
    {
        this.Text = "サンプル";
        this.ClientSize = new Size(250, 100);

        bl = new Ball();

        Point p = new Point(0, 0);
        Color c = Color.Blue;

        bl.Point = p;
        bl.Color = c;

        dx = 2;
        dy = 2;

        Timer tm = new Timer();
        tm.Interval = 100;
        tm.Start();

        this.Paint += new PaintEventHandler(fm_Paint);
        tm.Tick += new EventHandler(tm_Tick);
    }
    public void fm_Paint(Object sender, PaintEventArgs e)
    {
        Graphics g = e.Graphics;

        Point p = bl.Point;
        Color c = bl.Color;
        SolidBrush br = new SolidBrush(c);
```

タイマーオブジェクトを作成します

間隔をミリ秒で指定します

タイマーを開始します

イベントハンドラを登録します

```
        g.FillEllipse(br, p.X, p.Y, 10, 10);
    }
    public void tm_Tick(Object sender, EventArgs e)
    {
        Point p = bl.Point;

        if (p.X < 0 || p.X > this.ClientSize.Width-10)
            dx = -dx;
        if (p.Y < 0 || p.Y > this.ClientSize.Height-10)
            dy = -dy;

        p.X = p.X + dx;
        p.Y = p.Y + dy;

        bl.Point = p;
        this.Invalidate();
    }
}

class Ball
{
    public Color Color;
    public Point Point;
}
```

指定ミリ秒ごとにイベントハンドラが処理されます

壁にあたったら反転させます

移動させます

再描画させます

Sample7の実行画面

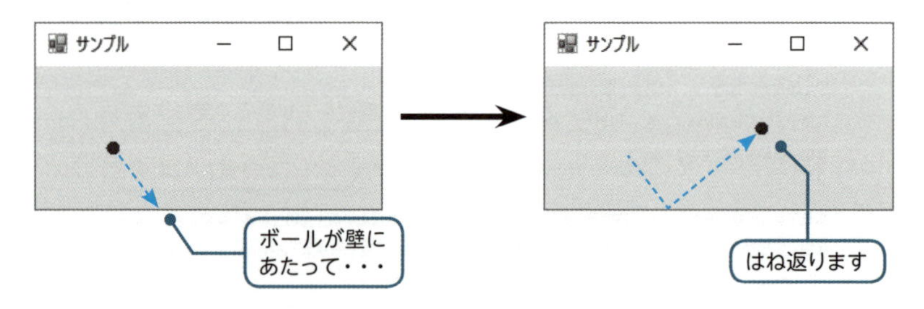

タイマーイベントを利用する方法もこれまでのイベント処理のしくみと同じです。まず、Timerクラスからオブジェクトを作成します。そして、このTickイベントを処理するためのイベントハンドラを設計して登録します。

イベントハンドラ内では、ボールの位置を移動させる処理を記述します。そして描画するInvalidate()を記述するのです。ペイントイベントハンドラ内ではボールを描画する処理を記述しましょう。

さて、プログラムが実行され、タイマーオブジェクトのStart()メソッドが処理されると、一定時間ごとにTickイベントが発生します。そのたびにボールの位置が変わり、フォームの再描画が行われます。この結果、ボールがアニメーションするプログラムとなるのです。

タイマーを設定するには

なお、Tickイベントの発生間隔は、タイマークラスのIntervalプロパティでミリ秒単位で設定することができます。この値を変えることによって速度を変化させることができますので、確認してみるといいでしょう。

```
tm.Interval = 100;
```

イベントの発生間隔を0.1秒に設定します

また、タイマーを停止する場合は、タイマーオブジェクトのStop()メソッドを使うことができます。

タイマーイベントの中では、メソッドに渡される引数をタイマーとして受け取ることで、Stop()を指定することができます。

```
public void tm_Tick(Object sender, EventArgs e)
{
    ...
    Timer tm = (Timer)sender;
    tm.Stop();
 }
```

- `Timer tm = (Timer)sender;`：タイマーとして受け取り・・・
- `tm.Stop();`：停止します

Sample7の関連クラス

クラス	説明
System.Windows.Forms.Timerクラス	
Timer()コンストラクタ	タイマーを作成する
void Start()メソッド	タイマーをスタートする
void Stop()メソッド	タイマーをストップする
Intervalプロパティ	タイマーイベントの発生間隔を設定する

タイマーは一定時間ごとにイベントを発生する。

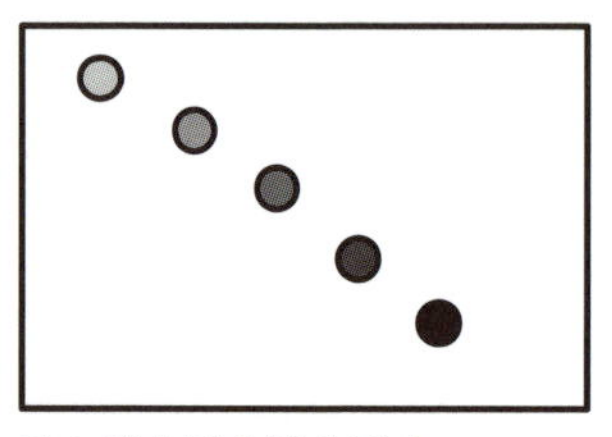

Tick Tick Tick Tick Tick・・・

図8-4 タイマーとアニメーション
タイマーを使ってアニメーションをすることができます。

画像を使ったアニメーション

画像を使って別のアニメーションをつくることもできます。今度は横から少しずつスライドされて表示される画像アニメーションを作成しましょう。

Sample8.cs ▶ 画像を使ったアニメーション

```
using System;
using System.Windows.Forms;
using System.Drawing;

class Sample8 : Form
{
    private Image im;
    private int i;

    public static void Main()
    {
        Application.Run(new Sample8());
    }
    public Sample8()
    {
```

```
        this.Text = "サンプル";
        this.Width = 400; this.Height = 300;
        this.DoubleBuffered = true;

        im = Image.FromFile("c:¥¥tea.jpg");

        i = 0;

        Timer tm = new Timer();
        tm.Start();

        tm.Tick += new EventHandler(tm_Tick);
        this.Paint += new PaintEventHandler(fm_Paint);
    }
    public void tm_Tick(Object sender, EventArgs e)
    {
        if (i > im.Width+200)
        {
            i = 0;
        }
        else
        {
            i = i+10;
        }
        this.Invalidate();
    }
    public void fm_Paint(Object sender, PaintEventArgs e)
    {
        Graphics g = e.Graphics;

        g.DrawImage(im, new Rectangle(0, 0, i, im.Height),
           0, 0, i, im.Height, GraphicsUnit.Pixel);
    }
}
```

ダブルバッファを利用します

全部描画されたら描画幅を0に戻します

描画されるイメージの幅を大きくします

指定幅だけ描画します

Lesson 8

Sample8の実行画面

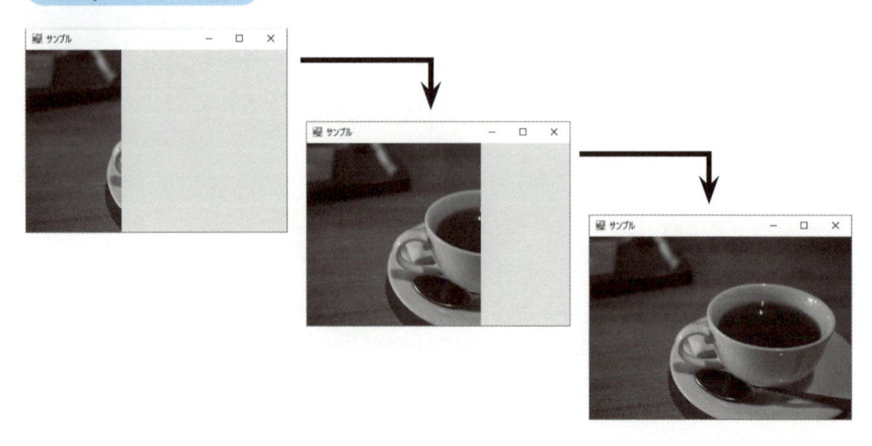

今度は画像中の指定された矩形範囲を描画しています。この矩形範囲をタイマーイベントが発生するたびに大きくすることで、少しずつ画像が大きくなるように画像を表示しているのです。

なお、このようなアニメーションをそのまま処理すると、描画の際にフォームの背景色で画面が塗りなおされるため、画面にちらつきが生じます。このようなとき、描画されるコントロールに**ダブルバッファ**（DoubleBuffered）を使用するように指定します。この設定を行うとちらつきが少なくなります。

Sample8の関連クラス

クラス	説明
System.Drawing.Graphicsクラス	
void DrawImage(Image i,Rectangle r, int x, int y, int w, int h, GraphicsUnit u)メソッド	指定位置に指定幅・高さで指定矩形範囲の画像を描画する
System.Windows.Forms.Formクラス	
DoubleBufferedプロパティ	ダブルバッファを設定する

デジタル時計を作成する

最後に、タイマーとラベルを使ってデジタル時計を作成してみましょう。ラベルを使って1秒ごとに時刻を変更しますので、Intervalは1000に設定します。

Sample9.cs ▶ デジタル時計を作成する

```
using System;
using System.Windows.Forms;
using System.Drawing;

class Sample9 : Form
{
    private Label lb;

    public static void Main()
    {
        Application.Run(new Sample9());
    }
    public Sample9()
    {
        this.Text = "サンプル";
        this.Width = 250; this.Height = 100;

        Timer tm = new Timer();
        tm.Interval = 1000;
        tm.Start();

        lb = new Label();
        lb.Font = new Font("Courier", 20, FontStyle.Regular);
        lb.Dock = DockStyle.Fill;

        lb.Parent = this;

        tm.Tick += new EventHandler(tm_Tick);
    }
    public void tm_Tick(Object sender, EventArgs e)
    {
        DateTime dt = DateTime.Now;

        lb.Text = dt.ToLongTimeString();
    }
}
```

1秒に設定します

現在の時刻を設定します

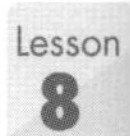

Sample9の実行画面

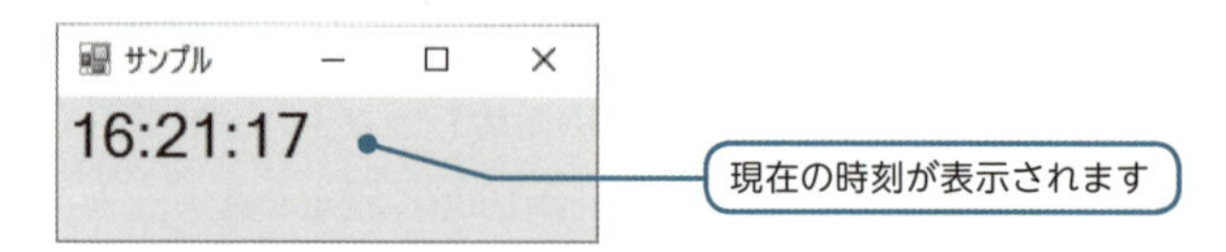

DateTime構造体のNowプロパティによって、現在の時刻を取得できます。このToLongTimeString()メソッドによって「時：分：秒」の形式にし、ラベルのテキストとして設定します。1秒ごとに表示が変更されるので、デジタル時計として表示されることになります。

なお、DateTime構造体では、次の表のようなさまざまなプロパティが利用できるようになっています。NowとTodayは静的な（static）プロパティです。また、この構造体には日付どうしの計算を行うメソッドも用意されています。

表8-7　System.DateTime構造体の主なプロパティ

プロパティ	説明
(static)Now	現在の時刻
(static)Today	現在の日付
Year	年を設定・取得する
Month	月を設定・取得する
Day	日を設定・取得する
Hour	時を設定・取得する
Minute	分を設定・取得する
Second	秒を設定・取得する

Sample9の関連クラス

クラス	説明
System.DateTime構造体	
Nowプロパティ	現在の時刻を取得する
string ToLongTimeString()メソッド	時刻を長い書式で取得する

8.5 レッスンのまとめ

この章では、次のようなことを学びました。

- 描画イベントを処理してフォームなどに描画することができます。
- 画像を回転することができます。
- 画像を拡大・縮小することができます。
- 円などの図形を描画することができます。
- 領域を指定してクリッピングを行うことができます。
- 画像のピクセルを操作することができます。
- 数学に関するクラスを使うことができます。
- タイマーを使って一定時間ごとに処理を行うことができます。
- 日付に関するクラスを使うことができます。

描画を行うと、高度な画像処理を行うことができます。また、タイマーを使うと、一定時間ごとに処理を行うことができます。プログラムのバリエーションを増やすことができるでしょう。

練習

1. 配列{ 100, 30, 50, 60, 70 }からグラフを描くプログラムを作成してください。

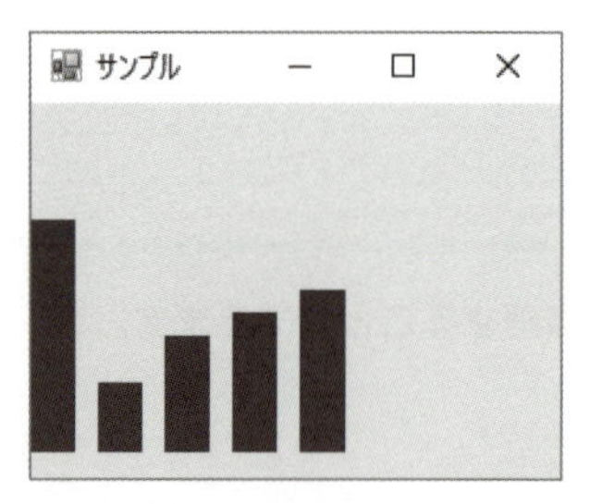

2. 左上隅から画像をくりぬく円が大きくなっていくプログラムを作成してください。ただし、円が (400,300) の大きさになったらタイマーを停止 (stop()) するものとします。

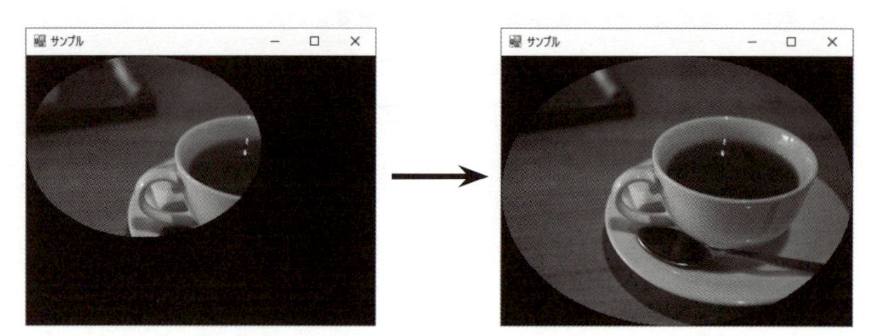

ゲーム

C#はゲームアプリケーション開発の機会にもよく使われています。これまでに学んだ各種技法を応用することで、ゲームに生かすことができます。この章ではゲームに関する技術とその応用についてみていきましょう。

Check Point!

- 乱数の活用
- グラフィックの活用
- タイマーの活用
- アルゴリズム

9.1 ゲームへの応用

ゲームに生かす

この章では、これまでに学んだ知識を、ゲームのような応用的なプログラムに生かす方法についてみていきましょう。特に前章で学んだ画像・数学関連の技術はゲームで多く活用されています。

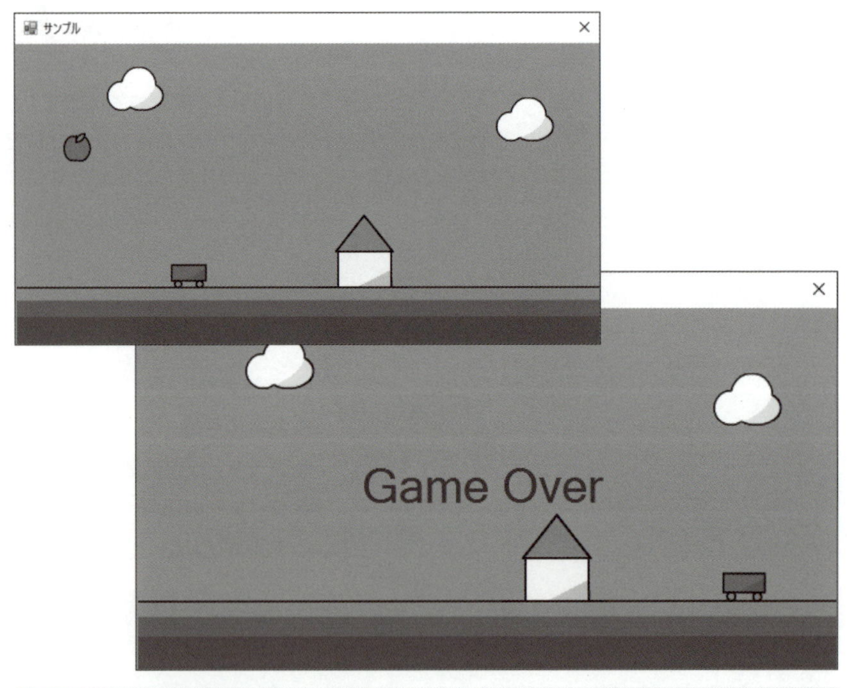

図9-1 ゲームへの応用
画像・数学関連の技術などをゲームに生かすことができます。

乱数を活用する

まずゲームの中では、ランダムな状況をあらわすために乱数を使うことがよくあります。特にサイコロやトランプなどを使ったゲームでは、乱数を利用する場面は多くなるでしょう。

そこでここでは、トランプを利用したゲームを作成してみましょう。

Sample1.cs ▶ 乱数を使ったゲーム

```
using System;
using System.Windows.Forms;
using System.Drawing;

class Sample1 : Form
{
    private TableLayoutPanel tlp;
    private RadioButton[] rb = new RadioButton[4];
    private Image cim;
    private Image[] mim = new Image[4];
    private PictureBox pb;
    private Label lb;
    private int num;          // カードのマークをあらわします
    private bool isOpen;      // カードの表裏をあらわします

    public static void Main()
    {
        Application.Run(new Sample1());
    }
    public Sample1()
    {
        this.Text = "サンプル";
        this.Width = 650; this.Height = 450;

        tlp = new TableLayoutPanel();
        tlp.Dock = DockStyle.Fill;
        tlp.ColumnCount = 4;
        tlp.RowCount = 2;

        for (int i = 0; i < rb.Length; i++)
        {
            mim[i] = Image.FromFile("c:¥¥mark" + i + ".bmp");
            rb[i] = new RadioButton();
```

```
            rb[i].Image = mim[i];
            rb[i].AutoSize= true;
            rb[i].Parent = tlp;
        }

        cim = Image.FromFile("c:¥¥card.bmp");
        pb = new PictureBox();
        pb.Image = cim;
        pb.SizeMode = PictureBoxSizeMode.AutoSize;
        pb.Anchor = AnchorStyles.Right;
        pb.Parent = tlp;

        lb = new Label();
        lb.Font = new Font("SansSerif", 50, FontStyle.Bold);
        lb.AutoSize = true;
        lb.Anchor = AnchorStyles.None;
        lb.Parent = tlp;

        tlp.SetColumnSpan(pb, 2);
        tlp.SetColumnSpan(lb, 2);

        tlp.Parent = this;

        isOpen = false;
        Random rn = new Random();        ● カードのマークをランダムに決めます
        num = rn.Next(4);

        pb.Click += new EventHandler(pb_Click);
    }
    public void pb_Click(Object sender, EventArgs e)  ● カードをクリックしたとき・・・
    {
        if (isOpen == false)   ● カードが裏であれば・・・
        {
            isOpen = true;   ● カードを表にします
            pb.Image = mim[num];

            if (rb[num].Checked == true)        ┐
            {                                   │
                lb.ForeColor = Color.DeepPink;  ├ あたりの場合の処理です
                lb.Text = "HIT!";               │
            }                                   ┘
            else                                ┐
            {                                   │
                lb.ForeColor = Color.SlateBlue; ├ はずれの場合の処理です
                lb.Text = "MISS!";              │
            }                                   ┘
```

```
            }
            else
            {
                isOpen = false;
                lb.Text = "";
                pb.Image = cim;

                Random rn = new Random();
                num = rn.Next(4);
            }
        }
    }
```

カードが表であれば・・・

カードを裏にして・・・

次のマークをランダムに決めます

Sample1の実行画面

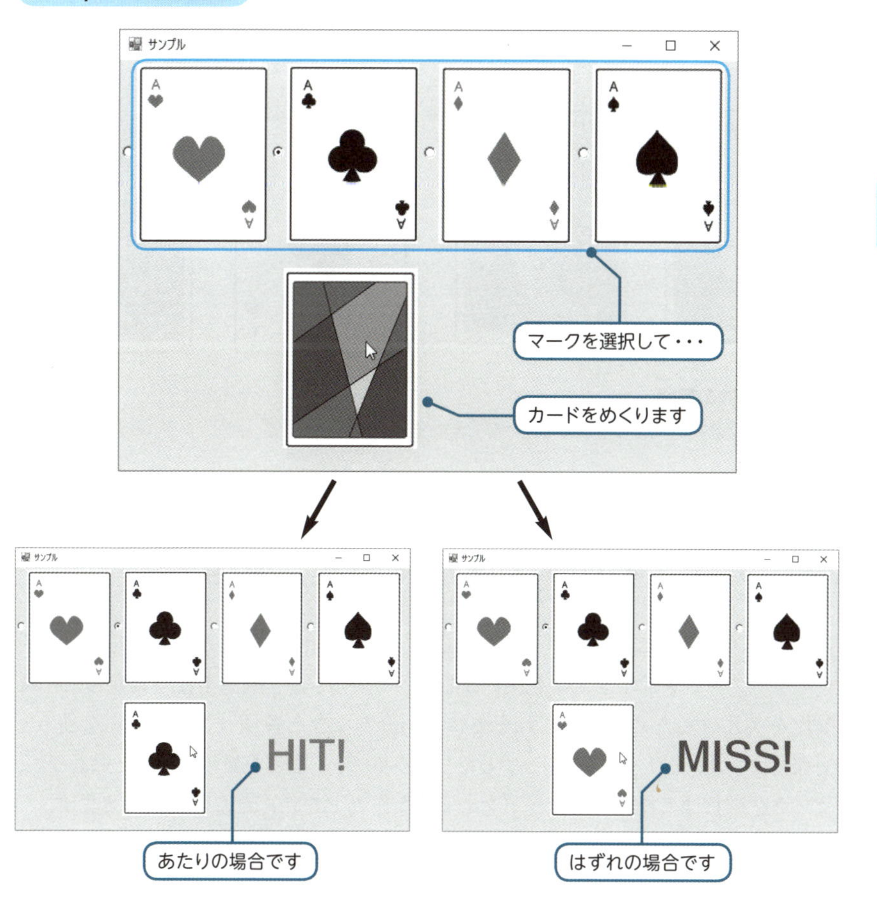

このゲームは、トランプのカードの裏面をあらわす「card.bmp」と、カードの表面をあらわす4枚の画像「mark0.bmp」～「mark3.bmp」を用意し、cドライブの下に配置してから実行します。4枚の画像は4つのラジオボタンと対応しています。

ゲームでは、4枚のカードの中から1枚を選択します。裏にされているカードをめくったとき、めくったカードのマークと、選択したマークが一致すれば「HIT!」(あたり)、一致しなければ「MISS!」(はずれ) が表示されるようにしています。

このゲームでは、カードをめくったときに、4種類のマークがランダムに出るように乱数を利用しています。

このように、運に左右されるゲームでは乱数を利用することがよくあります。また、こうしたカードゲーム以外にも、ゲーム中ではランダムに発生するさまざまな状況があります。アクションゲームで発生するさまざまな敵キャラクターや、ロールプレイングゲームであらわれるアイテムなどはランダムで発生します。こうしたゲームの状況をあらわすには、乱数を利用すると便利です。

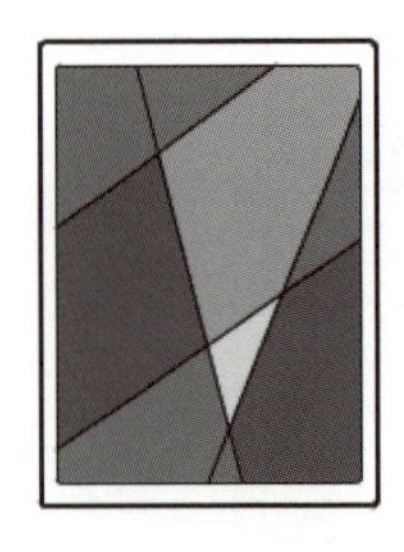

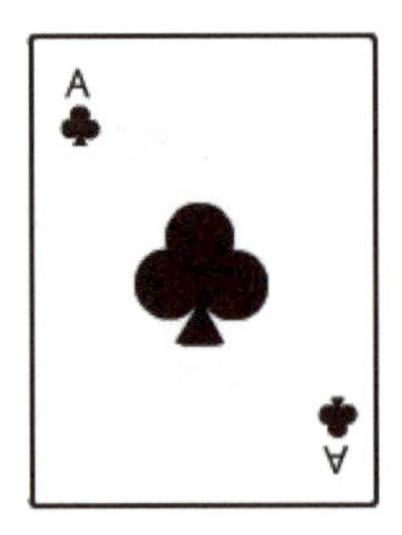

図9-2 乱数の活用
乱数をゲームに生かすことができます。

グラフィック・タイマーを活用する

トランプを使ったカードゲームでは、ゲーム中の画像を表示するために、ピクチャボックスやラジオボタンを使いました。このように、画像を使ったかんたんな操作を実現するためには、これまでにも紹介してきた各種コントロールを使うと便利です。コントロールをクリックしたときのイベントなどを処理することによって、マークを選択する操作や、カードをめくる操作などをかんたんに実現できます。

ただし、ゲームのようなアプリケーションでは、さらに高度なグラフィックの描画が求められる場合があります。このときには第8章で紹介したグラフィック機能を利用することになります。また、タイマーを使用した高速なアニメーション処理も必要となるでしょう。そこで今度は、グラフィック・タイマーを利用したコードを作成してみることにしましょう。

Sample2.cs ▶ グラフィック・タイマーの利用

```
using System;
using System.Windows.Forms;
using System.Drawing;

class Sample2 : Form
{
    private int t;                                    // 経過時間をあらわします

    public static void Main()
    {
        Application.Run(new Sample2());
    }
    public Sample2()
    {
        this.Text = "サンプル";
        this.ClientSize = new Size(200, 200);
        this.DoubleBuffered = true;

        t = 0;

        Timer tm = new Timer();
        tm.Interval = 100;
        tm.Start();

        this.Paint += new PaintEventHandler(fm_Paint);
        tm.Tick += new EventHandler(tm_Tick);
    }
    public void fm_Paint(Object sender, PaintEventArgs e)
    {
        Graphics g = e.Graphics;

        int w = this.ClientSize.Width;
        int h = this.ClientSize.Height;

        g.FillEllipse(new SolidBrush(Color.DeepPink),   // 未経過時間を楕円で描画します
            0, 0, w, h);
```

Lesson 9

```
        g.FillPie(new SolidBrush(Color.DarkOrchid),
            0, 0, w, h, -90, (float)0.6*t);

        g.FillEllipse(new SolidBrush(Color.Bisque),
            (int)w/4, (int)h/4, (int)w/2, (int)h/2);

        string time = t / 10 + ":" + "0" + t % 10;

        Font f = new Font("Courier", 20);
        SizeF ts = g.MeasureString(time, f);

        float tx = (w - ts.Width) / 2;
        float ty = (h - ts.Height) / 2;

        g.DrawString(time, f, new SolidBrush(Color.Black),
            tx, ty);
    }
    public void tm_Tick(Object sender, EventArgs e)
    {
        t = t + 1;
        if (t > 600)
            t = 0;

        this.Invalidate();
    }
}
```

経過時間分を円弧で描画します

中心部分を楕円で描画します

経過時間を表す文字列について・・・

指定フォントで表示した場合のサイズを調べます

中央を調べます

1分間経過後に・・・

最初に戻ります

Sample2の実行画面

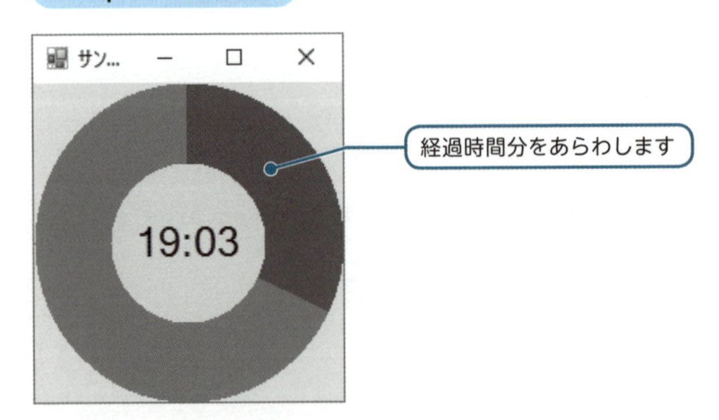

ここでは1分間を計測するグラフィックを描画しています。1分間の時間（未経過時間）をあらわす円の上に、経過時間を円弧で描画しています。円弧の角度を、経過時間をあらわすtを使って指定しています。

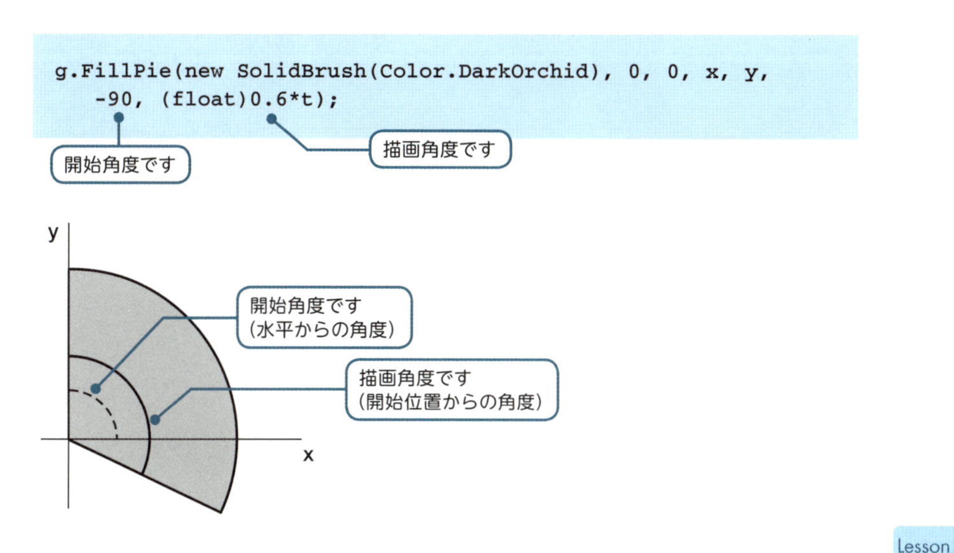

また、経過時間をあらわす文字列について、指定したフォントで表示した場合の文字列の幅を調べ、文字列の長さを含めて正確に中央に描画するようにしています。

こうした高度なグラフィック・タイマー処理は、ゲームを開発する際には欠かせないものとなるでしょう。時間の計測もゲームではよく行われる処理となっています。

Sample2の関連クラス

クラス	説明
System.Drawing.Graphicsクラス	
void FillPie(Brush b, float x, float y, float w, float h, float s, float d)メソッド	指定ブラシ・座標・幅・高さ・開始角度・描画角度で描画する
SizeF MeasureString(String s, Font f)メソッド	指定した文字列を指定したフォントで描画したときのサイズを得る

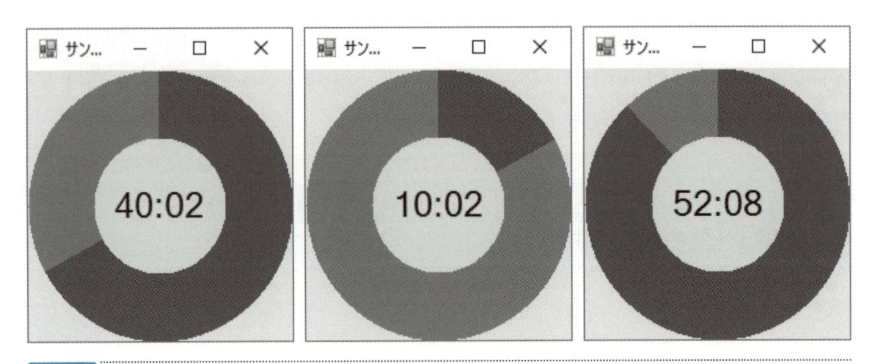

図9-3 **グラフィック・タイマーの活用**
グラフィックやタイマーをゲームに生かすことができます。

9.2 ゲームとアルゴリズム

物体を動かすアルゴリズム

ゲームでは、キャラクターなどのさまざまな物体を描画して動かすことがあります。このとき、物体のさまざまな運動をコードとして再現することになります。

たとえば、等速運動をする物体をあらわすことがあります。また、重力によって自由落下運動をする物体をあらわすことがあります。ゲームを開発する際には、こうした各種の動きをコードとしてあらわす必要があります。

プログラム中の各種の処理は、アルゴリズム（algorithm）と呼ばれることがあります。ゲームでは物体の運動などについてのさまざまなアルゴリズムを検討する必要があるのです。

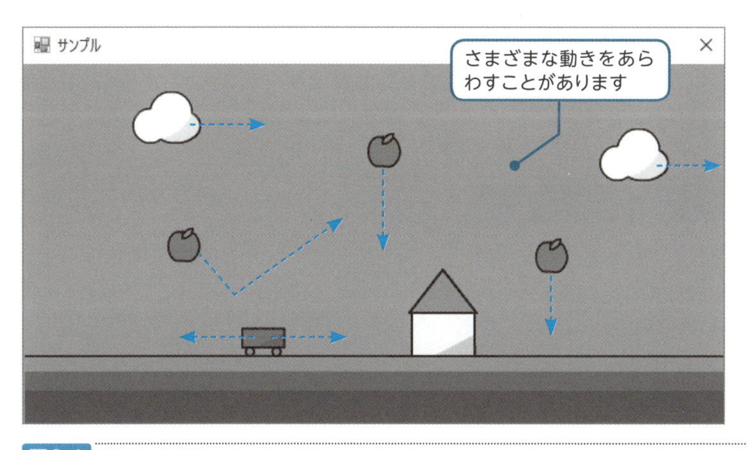

図9-4 **物体の運動**
物体のさまざまな運動をあらわすことがあります。

ここでは物体を投てきする動き（斜方投射）について考えてみましょう。水平方向・鉛直方向ごとの単位時間あたりの移動距離（速度）を物理法則にもとづいて求めると、次のようになります。

タイマーイベントが起こるたびに、この移動距離を物体の現在位置をあらわす座標に加えて描画することで、物体の運動をあらわすことができます。

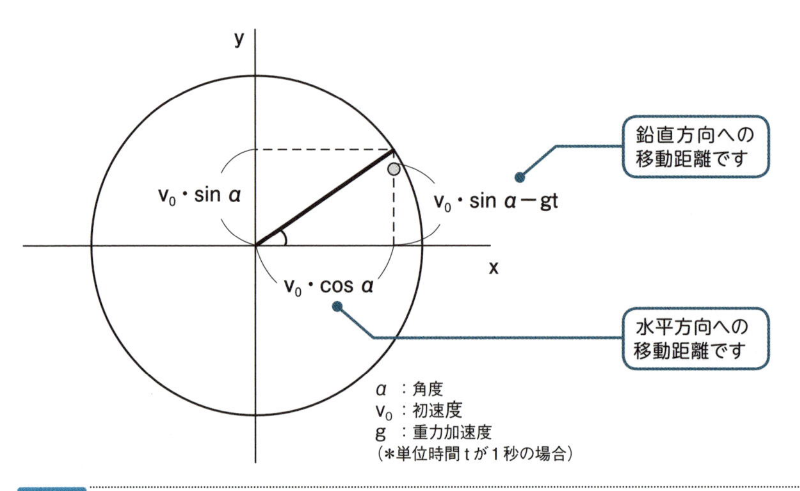

図9-5 物体の移動（斜方投射の場合）

「sky.bmp」という600×300ピクセルの背景画像を作成して、cドライブの下に保存しましょう。初速度を80、角度を1/3π、重力加速度を9.8とした場合の物体の動きをあらわしてみます。

Sample3.cs ▶ キャラクターの動き

```
using System;
using System.Windows.Forms;
using System.Drawing;

class Sample3 : Form
{
    private Ball bl;
    private Image im;
    private int dx, dy;
    private int t;

    public static void Main()
    {
```

```
        Application.Run(new Sample3());
    }
    public Sample3()
    {
        this.Text = "サンプル";
        this.ClientSize = new Size(600, 300);
        this.DoubleBuffered = true;

        im = Image.FromFile("c:¥¥sky.bmp");
        bl = new Ball();

        Point p = new Point(0, 300);
        Color c = Color.White;
        dx = 0;
        dy = 0;
        t = 0;

        bl.Point = p;
        bl.Color = c;

        Timer tm = new Timer();
        tm.Interval = 100;
        tm.Start();

        this.Paint += new PaintEventHandler(fm_Paint);
        tm.Tick += new EventHandler(tm_Tick);
    }
    public void fm_Paint(Object sender, PaintEventArgs e)
    {
        Graphics g = e.Graphics;

        g.DrawImage(im, 0, 0, im.Width, im.Height);

        Point p = bl.Point;
        Color c = bl.Color;
        SolidBrush br = new SolidBrush(c);

        g.FillEllipse(br, p.X, p.Y, 10, 10);
    }
    public void tm_Tick(Object sender, EventArgs e)
    {
        Point p = bl.Point;

        t++;

        if (p.X > this.ClientSize.Width)
```

```
        {
            dx = 0;
            dy = 0;
            t = 0;
            p.X = 0;
            p.Y = 300;
        }
        dx = (int)(80 * Math.Cos(Math.PI / 3));
        dy = (int)(80 * Math.Sin(Math.PI / 3) - 9.8 * t);

        p.X = p.X + dx;
        p.Y = p.Y - dy;

        bl.Point = p;
        this.Invalidate();
    }
}
class Ball
{
    public Color Color;
    public Point Point;
}
```

❶単位時間あたりの水平方向の移動距離です

❷単位時間あたりの鉛直方向の移動距離です

❸物体の位置を移動します

Sample3の実行画面

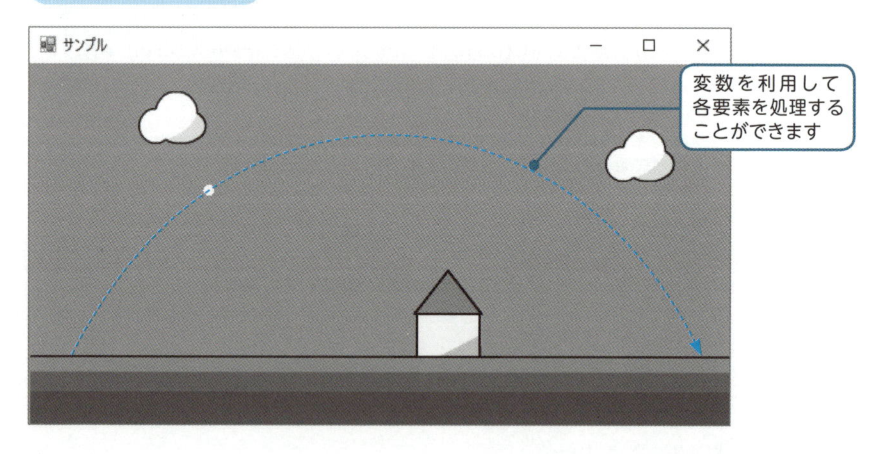

ここでは水平方向への移動距離（❶）と、鉛直方向への移動距離（❷）を計算しています。タイマーイベントがおこるたびに、現在の座標にこの移動距離を

加えて、新しい座標を計算しています。

移動距離の計算式を変更することで、さまざまな物体の動きをあらわすことができるでしょう。

Sample3の関連クラス

クラス	説明
System.Mathクラス	
const double PIフィールド	πの値をあらわす
static double Sin (double d)メソッド	指定角度のサイン値を得る
static double Cos (double d)メソッド	指定角度のコサイン値を得る

さまざまな物理法則

ここでみた投射運動のほかにも、アクションゲームなどでは、直線・回転運動などの基本的な運動や、自由落下・投射などの動きを表現することがあります。また、物体の衝突・摩擦などのさまざまな現象を表現することもあるでしょう。こうした各種物体の運動については、よく知られている物理法則を参照するとよいでしょう。

ゲームを進行するアルゴリズム

この章の最後に、かんたんなゲームを作成しておきましょう。背景・キャラクターの画像（sky.bmp、apple.png、cart.png）を用意して、cドライブの下に配置します。なお、キャラクターは透過PNG画像として作成します。

Sample4.cs ▶ ゲーム

```
using System;
using System.Windows.Forms;
using System.Drawing;

class Sample4 : Form
```

```
{
    private Ball bl;
    private Cart ct;
    private Image im;
    private int dx, dy;
    private bool isOver;
    private bool isIn;

    public static void Main()
    {
        Application.Run(new Sample4());
    }
    public Sample4()
    {
        this.Text = "サンプル";
        this.ClientSize = new Size(600, 300);
        this.DoubleBuffered = true;
        this.FormBorderStyle = FormBorderStyle.FixedSingle;
        this.MaximizeBox = false;
        this.MinimizeBox = false;

        im = Image.FromFile("c:¥¥sky.bmp");

        isOver = false;
        isIn = false;

        bl = new Ball();

        Point blp = new Point(0, 0);
        Image bim = Image.FromFile("c:¥¥apple.png");

        bl.Point = blp;
        bl.Image = bim;

        dx = 4;
        dy = 4;

        ct = new Cart();

        Point ctp = new Point(this.ClientSize.Width/2,
                              this.ClientSize.Height-80);
        Image cim = Image.FromFile("c:¥¥cart.png");

        ct.Point = ctp;
        ct.Image = cim;
```

フォームのサイズを変更できないようにします

```
        Timer tm = new Timer();
        tm.Interval = 100;
        tm.Start();

        this.Paint += new PaintEventHandler(fm_Paint);
        tm.Tick += new EventHandler(tm_Tick);

        this.KeyDown += new KeyEventHandler(fm_KeyDown);
    }
    public void fm_Paint(Object sender, PaintEventArgs e)
    {
        Graphics g = e.Graphics;

        g.DrawImage(im, 0, 0, im.Width, im.Height);   // 背景の描画です

        Point blp = bl.Point;
        Image bim = bl.Image;
                                                      // りんごの描画です
        g.DrawImage(bl.Image, blp.X, blp.Y, bim.Width,
            bim.Height);

        Point ctp = ct.Point;
        Image cim = ct.Image;                         // カートの描画です
        g.DrawImage(ct.Image, ctp.X, ctp.Y, cim.Width,
            cim.Height);

        if (isOver == true)                           // ゲームオーバー時の描画です
        {
            Font f = new Font("SansSerif", 30);
            SizeF s = g.MeasureString("Game Over", f);

            float cx = (this.ClientSize.Width - s.Width) / 2;
            float cy =
                (this.ClientSize.Height - s.Height) / 2;

            g.DrawString("Game Over", f,
                new SolidBrush(Color.Blue), cx, cy);
        }
    }
    public void tm_Tick(Object sender, EventArgs e)
    {
        Point blp = bl.Point;
        Point ctp = ct.Point;

        Image bim = bl.Image;
        Image cim = ct.Image;
```

```
        if (blp.X < 0 ||
            blp.X > this.ClientSize.Width - bim.Width)
            dx = -dx;
        if (blp.Y < 0) dy = -dy;
        if ((isIn == false) && (blp.X > ctp.X - bim.Width
            && blp.X < ctp.X + cim.Width)
            && (blp.Y > ctp.Y - bim.Height
            && blp.Y < ctp.Y - bim.Height/2))
        {
            isIn = true;
            dy = -dy;
        }
        if(blp.Y < ctp.Y - bim.Height)
        {
            isIn = false;
        }
        if (blp.Y > this.ClientSize.Height)
        {
            isOver = true;
            Timer t = (Timer)sender;
            t.Stop();
        }

        blp.X = blp.X + dx;
        blp.Y = blp.Y + dy;

        bl.Point = blp;

        this.Invalidate();
    }
    public void fm_KeyDown(Object sender, KeyEventArgs e)
    {
        Point ctp = ct.Point;
        Image cim = ct.Image;

        if (e.KeyCode == Keys.Right)
        {
            ctp.X = ctp.X+2;
            if (ctp.X > this.ClientSize.Width-cim.Width)
                ctp.X = this.ClientSize.Width-cim.Width;
        }
        else if (e.KeyCode == Keys.Left)
        {
            ctp.X = ctp.X-2;
            if (ctp.X < 0)
```

❶左右の壁にあたった場合に反射します

❷上の壁にあたった場合に反射します

❸isInがfalseで、かつカートにあたった場合に反射します

❹連続してカートに反射しないようにisInをtrueにしておきます

ゲームオーバー時にタイマーを停止します

→キーを押したときの処理です

←キーを押したときの処理です

```
                ctp.X = 0;
            }
            ct.Point = ctp;
            this.Invalidate();
        }
}

class Ball
{
    public Image Image;
    public Point Point;
}
class Cart
{
    public Image Image;
    public Point Point;
}
```

Sample4の実行画面

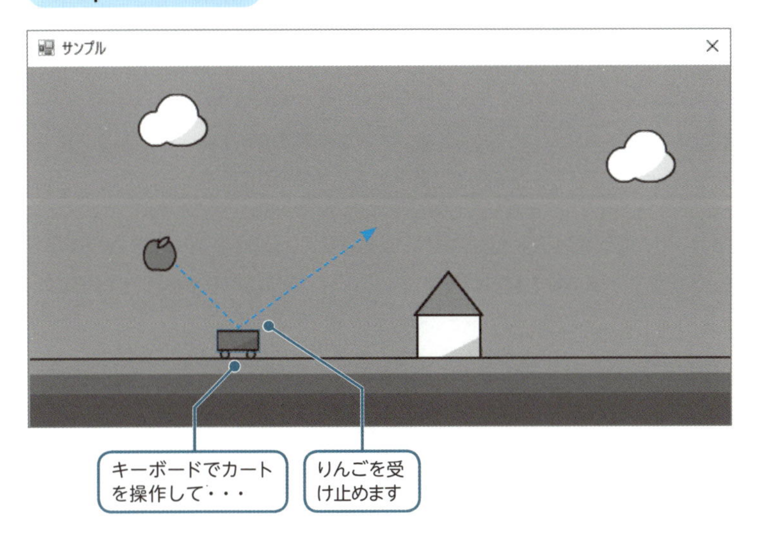

このゲームでは、第8章で作成した、壁にあたると反射する物体の動きをもとに作成しています。

ただしここでは、キーボードでカートを操作して、りんごを受け止めるゲームとしています。

りんごが壁（❶・❷）またはカート（❸）にあたったかどうかを判断して、反射するようにします。また、カートにあたったときには、りんごが連続して反射を繰り返さないようにしています（❹）。

受け止めに失敗した場合には、中央に「Game Over」の文字を表示してタイマーを停止します。

なおここでは、カート上で反射したかを判断するためにisIn、ゲームが終了したかを判断するためにisOverという名前の変数を用意して使っています。

こうしたゲーム上の各種の状況をあらわす変数は**フラグ**（flag）と呼ばれ、通常、trueまたはfalseを格納するbool型の値などであらわされます。ゲームでは進行状況などを管理・判断するためにこうしたフラグを利用して条件判断をすることがよくあります。

このようにゲームでは、ゲームの進行を管理する手順（アルゴリズム）も検討することになります。

Sample4の関連クラス

クラス	説明
System.Windows.Forms.Formクラス	
FormBorderStyleプロパティ	ボーダースタイルを設定する
MaximizeBoxプロパティ	最大化ボタンを設定する
MinimizeBoxプロパティ	最小化ボタンを設定する

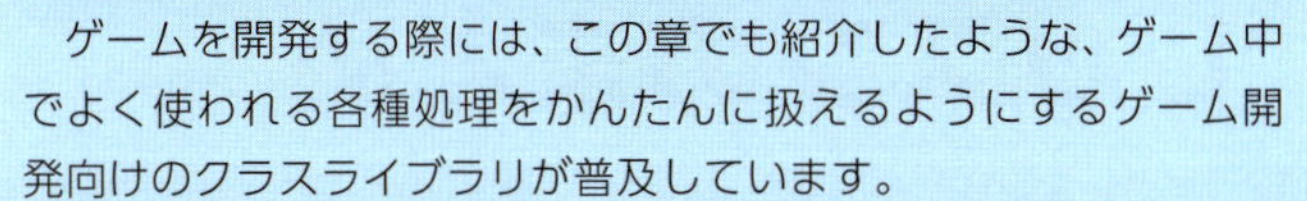

ゲーム開発のためのクラスライブラリ

ゲームを開発する際には、この章でも紹介したような、ゲーム中でよく使われる各種処理をかんたんに扱えるようにするゲーム開発向けのクラスライブラリが普及しています。

たとえば、ゲーム開発でよく利用されているUnityは、C#から利用できるゲーム開発用ライブラリを提供しており、Visual Studioでも取り扱うことができます。

ゲーム開発の際には、目的や環境に応じて、こうした便利なライブラリを活用していくとよいでしょう。

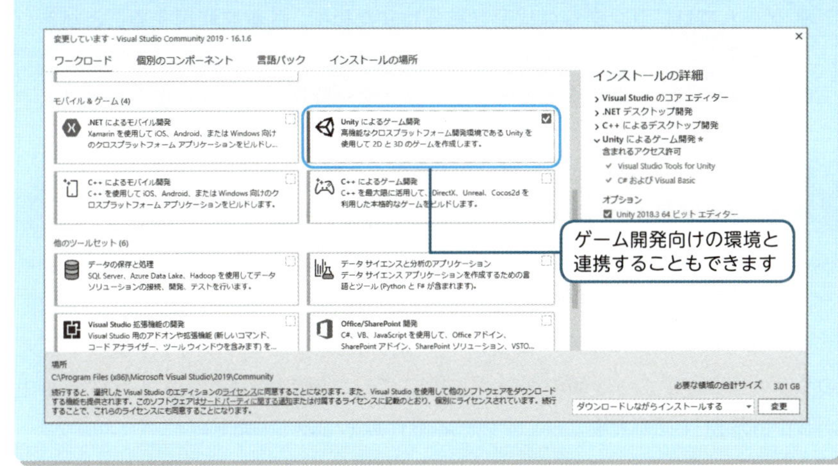

9.3 レッスンのまとめ

この章では、次のようなことを学びました。

- ゲームでは、ランダムな状況をあらわすために、乱数を利用することがあります。
- ゲームでは、高度なグラフィックやタイマー機能を利用することがあります。
- ゲームでは、物体の動きをコード上であらわすことがあります。
- ゲームの進行をフラグなどで管理することがあります。

この章ではゲームに生かす技術について学びました。グラフィックや数学関連のクラスはさまざまな種類のゲームに役立てることができます。学んだ技術を生かし、自分独自の工夫をこらしたゲームを作成してみてください。

練習

1. Sample2のプログラムについて、描画する図形を四角形としたプログラムを作成してください。

2. Sample3のプログラムについて、初速度を速く（90）、角度を低く（1/4 π）投射するプログラムを作成してください。

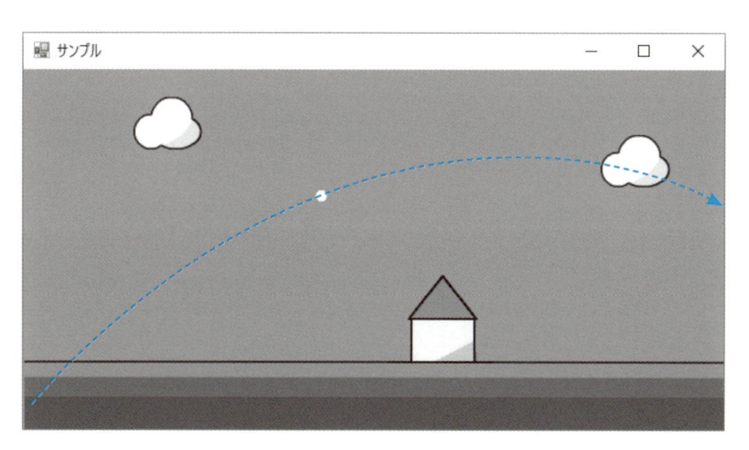

ファイル

プログラムの中では、さまざまなデータを扱うことがあります。データを保存するためにファイルを利用することができます。この章ではファイルを扱うクラスを学ぶことにしましょう。ファイルに関する情報を調べたり、アプリケーションに関するデータをファイルに読み書きすることができます。

Check Point!

- ファイル情報
- テキストファイル
- バイナリファイル
- XMLファイル

10.1 ファイル情報

ファイルを扱うプログラムを作成する

データを長期間保存するときには、ファイルを利用することがあります。この章ではファイルを扱うプログラムを作成していくことにしましょう。クラスライブラリによって、ファイルをかんたんに扱うことができます。ファイルに関する情報を調べたり、ファイルの読み書きができるようになっています。

ファイルに関する機能は、System.IO名前空間に含まれています。1つずつみていくことにしましょう。

ファイルを選択する

ではまず最初に、

ファイルに関する各種の情報を調べる

というプログラムを作成してみます。

Sample1.cs ▶ ファイル情報を扱う

```
using System;
using System.Windows.Forms;
using System.IO;

class Sample1 : Form
{
    private Button bt;
    private Label[] lb = new Label[3];

    [STAThread]
```

```
    public static void Main()
    {
        Application.Run(new Sample1());
    }
    public Sample1()
    {
        this.Text = "サンプル";
        this.Width = 300; this.Height = 200;

        for (int i = 0; i < lb.Length; i++)
        {
            lb[i] = new Label();
            lb[i].Top = i * lb[0].Height;
            lb[i].Width = 300;
        }

        bt = new Button();
        bt.Text = "表示";
        bt.Dock = DockStyle.Bottom;

        bt.Parent = this;

        for (int i = 0; i < lb.Length; i++)
        {
            lb[i].Parent = this;
        }

        bt.Click += new EventHandler(bt_Click);
    }
    public void bt_Click(Object sender, EventArgs e)
    {
        OpenFileDialog ofd = new OpenFileDialog();

        if (ofd.ShowDialog() == DialogResult.OK)
        {
            FileInfo fi = new FileInfo(ofd.FileName);
            lb[0].Text = "ファイル名は" + ofd.FileName + "です。";
            lb[1].Text = "絶対パスは"
                + Path.GetFullPath(ofd.FileName) + "です。";
            lb[2].Text = "サイズは"
                + Convert.ToString(fi.Length) + "です。";
        }
    }
}
```

❶ファイルを開くダイアログボックスを作成します

❷ダイアログボックスを表示し、「開く」ボタンを押したか調べます

❸ファイル名を取得します

❹ファイルの絶対パスを取得します

❺ファイルのデータサイズを取得します

Lesson 10

Sample1の実行画面

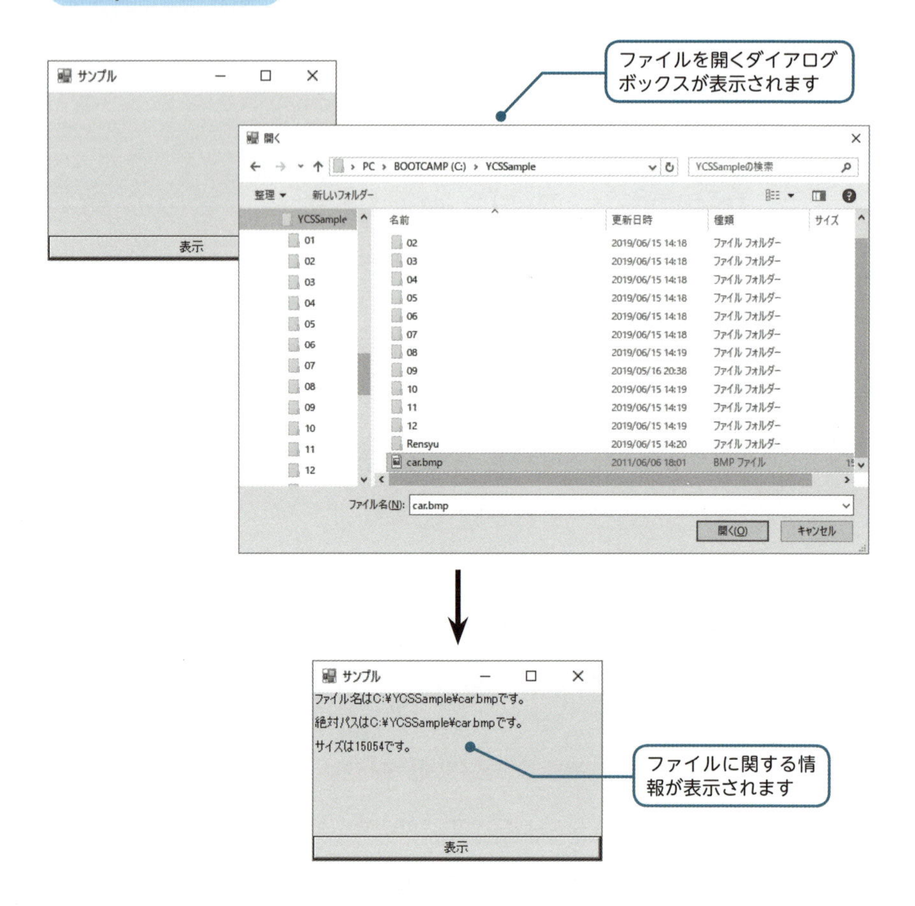

ここではユーザーにファイルを選択させるために、ファイルを開くダイアログボックス（OpenFileDialog）を使っています（❶）。

プログラムを実行し、ユーザーが「表示」ボタンをクリックすると、ファイルを開くダイアログボックスが表示され、ダイアログボックス上の「開く」ボタンがクリックされるかを調べます（❷）。「開く」ボタンがクリックされたら、ユーザーが選択したファイル名を取得します（❸）。そのファイルから、ファイル情報を取得・表示しているのです（❹・❺）。ここでは、ファイル名・ファイルの場所（絶対パス）・ファイルサイズについて調べています。

ファイル情報を取得できる。
ファイルを開くダイアログボックスを使うことができる。

Sample1の関連クラス

クラス	説明
System.IO.OpenFileDialogクラス	
OpenFileDialog()コンストラクタ	ファイルを開くダイアログボックスを作成する
DialogResult ShowDialog()メソッド	ダイアログボックスを表示する
FileNameプロパティ	選択されたファイル名を取得する
System.IO.FileInfoクラス	
FileInfo(string str)コンストラクタ	指定されたファイル名からファイル情報を作成する
Lengthプロパティ	ファイルサイズを取得する
System.IO.Pathクラス	
static string GetFullPathInfo(string str)メソッド	指定されたファイル名からフルパス情報を得る

STAThread属性

この章では、Main()メソッドの前に[STAThread]属性を指定しています。属性はコードに情報を埋め込むしくみで、ファイルダイアログボックスを使用する際などにこの指定が必要になります。

10.2 テキストファイル

テキストファイルを読み書きする

前の節ではファイルに関する情報を扱いました。この節ではさらに、

ファイルの内容を読み書きする

方法について学びましょう。

最初に、テキストファイル（textfile）を扱ってみることにします。テキストファイルは、テキストエディタで読み書きできるファイルです。次のコードを入力してみてください。

Sample2.cs ▶ テキストファイルを読み書きする

```
using System;
using System.Windows.Forms;
using System.IO;

class Sample2 : Form
{
    private TextBox tb;
    private Button bt1, bt2;
    private FlowLayoutPanel flp;

    [STAThread]
    public static void Main()
    {
        Application.Run(new Sample2());
    }
    public Sample2()
    {
        this.Text = "サンプル";

        tb = new TextBox();
```

```
        tb.Multiline = true;
        tb.Width = this.Width; tb.Height = this.Height - 100;
        tb.Dock = DockStyle.Top;

        bt1 = new Button();
        bt2 = new Button();
        bt1.Text = "読込";
        bt2.Text = "保存";

        flp = new FlowLayoutPanel();
        flp.Dock = DockStyle.Bottom;

        bt1.Parent = flp;
        bt2.Parent = flp;
        flp.Parent = this;
        tb.Parent = this;

        bt1.Click += new EventHandler(bt_Click);
        bt2.Click += new EventHandler(bt_Click);
    }
    public void bt_Click(Object sender, EventArgs e)
    {
        if (sender == bt1)
        {
            OpenFileDialog ofd = new OpenFileDialog();
            ofd.Filter = "テキストファイル|*.txt";

            if (ofd.ShowDialog() == DialogResult.OK)
            {
                StreamReader sr =
                    new StreamReader(ofd.FileName,
                    System.Text.Encoding.Default);
                tb.Text = sr.ReadToEnd();
                sr.Close();
            }
        }
        else if (sender == bt2)
        {
            SaveFileDialog sfd = new SaveFileDialog();
            sfd.Filter = "テキストファイル|*.txt";

            if (sfd.ShowDialog() == DialogResult.OK)
            {
                StreamWriter sw =
                    new StreamWriter(sfd.FileName);
                sw.WriteLine(tb.Text);
```

ファイルフィルタを使います

ストリームを作成します

文字ストリームから読み込みます

ストリームを閉じます

ストリームを作成します

文字ストリームに書き出します

Lesson 10

```
                    sw.Close();
                }
            }
        }
    }
```

ストリームを閉じます

Sample2の実行画面

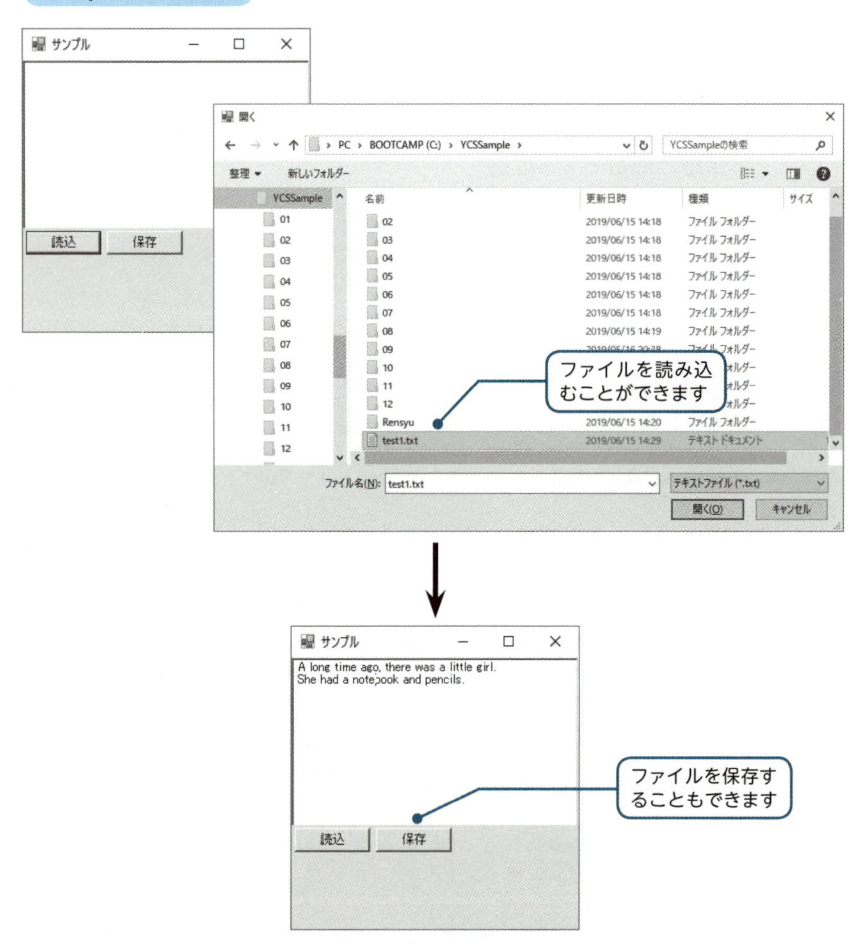

テキストファイルを読み書きするには、**文字ストリーム**（character stream）と呼ばれるしくみを使います。文字ストリームはStreamReader・StreamWriterクラ

スとしてまとめられています。そこで、ここではこれらのクラスを使ってコードを作成しました。ストリームを使って読み書きするには次の作業が必要です。

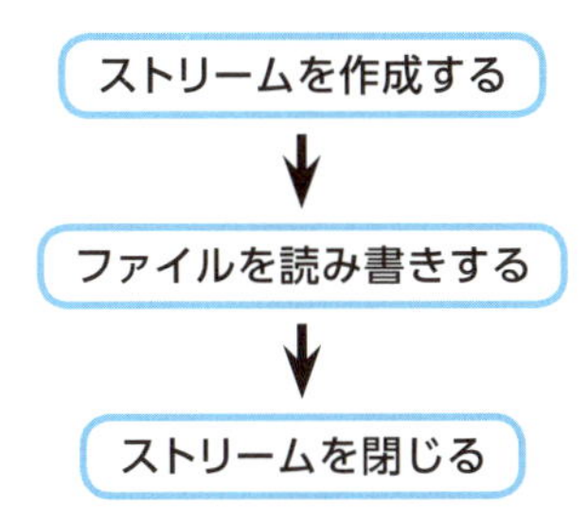

なお、このサンプルのファイルを開くダイアログボックスにはフィルタを設定しました。フィルタは、ダイアログボックス上に表示されるファイルの種類を制限する機能をもっています。ここでは「.txt」という拡張子がついたファイルだけが表示されるようにしています。

このプログラムを使って作成したファイルは、メモ帳などのテキストエディタで読み書きすることができますので、たしかめてみるとよいでしょう。

テキストファイルを読み書きできる。

Sample2の関連クラス

クラス	説明
System.IO.OpenFileDialogクラス	
Filterプロパティ	ファイル名フィルタを設定・取得する
System.IO.StreamReaderクラス	
StreamReader(string str, string ec)コンストラクタ	指定ファイル・エンコーディングで文字入力ストリームを作成する
string ReadToEnd()メソッド	末尾まで読み込む
void Close()メソッド	ストリームを閉じる
System.IO.StreamWriterクラス	
StreamWriter(string str)コンストラクタ	指定ファイルで文字出力ストリームを作成する
void WriteLine(string str)メソッド	指定した文字列に書き出す

クラス	説明
void Close()メソッド	ストリームを閉じる
System.IO.SaveFileDialogクラス	
SaveFileDialog()コンストラクタ	名前をつけて保存ファイルダイアログボックスを作成する
DialogResult ShowDialog()メソッド	名前をつけて保存ファイルダイアログボックスを表示する

ストリーム

ストリームはデータの流れを意味し、ファイルなどのさまざまなデータを統一的に扱えるようにする概念です。

なお、ストリームを実際に扱う場合には、プログラムを実行する際に起こるエラーに注意して記述する必要があります。ファイルが存在しなかったり、読み書きの途中でエラーが起こる場合があるからです。また、エラーなどによってプログラムが正しく終了しなかったとしても、オープンしたファイルは必ずクローズされる必要があります。

これらプログラムの実行時に発生するエラーを処理する場合には、次章で紹介する例外処理を使います。実践の場でのファイルの扱い方に注意しておくことが必要です。

10.3 バイナリファイル

バイナリファイルを読み書きする

テキストファイルは、たいへん扱いやすいファイルとなっています。しかし、ファイルの内容によっては、ファイルサイズが大きくなったり、読み書きに時間がかかってしまうことがあります。

このようなとき、**バイナリファイル**（binary file）を扱うと便利です。バイナリファイルは、コンピュータ内部で扱われる形式のままにデータを扱うファイルです。さっそくコードを作成してみることにしましょう。

Sample3.cs ▶ バイナリファイルを読み書きする

```
using System;
using System.Windows.Forms;
using System.IO;

class Sample3 : Form
{
    private TextBox[] tb = new TextBox[5];
    private Button bt1, bt2;
    private FlowLayoutPanel flp;

    [STAThread]
    public static void Main()
    {
        Application.Run(new Sample3());
    }
    public Sample3()
    {
        this.Text = "サンプル";
        this.Width = 250; this.Height = 200;

        for (int i = 0; i < tb.Length; i++)
        {
```

```
            tb[i] = new TextBox();
            tb[i].Width = 30; tb[i].Height = 30;
            tb[i].Top = 0; tb[i].Left = i * tb[i].Width;
            tb[i].Text = Convert.ToString(i);
        }

        bt1 = new Button();
        bt2 = new Button();
        bt1.Text = "読込";
        bt2.Text = "保存";

        flp = new FlowLayoutPanel();
        flp.Dock = DockStyle.Bottom;

        bt1.Parent = flp;
        bt2.Parent = flp;
        flp.Parent = this;
        for (int i = 0; i < tb.Length; i++)
        {
            tb[i].Parent = this;
        }

        bt1.Click += new EventHandler(bt_Click);
        bt2.Click += new EventHandler(bt_Click);
    }
    public void bt_Click(Object sender, EventArgs e)
    {
        if (sender == bt1)
        {
            OpenFileDialog ofd = new OpenFileDialog();
            ofd.Filter = "バイナリファイル|*.bin";

            if (ofd.ShowDialog() == DialogResult.OK)
            {
                BinaryReader br =
                    new BinaryReader(new FileStream(
                        ofd.FileName,FileMode.Open,
                        FileAccess.Read));
                for (int i = 0; i < tb.Length; i++)
                {
                    int num = br.ReadInt32();
                    tb[i].Text= Convert.ToString(num);
                }
                br.Close();
            }
        }
```

バイトストリームから読み込みます

```
        else if(sender == bt2)
        {
            SaveFileDialog sfd = new SaveFileDialog();
            sfd.Filter = "バイナリファイル|*.bin";

            if (sfd.ShowDialog() == DialogResult.OK)
            {

                BinaryWriter br =
                    new BinaryWriter(
                        new FileStream(sfd.FileName,
                            FileMode.OpenOrCreate,
                            FileAccess.Write));
                for (int i = 0; i < tb.Length; i++)
                {
                    br.Write(Convert.ToInt32(tb[i].Text));
                }
                br.Close();
            }
        }
    }
}
```

バイトストリームに書き出します

Sample3の実行画面

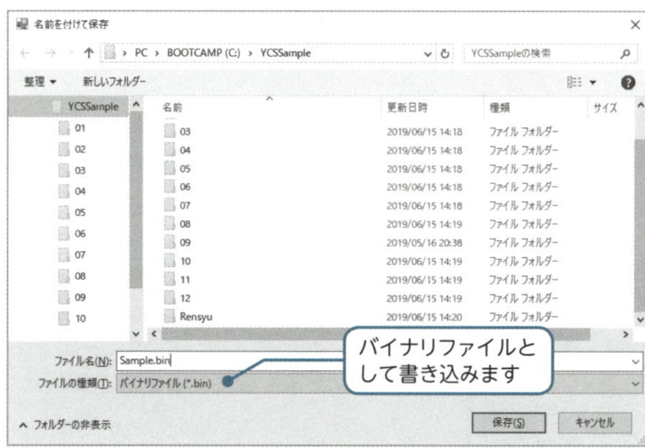

バイナリファイルを扱うには、バイトストリーム（byte stream）と呼ばれるストリームを使います。バイトストリームであるFileStreamを開く際には、ファイルモ

ード・ファイルアクセスを指定します。ファイルモードは次の値を指定します。

表10-1　ファイルモード (System.IO.FileMode列挙体)

ファイルモード	説明
Append	末尾に追加
Open	既存のファイルを開く
OpenOrCreate	既存のファイルを開く、または新規作成
Create	新規作成
CreateNew	新規作成 (ファイルが存在する場合は上書き)
Truncate	既存のファイルを開いて上書き

ファイルアクセスは次の値を指定します。

表10-2　ファイルアクセス (System.IO.FileAccess列挙体)

ファイルアクセス	説明
Read	読み込み
ReadWrite	読み書き
Write	書き込み

バイナリファイルの読み書きにはBinaryReader、BinaryWriterクラスを使います。

ここではデータを整数型のまま読み書きしているので、テキストファイルとして扱うよりも、ファイルサイズが小さくなります。アプリケーションに関するデータをコンパクトなファイルとして保存する際に便利です。ただし、作成したファイルは、通常のテキストエディタで編集することはできません。ファイルを扱う目的にあわせて使い分けるとよいでしょう。

バイナリファイルを読み書きできる。

Sample3の関連クラス

クラス	説明
System.IO.BinaryReaderクラス	
BinaryReader(FileStream fs)コンストラクタ	指定ファイルストリームでバイナリ入力ストリームを作成する
string ReadToEnd()メソッド	末尾まで読み込む
System.IO.BinaryWriterクラス	
BinaryWriter(FileStream fs)コンストラクタ	指定ファイルストリームでバイナリ出力ストリームを作成する
void Write(int i)メソッド	指定したバッファに書き出す
System.IO.FileStreamクラス	
FileStream(string str, FileMode fm, FileAccess fa)コンストラクタ	指定ファイル名・オープンモード・アクセスモードでファイル入出力ストリームを作成する
System.Convertクラス	
static int ToInt32(string str)メソッド	文字列を整数に変換する

10.4 各種ファイルの扱い

画像ファイルを読み書きする

この節では、各種ファイルの読み書きをするプログラムをみていくことにしましょう。

画像ファイルはかんたんに読み書きが可能になっています。

Sample4.cs ▶ 画像ファイルの読み書き

```
using System;
using System.Windows.Forms;
using System.Drawing;
using System.Drawing.Imaging;
using System.IO;

class Sample4 : Form
{
    private Button bt1, bt2;
    private FlowLayoutPanel flp;
    private Bitmap bmp;

    [STAThread]
    public static void Main()
    {
        Application.Run(new Sample4());
    }
    public Sample4()
    {
        this.Text = "サンプル";
        this.Width = 400; this.Height = 300;

        bmp = new Bitmap(400, 300);

        bt1 = new Button();
        bt2 = new Button();
```

```
        bt1.Text = "読込";
        bt2.Text = "保存";

        flp = new FlowLayoutPanel();
        flp.Dock = DockStyle.Bottom;

        bt1.Parent = flp;
        bt2.Parent = flp;
        flp.Parent = this;

        bt1.Click += new EventHandler(bt_Click);
        bt2.Click += new EventHandler(bt_Click);
        this.Paint += new PaintEventHandler(fm_Paint);
    }
    public void bt_Click(Object sender, EventArgs e)
    {
        if (sender == bt1)
        {
            OpenFileDialog ofd = new OpenFileDialog();
            ofd.Filter =
                "ビットマップファイル|*.bmp|JPEGファイル|*.jpg";

            if (ofd.ShowDialog() == DialogResult.OK)
            {
                Image tmp =
                    (Bitmap)Image.FromFile(ofd.FileName);
                bmp = new Bitmap(tmp);
            }
        }
        else if(sender == bt2)
        {
            SaveFileDialog sfd = new SaveFileDialog();
            sfd.Filter =
                "ビットマップファイル|*.bmp|JPEGファイル|*.jpg";

            if (sfd.ShowDialog() == DialogResult.OK)
            {
                if (sfd.FilterIndex == 1)
                {
                    bmp.Save(sfd.FileName, ImageFormat.Bmp);
                }
                else if (sfd.FilterIndex == 2)
                {
                    bmp.Save(sfd.FileName, ImageFormat.Jpeg);
                }
            }
```

画像を読み込みます

1番目のフィルタであるビットマップの処理です

ビットマップで保存します

2番目のフィルタであるJPEGの処理です

JPEGで保存します

```
        }
        this.Invalidate();
    }
    public void fm_Paint(Object sender, PaintEventArgs e)
    {
        Graphics g = e.Graphics;

        g.DrawImage(bmp, 0, 0);
    }
}
```

Sample4の実行画面

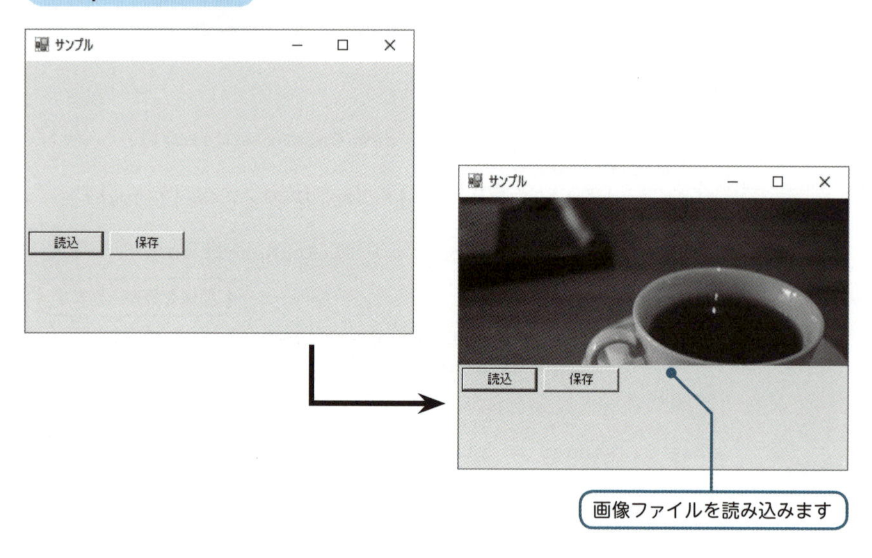

Bitmapクラスの Save()メソッドを使って画像を保存することができます。ImageFormatクラスの静的フィールドを使って画像形式を指定することができます。ここではビットマップ形式（拡張子「.bmp」）・JPEG形式（拡張子「.jpg」）の画像を処理しています。

Sample4の関連クラス

クラス	説明
System.Drawing.Bitmapクラス	
void Save(string fn, ImageFormat f)メソッド	指定ファイルを指定したフォーマットで保存する
System.Drawing.Imaging.ImageFormatクラス	
Bmpフィールド	ビットマップ形式を取得する
Jpegフィールド	JPEG形式を取得する
System.Windows.Forms.SaveFileDialogクラス	
FilterIndexプロパティ	フィルタに表示される列を設定・取得する

テキスト処理を行う

今度はかんたんなテキストエディタプログラムを作成してみましょう。テキストボックスの機能を使うと、カット・コピー・ペースト処理がかんたんにできます。

処理を選択するにあたっては、ツールバー（ToolStrip）を使うことにしましょう。このプログラムを起動するには、ツールバーのボタンに表示する画像としてcドライブの下に「cut.bmp」「copy.bmp」「paste.bmp」が必要です。

Sample5.cs ▶ テキストエディタ

```
using System;
using System.Windows.Forms;
using System.Drawing;
using System.IO;

class Sample5 : Form
{
    private TextBox tb;
    private ToolStrip ts;
    private ToolStripButton[] tsb = new ToolStripButton[3];
    private Button bt1, bt2;
    private FlowLayoutPanel flp;

    [STAThread]
    public static void Main()
    {
```

```
        Application.Run(new Sample5());
    }
    public Sample5()
    {
        this.Text = "サンプル";

        ts = new ToolStrip();
        for (int i = 0; i < tsb.Length; i++)
        {
            tsb[i] = new ToolStripButton();
        }
        tsb[0].Image = Image.FromFile("c:¥¥cut.bmp");
        tsb[1].Image = Image.FromFile("c:¥¥copy.bmp");
        tsb[2].Image = Image.FromFile("c:¥¥paste.bmp");

        tsb[0].ToolTipText = "カット";
        tsb[1].ToolTipText = "コピー";
        tsb[2].ToolTipText = "ペースト";

        tb = new TextBox();
        tb.Multiline = true;
        tb.Width = this.Width; tb.Height = this.Height - 100;
        tb.Dock = DockStyle.Top;

        bt1 = new Button();
        bt2 = new Button();
        bt1.Text = "読込";
        bt2.Text = "保存";

        flp = new FlowLayoutPanel();
        flp.Dock = DockStyle.Bottom;

        for (int i = 0; i < tsb.Length; i++)
        {
            ts.Items.Add(tsb[i]);
        }

        bt1.Parent = flp;
        bt2.Parent = flp;
        flp.Parent = this;
        tb.Parent = this;
        ts.Parent = this;

        bt1.Click += new EventHandler(bt_Click);
        bt2.Click += new EventHandler(bt_Click);
```

ツールバーを作成します

ツールバーのボタンを作成します

ツールバーのボタンの画像を読み込みます

ボタンにカーソルをあてたときに表示されるテキストです

テキストボックスを複数行表示にします

```
    for (int i = 0; i < tsb.Length; i++)
    {
        tsb[i].Click += new EventHandler(tsb_Click);
    }
}
public void tsb_Click(Object sender, EventArgs e)
{
    if (sender == tsb[0])
    {
        tb.Cut();                  カットします
    }
    else if(sender == tsb[1])
    {
        tb.Copy();                 コピーします
    }
    else if (sender == tsb[2])
    {
        tb.Paste();                ペーストします
    }
}
public void bt_Click(Object sender, EventArgs e)
{
    if (sender == bt1)
    {
        OpenFileDialog ofd = new OpenFileDialog();
        ofd.Filter = "テキストファイル|*.txt";

        if (ofd.ShowDialog() == DialogResult.OK)
        {
            StreamReader sr =
                new StreamReader(ofd.FileName,
                    System.Text.Encoding.Default);
            tb.Text = sr.ReadToEnd();
            sr.Close();
        }
    }
    else if (sender == bt2)
    {
        SaveFileDialog sfd = new SaveFileDialog();
        sfd.Filter = "テキストファイル|*.txt";

        if (sfd.ShowDialog() == DialogResult.OK)
        {
            StreamWriter sw
                = new StreamWriter(sfd.FileName);
            sw.WriteLine(tb.Text);
```

```
                    sw.Close();
                }
            }
        }
    }
```

Sample5の実行画面

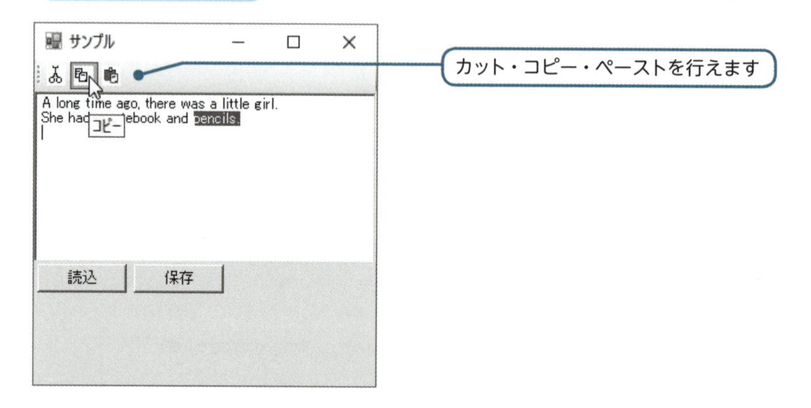

ここではツールバーと呼ばれるToolStripクラスと、そのボタンであるToolStrip Buttonクラスを使っています。ボタンを押したときに、テキストボックスのCut()、Copy()、Paste()メソッドを使って処理を行っています。

Sample5の関連クラス

クラス	説明
System.Windows.Forms.TextBoxクラス	
void Cut()メソッド	選択範囲をカットする
void Copy()メソッド	選択範囲をコピーする
void Paste()メソッド	現在位置にペーストする
System.Windows.Forms.ToolStripクラス	
ToolStrip()コンストラクタ	ツールバーを作成する
System.Windows.Forms.ToolStripButtonクラス	
ToolStripButton()コンストラクタ	ツールボタンを作成する
ToolTipTextプロパティ	ツールチップテキストを設定する

XML文書を表形式で表示する

設定ファイルや各種のデータを保存する際には、XML文書形式のファイルを利用することも多く行われています。

そこでXML文書を扱う方法をみていきましょう。データグリッドビュー(DataGridView)コントロールを使うと、XML文書をかんたんに表形式で表示することができます。ここでは、cドライブの下に次の「Sample.xml」を作成したうえで、読み込んでみることにしましょう。保存したかどうかを確認してから実行してください。また、ビルドの実行には「参照の追加」が必要です。本書の冒頭を参照して、「System.Data」と「System.Xml」を追加してください。

Sample.xml

```
<?xml version="1.0" encoding="Shift_JIS" ?>
<cars>
    <car id="1001" country="日本">
        <name>乗用車</name>
        <price>150</price>
        <description>
            5人まで乗車することができます。
            <em>家族用</em>
            の車です。
        </description>
        <img file="car1.jpg" />
    </car>
    <car id="2001" country="日本">
        <name>トラック</name>
        <price>500</price>
        <description>
            <em>荷物の運搬</em>
            にご利用できます。
            <em>業務用</em>
            の車です。
            </description>
            <img file="car2.jpg" />
    </car>
    <car id="1005" country="USA">
        <name>オープンカー</name>
        <price>200</price>
        <description>
            晴天時には天窓を開閉できます。
```

Lesson 10

```
            <em>レジャー用</em>
            に最適です。
        </description>
        <img file="car3.jpg" />
    </car>
</cars>
```

Sample6.cs ▶ XMLをデータグリッドビューに表示する

```
using System.Windows.Forms;
using System.Data;

class Sample6 : Form
{
    private DataSet ds;
    private DataGridView dg;

    public static void Main()
    {
        Application.Run(new Sample6());
    }
    public Sample6()
    {
        this.Text = "サンプル";

        ds = new DataSet();
        ds.ReadXml("c:¥¥Sample.xml");

        dg = new DataGridView();
        dg.DataSource = ds.Tables[0];

        dg.Parent = this;
    }
}
```

データセットを作成します

データセットにXML文書を読み込みます

データグリッドビューを作成します

DataSourceプロパティに設定します

Sample6の実行画面

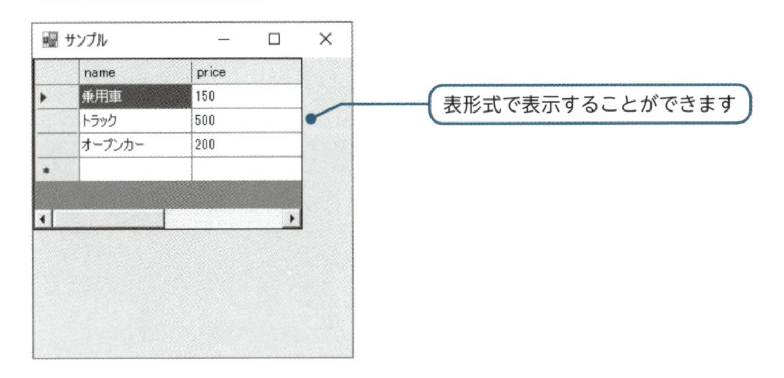

XML文書を表示するには、データを扱うクラスであるデータセット（DataSet）を作成して、XML文書の内容を読み込みます。

このデータセットの最初の行を、データグリッドビューのDataSourceプロパティに設定すると、XML文書の内容が表形式で表示されます。

データグリッドビューは、このほかにもさまざまなデータを表形式に表示することができるようになっています。

データグリッドビューにXML文書を表示することができる。
データグリッドビューは、データを表形式で表示する。

Sample6の関連クラス

クラス	説明
System.Windows.Forms.DataGridViewクラス	
DataGridView()コンストラクタ	データグリッドビューを作成する
DataSourceプロパティ	データソースを設定する
System.Data.DataSetクラス	
DataSet()コンストラクタ	データセットを作成する
XmlReadMode ReadXml(string str)メソッド	XML文書を読み込む

XML文書を木構造で表示する

XMLは入れ子になった階層構造でデータをあらわす形式となっています。このため、木構造をもつツリービュー（TreeView）コントロールを使うと、さらにXML文書の内容を見やすく表示することができます。このプログラムの実行にも、XMLファイルを保存しておくことと、「System.Xml」参照の追加が必要です。

Sample7.cs ▶ XMLをツリービューに表示する

```
using System.Windows.Forms;
using System.Xml;

class Sample7 : Form
{
    private TreeView tv;

    public static void Main()
    {
        Application.Run(new Sample7());
    }
    public Sample7()
    {
        this.Text = "サンプル";

        tv = new TreeView();                          ツリービューを作成します
        tv.Dock = DockStyle.Fill;

        XmlDocument doc = new XmlDocument();
        doc.Load("c:¥¥Sample.xml");                   ❶文書を読み込みます

        XmlNode xmlroot = doc.DocumentElement;        ルートノードを取得します
        TreeNode treeroot = new TreeNode();
        treeroot.Text = xmlroot.Name;                 ルートノードをツリーのルートとします
        tv.Nodes.Add(treeroot);

        walk(xmlroot, treeroot);                      ❷子の処理を行います

        tv.Parent = this;
    }
    public static void walk(XmlNode xn, TreeNode tn)
    {
        for (XmlNode ch = xn.FirstChild;              子ノードについて順に処理します
```

```
                ch != null;
                ch = ch.NextSibling)
            {
                TreeNode n = new TreeNode();
                tn.Nodes.Add(n);
                walk(ch,n);
                if (ch.NodeType == XmlNodeType.Element)
                {
                    n.Text = ch.Name;
                }
                else
                {
                    n.Text = ch.Value;
                }
            }
        }
}
```

❸子ノードについて同じ処理を繰り返します

要素の場合に・・・

要素名をツリーノードに設定します

要素以外の場合に・・・

値をツリーノードに設定します

Sample7の実行画面

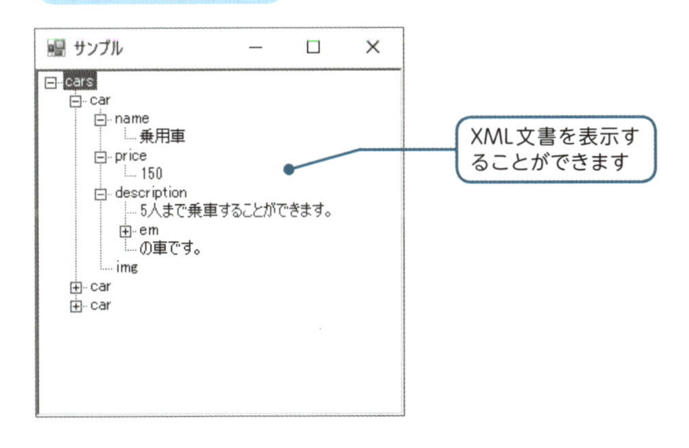

XML文書を読み込むには、XmlDocumentクラスを使います。Load()メソッドによってXMLファイルを読み込むことができます（❶）。

XML文書のノードを扱うには、XmlNodeクラスを使います。また、ツリービューのノードはTreeNodeクラスを使います。文書のルートとなっているXmlNodeの最初の子から子ノードを順に処理していきます（❷）。子にさらに子があれば、同じ処理を繰り返します（❸）。

この繰り返しの処理の中で、このノードにXMLの要素名またはテキスト値を設定していくのです。

こうしてツリービューにXMLの要素名やテキストが表示されることになります。

XMLが利用できれば、各種データを扱うアプリケーションを作成することができるでしょう。インターネットで入手できるRSSなどの情報もXML形式のデータとして取り扱うことができます。

ツリービューは、データを木構造で表示する。

Sample7の関連クラス

クラス	説明
System.Windows.Forms.TreeViewクラス	
TreeView()コンストラクタ	ツリービューを作成する
Nodesプロパティ	ツリーの最初の子ノードリストを設定・取得する
System.Windows.Forms.TreeNodeクラス	
TreeNode()コンストラクタ	ツリーノードを作成する
Textプロパティ	ノード名を設定・取得する
System.Xml.XmlDocumentクラス	
XmlDocument()コンストラクタ	文書を作成する
void Load(string s)メソッド	XML文書を読み込む
System.Xml.XmlNodeクラス	
XmlNode()コンストラクタ	XMLノードを作成する
FirstChildプロパティ	最初の子を得る
NextSiblingプロパティ	次の子を得る
NodeTypeプロパティ	ノードの種類を設定・取得する
Nameプロパティ	ノード名を設定・取得する
Valueプロパティ	ノード値を設定・取得する

10.5 ファイルの応用と正規表現

タブにファイルを表示する

この節では、ファイルを使ったプログラムを応用してみることにしましょう。次のプログラムをみてください。

Sample8.cs ▶ タブに表示する

```
using System;
using System.Windows.Forms;
using System.Drawing;
using System.IO;

class Sample8 : Form
{
    private PictureBox[] pb;
    private TabControl tc;
    private TabPage[] tp;

    public static void Main()
    {
        Application.Run(new Sample8());
    }
    public Sample8()
    {
        this.Text = "サンプル";
        this.Width = 300; this.Height = 200;

        tc = new TabControl();

        string dir = "c:¥¥";

        string[] fls = Directory.GetFiles(dir, "*.bmp");
        pb = new PictureBox[fls.Length];
```

指定したディレクトリについて・・・

❶ファイルのリストを得ます

BMPファイルのみに絞り込みます

```
        tp = new TabPage[fls.Length];

        for (int i = 0; i < fls.Length; i++)
        {
            pb[i] = new PictureBox();
            tp[i] = new TabPage(fls[i]);

            pb[i].Image = Image.FromFile(fls[i]);
            tp[i].Controls.Add(pb[i]);
            tc.Controls.Add(tp[i]);
        }

        tc.Parent = this;
    }
}
```

❷該当ファイル数のタブページを準備します

❸タブページに画像を追加します

❹タブコントロールにタブページを追加します

Sample8の実行画面

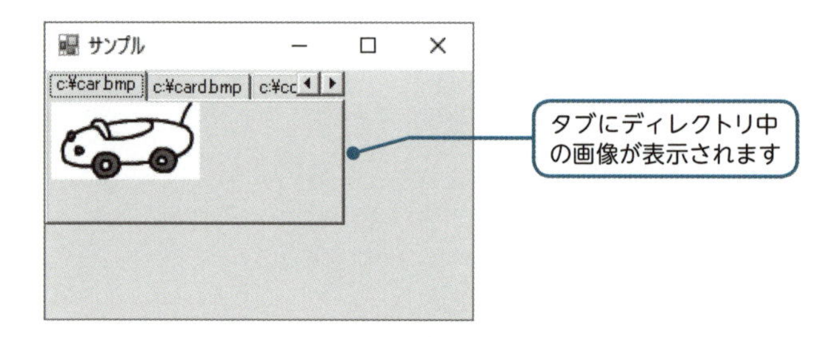

このプログラムでは、指定したディレクトリにおいて拡張子が「.bmp」である画像ファイルを、タブをあらわす**タブコントロール**（TabControl）に表示します。

まず、ディレクトリ中のファイルを得るために、DirectoryクラスのGetFiles()メソッドを使用します（❶）。ファイル名を得る際にはBMPファイルだけに絞り込みます。得られたファイル数だけ、それぞれのタブのページをあらわす**タブページ**（TabPage）を用意します（❷）。

次に、タブページに画像を読み込んだピクチャボックスを追加します（❸）。さらにこのタブページを、タブコントロールに追加するのです（❹）。

Sample8の関連クラス

クラス	説明
System.Windows.Forms.TabControlクラス	
TabControl()コンストラクタ	タブコントロールを作成する
System.Windows.Forms.TabPageクラス	
TabPage(string s)コンストラクタ	指定したタイトルのタブページを作成する
System.IO.Directoryクラス	
string[] GetFiles(string path, string pattern)メソッド	パターンにマッチするファイル名のリストを得る

子フォームにファイルを表示する

もう1つ、ファイルの内容を表示するプログラムを作成しましょう。今度は指定したディレクトリにおいて拡張子が「.xml」であるファイルの内容を表示します。

Sample9.cs ▶ 子フォームに表示する

```
using System;
using System.Windows.Forms;
using System.IO;

class Sample9 : Form
{
    private ChildForm[] cf;

    public static void Main()
    {
        Application.Run(new Sample9());
    }
    public Sample9()
    {
        this.Text = "サンプル";
        this.Width = 400; this.Height = 400;
        this.IsMdiContainer = true;

        string dir = "c:¥¥";

        string[] fls = Directory.GetFiles(dir, "*.xml");
```

指定したディレクトリについて・・・

ファイルのリストを得ます

```
        cf = new ChildForm[fls.Length];

        for (int i = 0; i < fls.Length; i++)
        {
            cf[i] = new ChildForm(fls[i]);
            cf[i].MdiParent = this;
            cf[i].Show();
        }
    }
}

class ChildForm : Form
{
    TextBox tb;

    public ChildForm(string name)
    {
        this.Text = name;

        tb = new TextBox();
        tb.Multiline = true;
        tb.Width = this.Width;
        tb.Height = this.Height;

        StreamReader sr = new StreamReader(name,
                               System.Text.Encoding.Default);
        tb.Text = sr.ReadToEnd();
        sr.Close();

        tb.Parent = this;
    }
}
```

該当ファイル数の子フォームの配列を準備します

子フォームを作成します

❶子フォームの親をこのフォームとします

❷子フォームを表示します

子フォームの定義です

テキストボックスにファイル内容を読み込みます

Sample9の実行画面

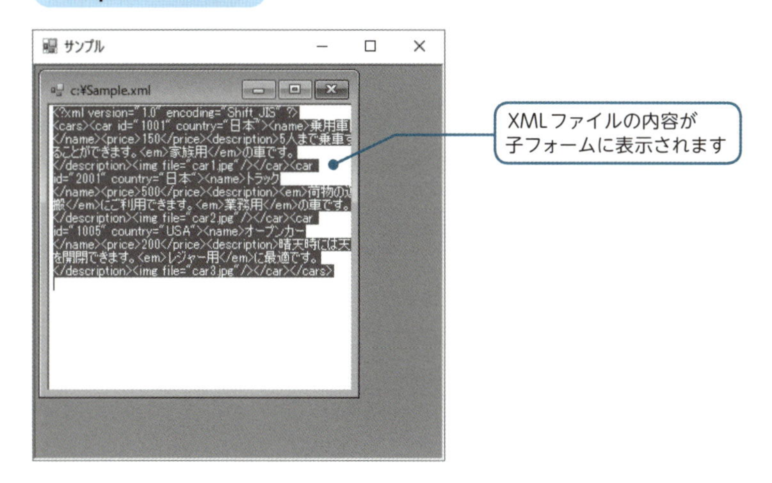

ここではディレクトリ内のXMLファイルを表示するために、親フォームの中に子フォームを表示しています。このようなウィンドウのことを**MDI**（multiple-document interface）とも呼びます。

子フォームのMdiParentプロパティに親フォームを指定し（❶）、子フォームを表示することで（❷）、MDIフォームを作成することができます。

同じディレクトリ内に複数のXMLファイルが存在した場合には、複数の子フォームが表示されますので、たしかめてみてください。

複数のファイルを同時に開くアプリケーションでは、こうしたMDIフォームを使用すると便利です。テキストエディタやドローアプリケーションでは、こうした形式のフォームが使用されていることが多いでしょう。

Sample9の関連クラス

クラス	説明
System.Windows.Forms.Formクラス	
MdiParentプロパティ	親ウィンドウを設定・取得する
System.Windows.Forms.TextBoxクラス	
Multilineプロパティ	複数行表示を設定・取得する

文字列を置換する

ファイルの内容を取り扱うプログラムをみてみましょう。テキストファイルやXMLファイルなどを扱う場合には、文字列の検索や置換ができると便利です。検索・置換を行うために、System.Text.RegularExpressions名前空間の正規表現（Regex）クラスを使うことができます。

単純な単語の置換から行ってみることにしましょう。

Sample10.cs ▶ 置換を行う

```
using System;
using System.Windows.Forms;
using System.IO;
using System.Text.RegularExpressions;

class Sample10 : Form
{
    private Label[] lb = new Label[3];
    private TextBox[] tb = new TextBox[3];
    private Button bt;
    private TableLayoutPanel tlp;

    public static void Main()
    {
        Application.Run(new Sample10());
    }
    public Sample10()
    {
        this.Text = "サンプル";
        this.Width = 300; this.Height = 300;

        for (int i = 0; i < lb.Length; i++)
        {
            lb[i] = new Label();
            lb[i].Dock = DockStyle.Fill;
        }
        for (int i = 0; i < tb.Length; i++)
        {
            tb[i] = new TextBox();
            tb[i].Dock = DockStyle.Fill;
        }
```

```
        bt = new Button();

        tlp = new TableLayoutPanel();
        tlp.ColumnCount = 2;
        tlp.RowCount = 5;
        tlp.Dock = DockStyle.Fill;

        lb[0].Text = "入力してください。";
        tlp.SetColumnSpan(lb[0], 2);

        tb[0].Multiline = true;
        tb[0].Height = 100;
        tlp.SetColumnSpan(tb[0], 2);

        lb[1].Text = "置換前";
        lb[2].Text = "置換後";
        bt.Text = "置換";
        tlp.SetColumnSpan(bt, 2);

        lb[0].Parent = tlp;
        tb[0].Parent = tlp;
        lb[1].Parent = tlp;
        tb[1].Parent = tlp;
        lb[2].Parent = tlp;
        tb[2].Parent = tlp;
        bt.Parent = tlp;

        tlp.Parent = this;

        bt.Click += new EventHandler(bt_Click);
    }
    public void bt_Click(Object sender, EventArgs e)
    {
        Regex rx = new Regex(tb[1].Text);
        tb[0].Text = rx.Replace(tb[0].Text, tb[2].Text);
    }
}
```

❶置換元文字列からパターンを得ます

❷置換先文字列に置換します

Lesson 10

Sample10の実行画面

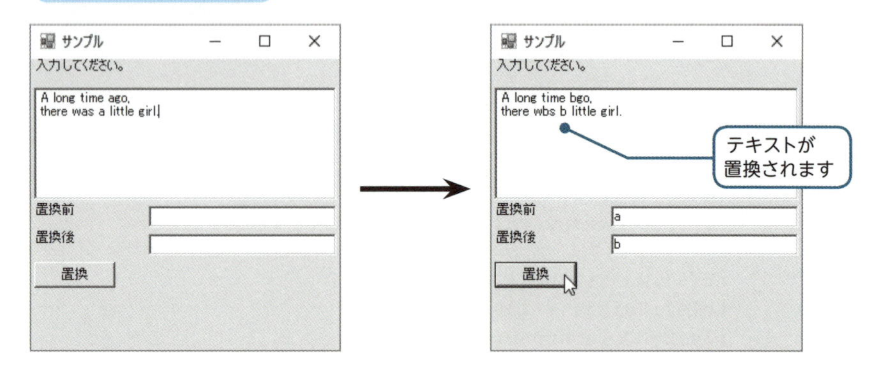

プログラムを実行し、テキストボックスにテキストを入力してください。さらに置換前の文字列と置換後の文字列を入力し、「置換」ボタンを押します。すると指定した置換前文字列が置換後文字列にすべて置換されます。

このプログラムでは、まず置換する箇所を特定するため、置換前の文字列をパターンとして指定してRegexクラスのオブジェクトを作成します（❶）。これで置換前文字列パターンとの一致箇所を調べるオブジェクトを得ることができます。

実際に置換を行うには、Replace()メソッドを使います（❷）。対象となる文章について、置換前文字列と一致した部分を、置換後文字列で置き換えます。

Sample10の関連クラス

クラス	説明
System.Text.RegularExpressions.Regexクラス	
Regex(string pattern)コンストラクタ	指定パターンの正規表現オブジェクトを作成する
string Replace(string input, string str)メソッド	inputを検索して文字列strで置換し、結果を返す

文字列を検索する

次に検索を行ってみましょう。検索にマッチした文字を赤色に変更することにします。

Sample11.cs ▶ 検索を行う

```
using System;
using System.Windows.Forms;
using System.IO;
using System.Drawing;
using System.Text.RegularExpressions;

class Sample11 : Form
{
    private Label lb;
    private RichTextBox rt;
    private TextBox tb;
    private Button bt;
    private TableLayoutPanel tlp;

    public static void Main()
    {
        Application.Run(new Sample11());
    }
    public Sample11()
    {
        this.Text = "サンプル";
        this.Width = 300; this.Height = 300;

        lb = new Label();
        lb.Dock = DockStyle.Fill;

        rt = new RichTextBox();
        rt.Dock = DockStyle.Fill;

        tb = new TextBox();
        tb.Dock = DockStyle.Fill;

        bt = new Button();

        tlp = new TableLayoutPanel();
        tlp.ColumnCount = 2;
        tlp.RowCount = 3;
        tlp.Dock = DockStyle.Fill;

        lb.Text = "入力してください。";
        tlp.SetColumnSpan(lb, 2);

        rt.Multiline = true;
        rt.Height = 100;
```

色を変更できるリッチテキストボックスを使います

```
        tlp.SetColumnSpan(rt, 2);

        bt.Text = "検索";
        tlp.SetColumnSpan(bt, 2);

        lb.Parent = tlp;
        rt.Parent = tlp;
        tb.Parent = tlp;
        bt.Parent = tlp;

        tlp.Parent = this;

        bt.Click += new EventHandler(bt_Click);
    }
    public void bt_Click(Object sender, EventArgs e)
    {
        Regex rx = new Regex(tb.Text);
        Match m = null;
        for(m = rx.Match(rt.Text);
            m.Success; m = m.NextMatch())
        {
            rt.Select(m.Index, m.Length);
            rt.SelectionColor = Color.Red;
        }
    }
}
```

検索文字列を指定します

対象文字列について検索を行い・・・

次の検索を行います

検索が成功する間・・・

検索が成功したら範囲を選択して赤色にします

Sample11の実行画面

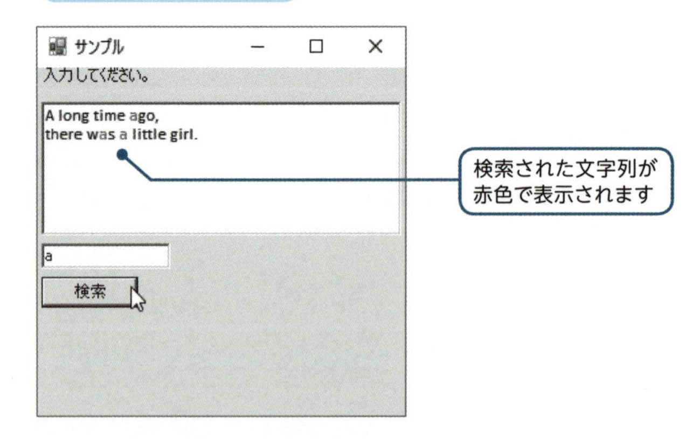

上部のテキストボックスにテキストを入力してください。下部のテキストボックスに検索文字列を入力し、「検索」ボタンを押します。すると指定した文字列が赤色で表示されます。

テキストの検索を行うには、RegexクラスのMatch()メソッドで検索を行い、Successプロパティの値を調べます。Successプロパティの値がtrueである限りはNextMatch()メソッドで検索を続けます。

文字色を変更するために、リッチテキストボックス（RitchTextBox）コントロールを使っています。検索単語がみつかるたびにマッチした範囲の選択を行い、文字の選択色を変更しています。

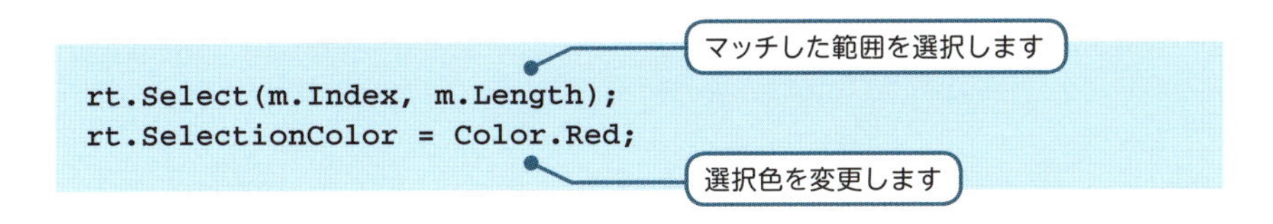


```
rt.Select(m.Index, m.Length);
rt.SelectionColor = Color.Red;
```

Sample11の関連クラス

クラス	説明
System.Text.RegularExpressions.Regexクラス	
Match Match(string str)メソッド	マッチングを行う
Match NextMatch()メソッド	次のマッチングを行う
Successプロパティ	マッチングの成否を取得する
Indexプロパティ	マッチした最初の位置を取得する
Lengthプロパティ	マッチした長さを取得する
System.Windows.Forms.RitchTextBoxクラス	
RitchTextBox()コンストラクタ	リッチテキストボックスを作成する
SelectionColorプロパティ	選択されている箇所の色を設定・取得する
System.Windows.Forms.RitchTextBoxBaseクラス	
Select(int start, int length)メソッド	開始位置と長さを指定して選択する

正規表現のしくみを知る

ここでRegexクラスに使う表現についてくわしくみておきましょう。Regexのオブジェクトを作成するときに指定するパターンには、**正規表現**（regular expression）と呼ばれる表現を使うことができます。正規表現は、通常の文字と次のようなメタ文字を使って表現されます。

表10-3　主なメタ文字

メタ文字	意味
^	行頭
$	行末
.	任意の1文字
[]	文字クラス
*	0回以上
+	1回以上
?	0または1
{a}	a回
{a,}	a回以上
{a,b}	a～b回

^（キャレット、ハット）は行頭をあらわします。たとえば「^CSharp」というパターンは、「CSharp」「CSharpp」という文字列にマッチします。「CCSharp」や「CCCSharp」にはマッチしません。

$は行末をあらわします。たとえば「CSharp$」というパターンは、「CSharp」「CCSharp」という文字列にマッチします。「CSharpp」や「CSharppp」にはマッチしません。

文字クラスは次のようにパターンを作って使うことができます。これらのメタ文字を組み合わせて使うことで、検索や置換を行うための強力な表現を作成することができるのです。

表10-4　文字クラス

パターン	パターンの意味	マッチする文字列の例
[012345]	012345のいずれか	3
[0-9]	0～9のいずれか	5
[A-Z]	A～Zのいずれか	B
[A-Za-z]	A～Z、a～zのいずれか	b
[^012345]	012345ではない文字	6
[01][01]	00、01、10、11のいずれか	01
[A-Za-z][0-9]	アルファベット1つに数字が1つ続く	A0

外部プログラムを起動する

最後に、外部のプログラムをかんたんに起動する方法を紹介しましょう。ここではファイル名を指定して関連づけられたプログラムを起動できるようにします。

Sample12.cs ▶ 外部プログラムを起動する

```
using System;
using System.Windows.Forms;
using System.IO;
using System.Diagnostics;

class Sample12 : Form
{
    private ListBox lbx;
    private Button bt;

    public static void Main()
    {
        Application.Run(new Sample12());
    }
    public Sample12()
    {
        this.Text = "サンプル";
        this.Width = 250; this.Height = 200;

        string dir = "c:¥¥";

        string[] name = Directory.GetFiles(dir);

        lbx = new ListBox();
        lbx.Dock = DockStyle.Top;

        for(int i = 0; i < name.Length; i++)
        {
            lbx.Items.Add(name[i]);
        }

        bt = new Button();
        bt.Text = "起動";
        bt.Dock = DockStyle.Bottom;

        lbx.Parent = this;
```

Lesson 10

```
        bt.Parent = this;

        bt.Click += new EventHandler(bt_Click);
    }
    public void bt_Click(Object sender, EventArgs e)
    {
        string name = lbx.SelectedItem.ToString();

        if (name != null)
        {
            Process.Start(@name);
        }
    }
}
```

選択されたファイルを関連づけられたプログラムで開きます

Sample12の実行画面

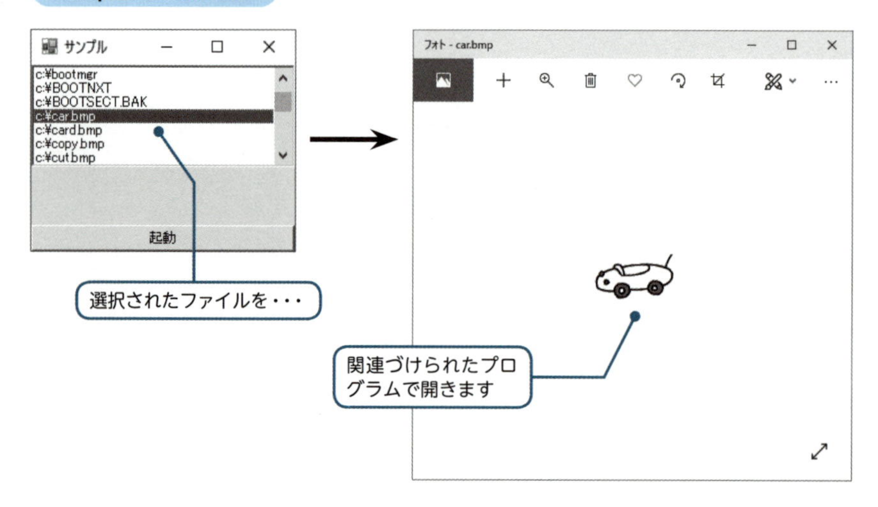

プログラムを実行すると、リストボックスにファイル名が表示されます。

ここでリストボックス中の画像ファイル名を選択し、「起動」ボタンを押すと、外部のプログラムである画像ビューアが起動します。また、OS上でソースファイルをテキストエディタに関連づけている場合には、外部のテキストエディタが起動します。

なお、@を文字列の先頭につけると、ディレクトリの区切り記号である¥などの文字を、エスケープシーケンスを使わずにあらわすことができます。

Sample12の関連クラス

クラス	説明
System.Diagnostics.Processクラス	
static Process Start(string str)メソッド	指定した文書を関連づけられた外部プログラムで起動する

外部プログラムの実行

ProcessクラスのStart()メソッドには、ここで紹介したようにファイル名を引数として指定して実行する種類のほかにも、パラメータやユーザー名・パスワードなど、さまざまな値を引数として指定する種類が用意されています。

なお、Start()メソッドでは、ファイルにプログラムが関連づけられていなかった場合に例外が発生します。実際にこのメソッドを活用していく際には、次章で紹介する例外処理を行うことが必要になります。

10.6 レッスンのまとめ

この章では、次のようなことを学びました。

- ファイルに関する情報を扱うことができます。
- ファイルを選択するダイアログボックスを使うことができます。
- StreamReader・StreamWriterクラスを使うと、テキストファイルの読み書きを行うことができます。
- BinaryReader・BinaryWriterクラスを使うと、バイナリファイルの読み書きを行うことができます。
- 画像ファイルを読み書きすることができます。
- XML文書を表または木構造のコントロールで表示することができます。
- 正規表現を使って、検索・置換を行うことができます。

この章ではファイルについて学びました。ファイルを使えば、データを長期間保存することができます。ファイル情報を扱う方法や、テキストファイル・バイナリファイルの読み書きを行う方法は、実際のプログラムを作成するうえで役に立つ知識となります。画像ファイルやXML文書も扱えると便利でしょう。

練習

1. 選択したフォルダのファイル情報をリストボックスに表示するプログラムを作成してください。以下のクラスを利用します。

関連クラス

クラス	説明
System.IO.Directoryクラス	
string[] GetFiles(string path)メソッド	指定パスのファイルリストを得る
System.Windows.Forms.FolderBrowserDialogクラス	
FolderBrowserDialog()コンストラクタ	フォルダ選択ダイアログボックスを作成する
DialogResult ShowDialog()メソッド	フォルダ選択ダイアログボックスを表示する
SelectedPathプロパティ	選択されたフォルダを取得する
System.Windows.Forms.ListBox.ObjectCollectionクラス	
int Add(Object item)メソッド	アイテムを追加する
void Clear()メソッド	アイテムを削除する

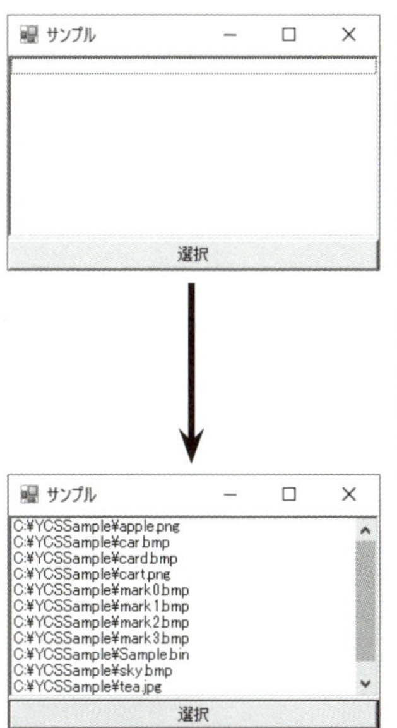

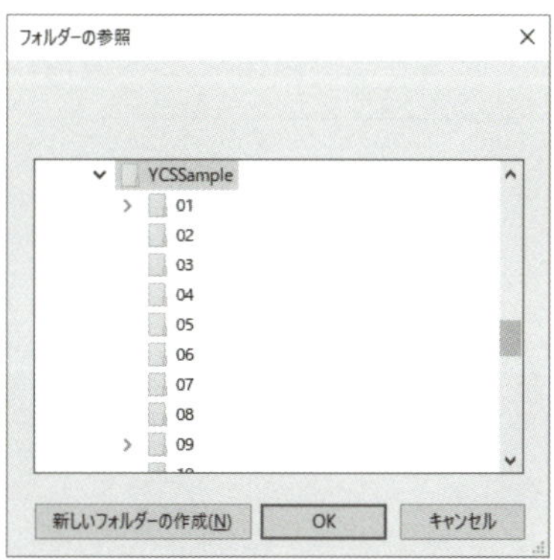

Lesson 10

2. 現在のディレクトリ下のフォルダ・ファイル情報をツリービューに表示してください。以下のクラスを利用します。

関連クラス

クラス	説明
System.IO.Directoryクラス	
string GetCurrentDirectory(string s)	現在のディレクトリを取得する
string[] GetDirectories(string dir)	指定ディレクトリのサブディレクトリ情報を得る
System.IO.Pathクラス	
string GetFileName(string s)	指定パス名からファイル名を得る

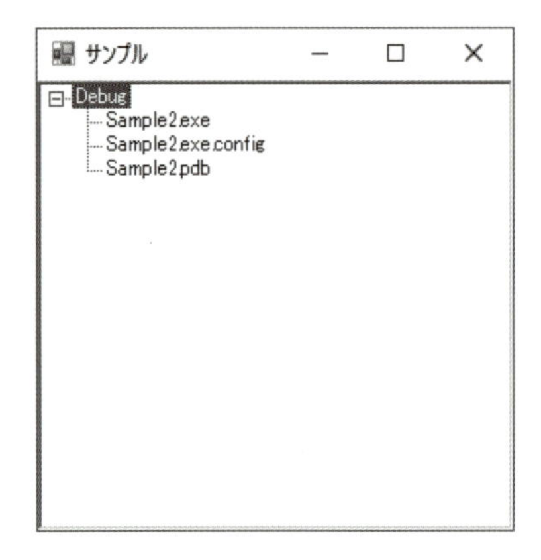

ネットワーク

クラスライブラリには、ネットワークを利用するためのクラスが用意されています。現在、実用的なプログラムを作成するときには、ネットワークを利用することが欠かせません。Webを利用するプログラムもかんたんに作成できれば便利でしょう。この章では、ネットワークを扱うプログラムについて学んでいくことにしましょう。

Check Point!

- ネットワーク
- IPアドレス
- ホスト名
- 例外処理
- Web
- TCP
- スレッド

11.1 ネットワークの基本

ネットワークを利用する

この章では、ネットワークを利用するために必要なクラスについて学んでいくことにしましょう。ネットワークを利用するためには、Webの知識だけでなく、ネットワークの向こう側のコンピュータやファイルのありかを指定する方法などを知らなければなりません。C#のプログラムを作成するときには、こうしたネットワークの基礎的な機能を扱うことが欠かせないものとなっています。

ネットワークを扱うための基本のクラスは、System.Net名前空間にまとめられています。さっそく使ってみることにしましょう。

IPアドレスを知る

まず、インターネットに接続されているコンピュータなどの機器を指定する方法をおぼえることにしましょう。この指定は、**IPアドレス**（Internet Protocol Address）と呼ばれています。IPアドレスは、ネットワークに接続される機器を特定する32ビット（IPv4）または128ビット（IPv6）の数値のことをいいます。

```
x.x.x.x ［IPv4：32ビット］
xxxx:xxxx:xxxx:xxxx:xxxx:xxxx:xxxx:xxxx ［IPv6：128ビット］
```

コンピュータなどの機器をあらわすIPアドレスです

ただし、IPアドレスはたいへんおぼえにくい数値であるため、人間にわかりやすい文字列を割り当てて使うことがあります。これを**ホスト名**（host name）または**ドメイン名**（domain name）と呼びます。

```
softbankcr.co.jp
```
割り当てられたホスト名です

たとえば、「softbankcr.co.jp」というホスト名を「X.X.X.X」というIPアドレスのかわりに使うことができます。

ではさっそく、お使いのマシンのIPアドレスを表示してみることにしましょう。Dnsクラスを利用すると、アドレスを表示することができます。

Sample1.cs ▶ 実行中のマシンのインターネットアドレスを知る

```
using System.Windows.Forms;
using System.Net;

class Sample1 : Form
{
   private Label lb1, lb2;

   public static void Main()
   {
       Application.Run(new Sample1());
   }
   public Sample1()
   {
       this.Text = "サンプル";
       this.Width = 300; this.Height = 100;

       string hn = Dns.GetHostName();
       IPHostEntry ih = Dns.GetHostEntry(hn);

       IPAddress ia = ih.AddressList[0];

       lb1 = new Label();
       lb2 = new Label();

       lb1.Width = 300;
       lb1.Top = 0;
       lb1.Text= "ホスト名：" + hn;

       lb2.Width = 300;
       lb2.Top = lb1.Bottom;
       lb2.Text = "IPアドレス：" + ia.ToString();

       lb1.Parent = this;
```

❶実行中のマシンのホスト名を取得します

❷インターネットアドレスのリストを得ます

Lesson 11

```
        lb2.Parent = this;
    }
}
```

Sample1の実行画面

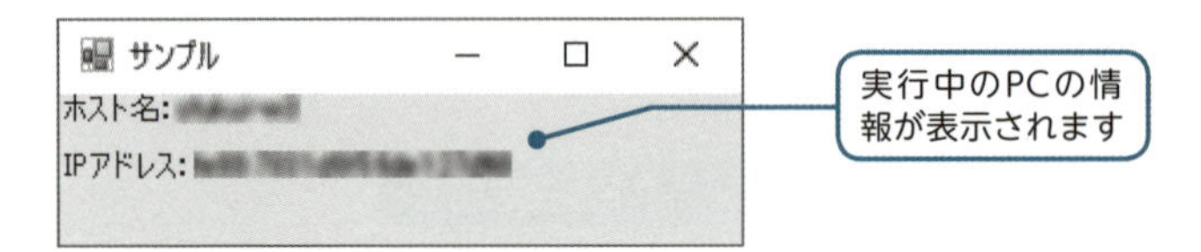

このプログラムでは、

❶ 実行中のPCのホスト名を得る
❷ ❶からIPアドレスのリストを得る

という処理をしています。画面上に、ホスト名とIPアドレスが表示されることがわかります。ホスト名には複数のアドレスが関連づけられている場合があります。ここではアドレスリストのうち、最初のアドレスを表示することにしています。

Sample1の関連クラス

クラス	説明
System.Net.Dnsクラス	
string GetHostName()メソッド	ホスト名を返す
IPHostEntry GetHostEntry()メソッド	アドレスリストを取得する
System.Net.IPHostEntryクラス	
AddressListプロパティ	アドレスリストを取得する

ホスト名とIPアドレスの対応を取得することができる。

ホスト名とIPアドレスの対応

ホスト名とIPアドレスとの対応関係は、通常、DNS (Domain Name System) と呼ばれるサービスを提供するサーバーによって管理されています。

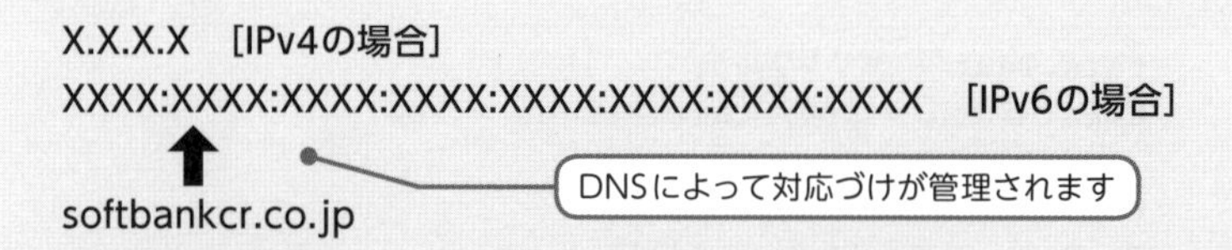

また、「自分のマシン」をあらわす特別なホスト名とIPアドレスとして、次の指定を使うことができますので、おぼえておくとよいでしょう。

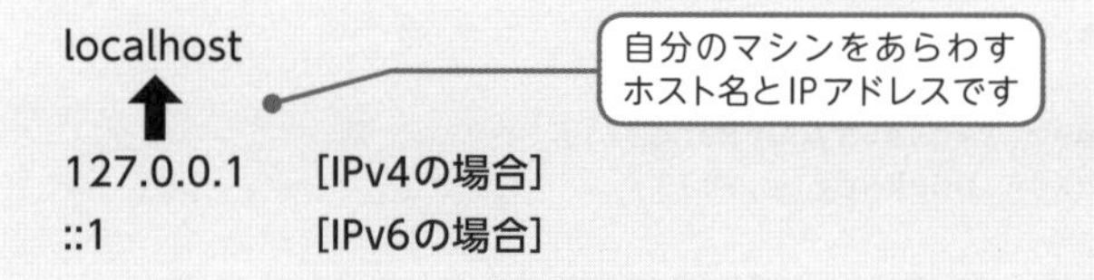

ほかのマシンのIPアドレスを知る

Sample1では、実行中のマシンのIPアドレスを調べました。ほかのマシンのIPアドレスを知ることもできます。次のコードを入力してみてください。

Sample2.cs ▶ ほかのマシンのIPアドレスを知る

```
using System;
using System.Windows.Forms;
using System.Net;

class Sample2 : Form
{
    private TextBox tb;
    private Label[] lb = new Label[5];
    private Button bt;
```

Lesson 11

```
    private TableLayoutPanel tlp;

    public static void Main()
    {
        Application.Run(new Sample2());
    }
    public Sample2()
    {
        this.Text = "サンプル";
        this.Width = 300; this.Height = 200;

        tb = new TextBox();
        tb.Dock = DockStyle.Fill;

        bt = new Button();
        bt.Width = this.Width;
        bt.Text = "検索";
        bt.Dock = DockStyle.Bottom;

        tlp = new TableLayoutPanel();
        tlp.Dock = DockStyle.Fill;

        for (int i = 0; i < lb.Length; i++)
        {
            lb[i] = new Label();
            lb[i].Dock = DockStyle.Fill;
        }

        tlp.ColumnCount = 2;
        tlp.RowCount = 3;

        lb[0].Text = "入力してください。";
        lb[1].Text = "ホスト名：";
        lb[3].Text = "IPアドレス：";

        lb[0].Parent = tlp;
        tb.Parent = tlp;

        for (int i = 1; i < lb.Length; i++)
        {
            lb[i].Parent = tlp;
        }

        bt.Parent = this;
        tlp.Parent = this;
```

```
        bt.Click += new EventHandler(bt_Click);
    }
    public void bt_Click(Object sender, EventArgs e)
    {
        try
        {
            IPHostEntry ih = Dns.GetHostEntry(tb.Text);
            IPAddress ia = ih.AddressList[0];

            lb[2].Text = ih.HostName;
            lb[4].Text = ia.ToString();
        }
        catch
        {
            MessageBox.Show("エラーが発生しました。");
        }
    }
}
```

ユーザーが指定したホスト名を取得します

例外が発生した場合に処理されます

Sample2の実行画面

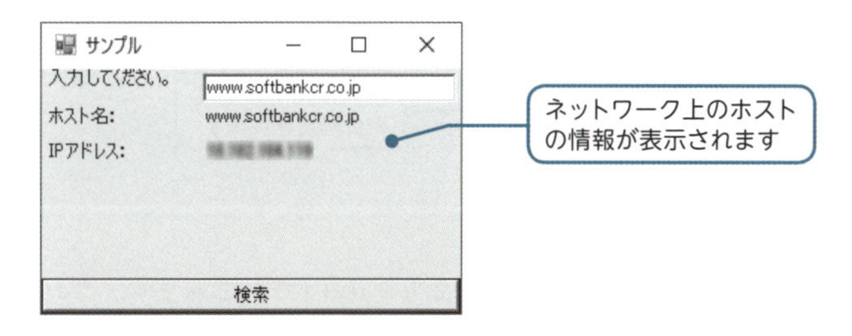

このプログラムでは、ユーザーが指定したホスト名からインターネットアドレスを得るという処理を行っています。そのあとで、Sample1と同じようにホスト名とIPアドレスを調べているのです。指定を行わないとSample1と同じく実行中のマシンの情報が表示されます。

なお、このプログラムでは、ホスト名が誤っていた場合などにエラーを表示します。エラーを表示するためにメッセージボックスを使っています。

例外処理のしくみを知る

ところで、ネットワークにアクセスするプログラムや、ファイルを読み込むプログラムを作成するときには、実行時になってはじめて、ネットワークにアクセスできないことやファイルが存在しないことがわかる場合があります。

このように、

実行時に発生するエラーに対して、プログラムの作成時にエラー処理を記述しておきたい

という場合があります。このために使われるのが、**例外処理**（exception）と呼ばれるしくみです。例外処理は次のように記述します。

例外処理

```
try
{
    例外を検出する処理
}
catch(例外の型である引数のリスト)
{
    例外が発生したときに行う処理
}
```

引数は省略することもできます

例外が発生した場合に処理されます

例外処理では、例外が発生する可能性がある箇所をtry{ }でかこみます。これに対する処理をcatch{ }内で行います。例外には型があり、引数で指定した型だけを処理することもできます。また、複数のcatch節を記述してさまざまな例外をきめこまかく処理することもできます。

Sample2では、GetHostEntry()メソッドを呼び出した場合に例外が発生する可能性があります。そこでこの文をtry節でかこみ、catch節のあとの型を省略して、ごくかんたんな例外処理を行うようにしています。

例外処理によって、プログラム実行時のエラーを処理できる。

11.2 Web

Webページを表示する

ウィンドウ上にWebページを表示することもできます。
Webブラウザコントロールを使うと、Webページを表示することができます。

Sample3.cs ▶ Webページを表示する

```
using System;
using System.Windows.Forms;
using System.Net;

class Sample3 : Form
{
    private TextBox tb;
    private WebBrowser wb;
    private ToolStrip ts;
    private ToolStripButton[] tsb = new ToolStripButton[2];

    [STAThread]
    public static void Main()
    {
        Application.Run(new Sample3());
    }
    public Sample3()
    {
        this.Text = "サンプル";
        this.Width = 600; this.Height = 400;

        tb = new TextBox();
        tb.Text = "http://";
        tb.Dock = DockStyle.Top;

        wb = new WebBrowser();
        wb.Dock = DockStyle.Fill;
```

Webブラウザコントロールを作成します

Lesson 11

```
        ts = new ToolStrip();
        ts.Dock = DockStyle.Top;

        for (int i = 0; i < tsb.Length; i++)
        {
            tsb[i] = new ToolStripButton();
        }

        tsb[0].Text = "Go";
        tsb[1].Text = "←";

        tsb[0].ToolTipText = "移動";
        tsb[1].ToolTipText = "戻る";

        tsb[1].Enabled = false;

        for (int i = 0; i < tsb.Length; i++)
        {
            ts.Items.Add(tsb[i]);
        }

        tb.Parent = this;
        wb.Parent = this;
        ts.Parent = this;

        for (int i = 0; i < tsb.Length; i++)
        {
            tsb[i].Click += new EventHandler(bt_Click);
        }

        wb.CanGoBackChanged +=
            new EventHandler(wb_CanGoBackChanged);

    }
    public void bt_Click(Object sender, EventArgs e)
    {
        if (sender == tsb[0])
        {
            try
            {
                Uri uri = new Uri(tb.Text);
                wb.Url = uri;
            }
            catch
            {
```

❶指定URLのページを開きます

```
                MessageBox.Show("URLを入力してください");
            }
        }
        else if (sender == tsb[1])
        {
            wb.GoBack();
        }

    }
    public void wb_CanGoBackChanged(Object sender, EventArgs e)
    {
        tsb[1].Enabled = wb.CanGoBack;
    }
}
```

❷「戻る」処理を行います

「戻る」履歴が変更されたら・・・

❸ボタンの有効／無効を「戻る」可否とあわせます

Sample3の実行画面

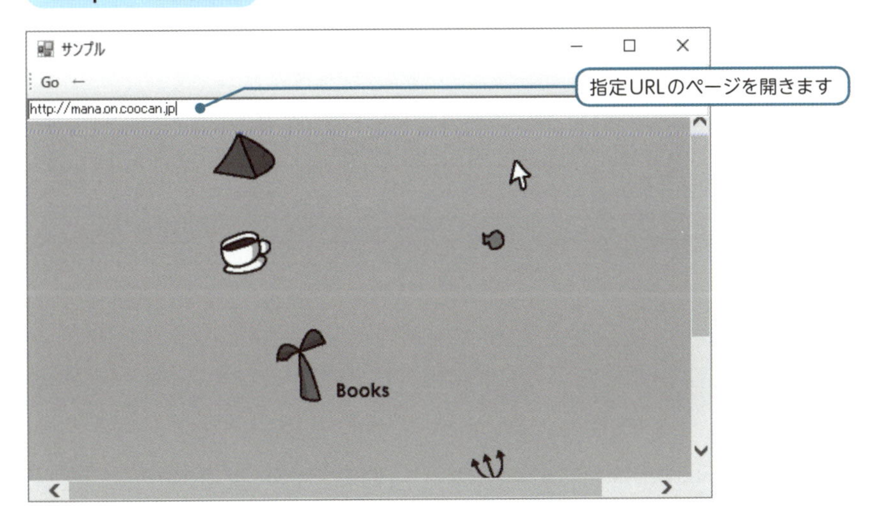

ツールバーの「Go（移動）」ボタンを押すとUriクラスのオブジェクトを作成し、Webブラウザコントロールのurlプロパティに指定URL（URI）を設定します（❶）。すると、指定したURLのページが表示されます。

なお、このコードでは「←（戻る）」ボタンを用意して、前のページに「戻る」処理を行っています。この場合、前ページに閲覧履歴が存在し、「戻る」ことができる場合にだけ、ボタンを有効にする必要があります。

そこで「戻る」履歴が変化した場合に発生するCanGoBackChangedイベントを処理します。このイベントハンドラ内で、ボタンの有効／無効を、Webブラウザコントロールの CanGoBackプロパティの値に設定することにします（❸）。これによって、「戻る」ことができる場合にだけ「←（戻る）」ボタンが有効になります。

Webページをフォーム上に表示することができる。

Sample3の関連クラス

クラス	説明
System.Windows.Forms.WebBrowserクラス	
WebBrowser()コンストラクタ	Webブラウザを作成する
Urlプロパティ	URLページを開く
bool GoBack()メソッド	前のページに戻る
CanGoBackプロパティ	「戻る」履歴があるかを取得する
CanGoBackChangedイベント	「戻る」履歴が変更された
System.Net.Uriクラス	
Uri(string s)コンストラクタ	指定したURIでオブジェクトを作成する

11.3 TCP

クライアント・サーバーのしくみを知る

クラスライブラリを利用すれば、Webなどの高度なネットワークサービスをかんたんに利用することができます。この節では、これらのサービスを支えるより基本的なネットワーク機能を知ることにしましょう。

ネットワークを介して、なんらかのサービスを要求するコンピュータやソフトウェアのことを**クライアント**（client）と呼びます。一方、この要求を待ち受けてサービスを提供する側を**サーバー**（server）と呼びます。

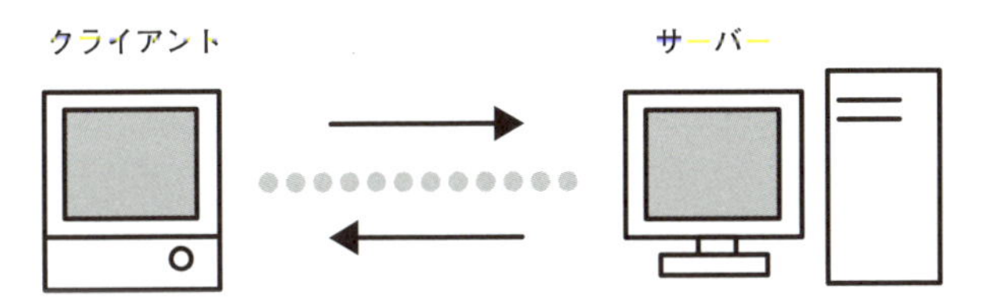

図11-1 クライアント・サーバー

サービスを要求する側をクライアントといいます。要求を待ち受けてサービスを提供する側をサーバーといいます。

この節で作成するプログラムは、これまでにつくってきたWebなどのネットワークプログラムの基本となると考えればよいでしょう。

これから作成するプログラムは、サーバーがクライアントからの接続を待ち受けるようになっています。そして、クライアントが接続すると、文字列を送受信するサービスが行われるようになっています。

サーバーのプログラムを作成する

最初に、サーバーのコードを入力してみてください。このサーバーは、クライアントからの要求を待ち受けて、文字列を送信する機能をもっています。

Sample4S.cs ▶ サーバーを作成する

```
using System;
using System.IO;
using System.Net;
using System.Net.Sockets;

class Sample4S
{
    public static string HOST = "localhost";
    public static int PORT = 10000;           // 待機するポート番号を指定します
    public static void Main()
    {
        IPHostEntry ih = Dns.GetHostEntry(HOST);

        TcpListener tl =
            new TcpListener(ih.AddressList[0], PORT);   // ❶サーバーソケットを作成します
        tl.Start();

        Console.WriteLine("待機します。");
        while (true)
        {
            TcpClient tc = tl.AcceptTcpClient();        // ❷接続を受け付けます
            StreamWriter sw =                            // 出力ストリームを作成します
                new StreamWriter(tc.GetStream());
            sw.WriteLine("こちらはサーバーです。");     // ❸文字列を書き出します

            sw.Flush();
            sw.Close();
            tc.Close();                                  // ❹接続をクローズします
            break;
        }
    }
}
```

このサーバーは、コンソール画面のアプリケーションです。ここでは、次のクラスが使われています。

Sample4Sの関連クラス

クラス	説明
System.Net.Sockets.TcpListenerクラス	
TcpListener(IPAddress ad, int port)コンストラクタ	指定したアドレス・ポート番号上で待機する接続を作成する
TcpClient AcceptTcpClient()メソッド	クライアントからの接続要求を受ける

クライアントのプログラムを作成する

次にクライアントのコードを作成することにします。こちらはウィンドウ上で動作するアプリケーションとして作成してみましょう。サーバーからの文字列を受信して表示する機能をもつクライアントです。クライアントとサーバーは別のプロジェクトとして作成してください。

Sample4C.cs ▶ クライアントを作成する

```
using System;
using System.IO;
using System.Net.Sockets;
using System.Windows.Forms;

class Sample4C : Form
{
    public static string HOST = "localhost";
    public static int PORT = 10000;

    private TextBox tb;
    private Button bt;

    public static void Main()
    {
        Application.Run(new Sample4C());

    }
    public Sample4C()
    {
        this.Text = "サンプル";
        this.Width = 300; this.Height = 300;
```

ホスト名を指定します

ポート番号を指定します

```
        tb = new TextBox();

        tb.Multiline = true;
        tb.ScrollBars = ScrollBars.Vertical;
        tb.Height = 150;
        tb.Dock = DockStyle.Top;

        bt = new Button();
        bt.Text = "接続";
        bt.Dock = DockStyle.Bottom;

        tb.Parent = this;
        bt.Parent = this;

        bt.Click += new EventHandler(bt_Click);
    }
    public void bt_Click(Object sender, EventArgs e)
    {
        TcpClient tc = new TcpClient(HOST, PORT);

        StreamReader sr = new StreamReader(tc.GetStream());
        String str = sr.ReadLine();
        tb.Text = str;

        sr.Close();
        tc.Close();
    }
}
```

サーバーに接続します

入力ストリームを作成します

❸文字列を読み込みます

❹接続をクローズします

Sample4Cの関連クラス

クラス	説明
System.Net.Sockets.TcpClientクラス	
TcpClient()コンストラクタ	指定したアドレス・ポート番号への接続を作成する
Close()メソッド	クローズする

サーバーのホスト名

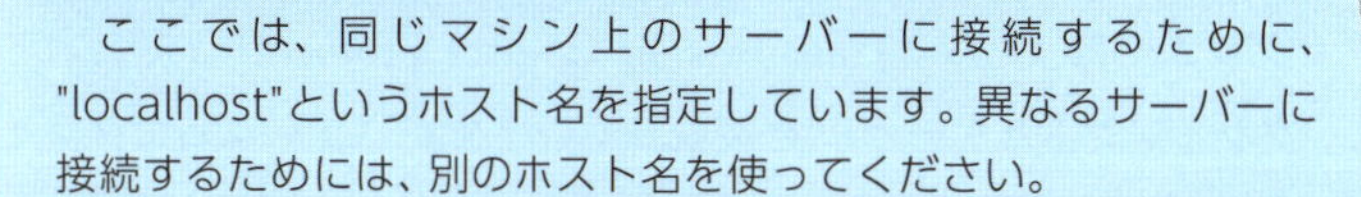

ここでは、同じマシン上のサーバーに接続するために、"localhost"というホスト名を指定しています。異なるサーバーに接続するためには、別のホスト名を使ってください。

クライアントの「接続」ボタンを押すと、サーバーに接続して文字列を受信します。なお、最初にサーバーが起動されていないと、クライアントが文字列を受け取ることができないので注意してください。

Sample4S・Cの実行画面

サーバー

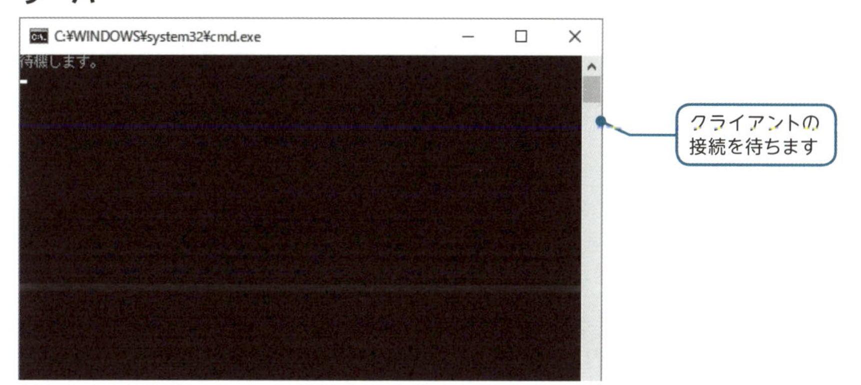

クライアント

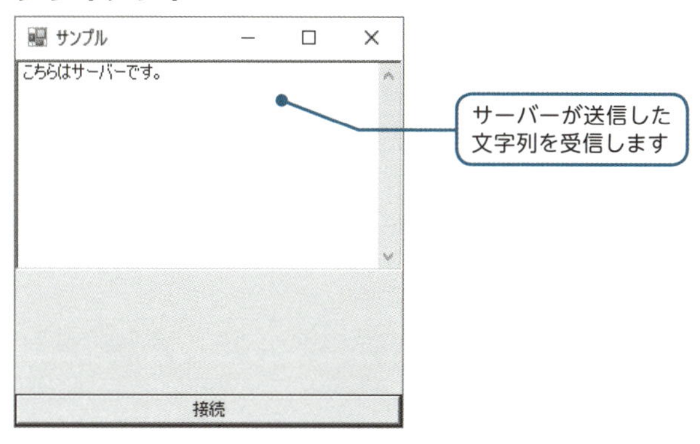

TCPのしくみを知る

さて、このプログラムでは、TCP（Transmission Control Protocol）と呼ばれるしくみを使って、クライアントとサーバーを接続しています。TCPによってクライアントとサーバー間の接続が確立されると、それ以降はファイルと同じように、お互い文字列を書き出したり読み込んだりできるようになります。この手順は次のようになっています。

❶サーバー上で、TCPListenerを作成し、クライアントからの接続を待ち受ける

↓

❷クライアントがTCPClientを作成すると、サーバーとクライアントの間で接続が確立される

↓

❸サーバーが文字列を書き出し、それをクライアントが読み込む

↓

❹接続をクローズする

TCPはインターネットを支える基本のプロトコルです。TCPでは、接続するコンピュータを特定するために、IPアドレス（またはホスト名）を指定します。さらに、そのコンピュータ内で接続するプログラムを特定するために、ポート番号（port number）と呼ばれる数値を使います。

サーバーは指定されたポート番号で、クライアントの接続を待ち受けます。クライアントはそのポート番号を指定して、サーバーに接続するのです。

小さな数のポート番号は、WebやFTPなどといったよく使われる別のネットワークプログラムのために予約されていますので、サンプルでは10000という大きな番号を使っています。

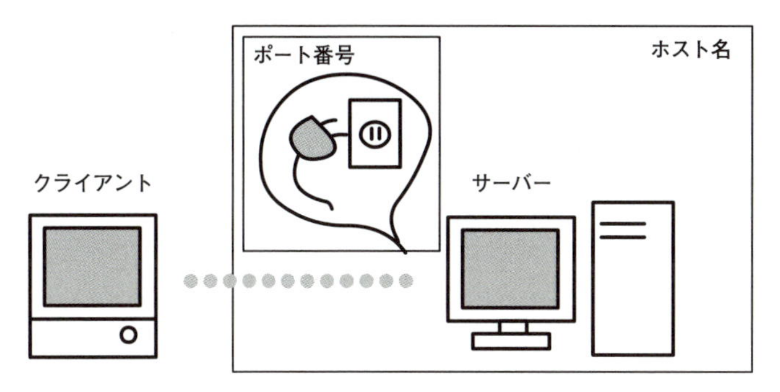

図11-2 TCP

TCPによる基本のネットワークプログラムを作成することができます。

TCPとUDP

TCPはクライアントとサーバーとの接続を確立してから、データの送受信を行います。このほかにインターネットでは、1つのコンピュータから一方的にデータを送信するためのプロトコルであるUDP (User Datagram Protocol) が使われることもあります。プログラムでUDPを扱うときには、UDPClientクラスなどを使います。

11.4 スレッド

スレッドのしくみを知る

さて、ネットワークを介したプログラムでは、相手先からのデータの受信を待機し続けながら処理をすることがあります。しかし、このようにネットワーク上の相手先とのやりとりに時間がかかると、プログラムがそれ以外の処理をすることができなくなってしまいます。

そこで、ネットワークを扱うプログラムでは、スレッド（thread）と呼ばれる機能を利用するのが一般的です。1つのスレッドで相手を待機する処理をしながら、もう1つのスレッドで別の処理をするのです。

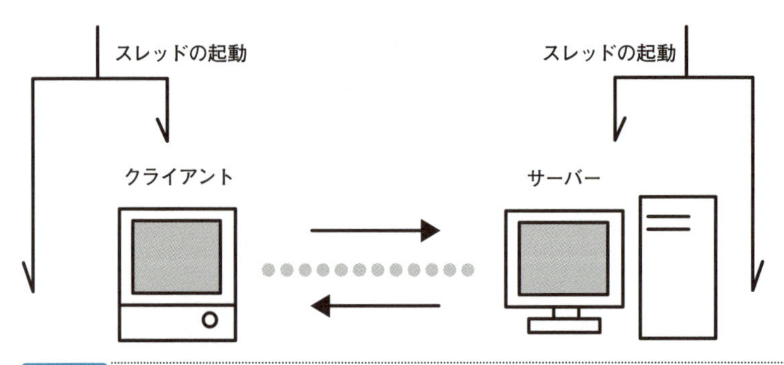

図11-3 スレッド
ネットワークプログラミングでは、スレッドを起動して待機処理を行うことがあります。

スレッドによるプログラムを作成する

そこで私たちもさっそく、スレッドを使ったネットワークプログラムを作成してみることにしましょう。次のコードをみてください。

Sample5S.cs ▶ スレッドを扱うサーバーを作成する

```
using System;
using System.IO;
using System.Net;
using System.Net.Sockets;
using System.Threading;

class Sample5S
{
    public static string HOST = "localhost";
    public static int PORT = 10000;

    public static void Main()
    {
        IPHostEntry ih = Dns.GetHostEntry(HOST);

        TcpListener tl =
            new TcpListener(ih.AddressList[0], PORT);
        tl.Start();

        Console.WriteLine("待機します。");
        while (true)
        {
            TcpClient tc = tl.AcceptTcpClient();
            Console.WriteLine("ようこそ。");

            Client c = new Client(tc);
            Thread th = new Thread(c.run);
            th.Start();
        }
    }
}
class Client
{
    TcpClient tc;

    public Client(TcpClient c)
    {
        tc = c;
    }
    public void run()
    {
        StreamWriter sw = new StreamWriter(tc.GetStream());
        StreamReader sr = new StreamReader(tc.GetStream());
```

クライアントとやりとりするスレッドを起動します

クライアントとやりとりするスレッドの処理です

```
        while(true)
        {
            try
            {
                String str = sr.ReadLine();
                sw.WriteLine("サーバー:「" + str + "」ですね。");
                sw.Flush();
            }
            catch
            {
                sr.Close();
                sw.Close();
                tc.Close();
                break;
            }
        }
    }
}
```

クライアントから文字列を読み込み、新しい文字列をつけて送り続ける処理です

Sample5C.cs ▶ スレッドを扱うクライアントを作成する

```
using System;
using System.IO;
using System.Net.Sockets;
using System.Windows.Forms;
using System.Threading;

class Sample5C : Form
{
    public static string HOST = "localhost";
    public static int PORT = 10000;

    private TextBox tb1, tb2;
    private Button bt;

    private TcpClient tc;
    private StreamReader sr;
    private StreamWriter sw;

    public static void Main()
    {
        Application.Run(new Sample5C());
    }
    public Sample5C()
```

```
    {
        this.Text = "サンプル";
        this.Width = 300; this.Height = 300;

        tb1 = new TextBox();
        tb2 = new TextBox();

        tb1.Height = 150;
        tb1.Dock = DockStyle.Top;

        tb2.Multiline = true;
        tb2.ScrollBars = ScrollBars.Vertical;
        tb2.Height = 150;
        tb2.Width = this.Width;
        tb2.Top = tb1.Bottom;

        bt = new Button();
        bt.Text = "送信";
        bt.Dock = DockStyle.Bottom;

        tb1.Parent = this;
        tb2.Parent = this;
        bt.Parent = this;

        Thread th = new Thread(this.run);
        th.Start();                          ← サーバーとやりとりするスレッドを起動します

        bt.Click += new EventHandler(bt_Click);
    }
    public void bt_Click(Object sender, EventArgs e)
    {
        String str = tb1.Text;               ← ボタンを押したときに、サーバーに文字列を送信します
        sw.WriteLine(str);
        tb2.AppendText(str + "¥n");
        sw.Flush();
        tb1.Clear();
    }
    public void run()                        ← サーバーとやりとりするスレッドの処理です
    {
        tc = new TcpClient(HOST, PORT);
        sr = new StreamReader(tc.GetStream());
        sw = new StreamWriter(tc.GetStream());

        while (true)
        {
            try
```

Lesson 11

```
                {
                    String str = sr.ReadLine();
                    tb2.Invoke((MethodInvoker) delegate{
                        tb2.AppendText(str + "¥n");
                    });
                }
                catch
                {
                    sr.Close();
                    sw.Close();
                    tc.Close();
                    break;
                }
            }
        }
    }
```

サーバーからの文字列を読み込み続ける処理です

コントロールのスレッド上で操作が行われるようにします

このプログラムも、前の節と同じようにサーバーを先に実行してください。次に、クライアントのプロジェクトを開いて実行します。

Sample5S・Cの実行画面

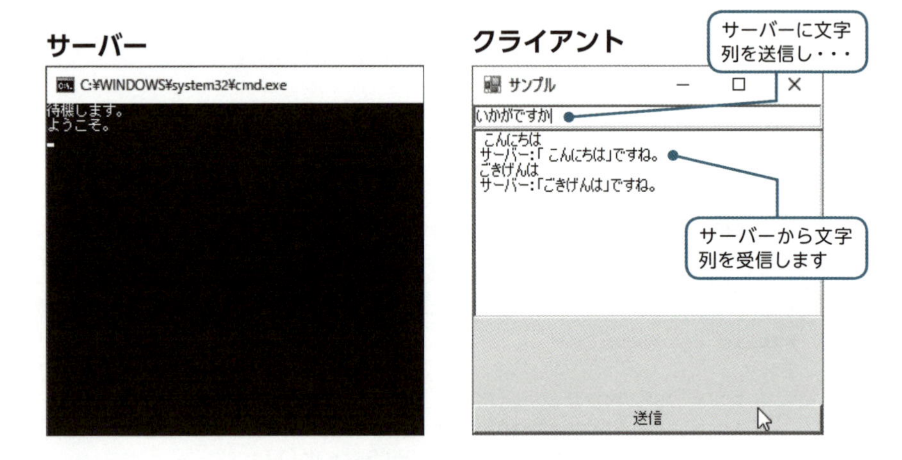

ここでは、サーバーとクライアントともに、相手とのやりとりをするための処理を新しいスレッドとして起動しています。

そのためこのサンプルでは、複数のクライアントに同時に対応したり、サーバーからのデータを受信しながらデータを送信することができるようになっています。ただし新しいスレッドからテキストボックスなどのコントロールを操作しようとする場合は、そのコントロールのスレッド上で操作が行われるようにしておく必要があります。

スレッドは、ネットワークプログラムには欠かせない機能となっているのです。

Sample5の関連クラス

クラス	説明
System.Threading.Threadクラス	
Thread(ThreadStart ts)コンストラクタ	指定したアドレス・ポート番号への接続を作成する
void Start()メソッド	スレッドを起動する
System.Windows.Forms.Controlクラス	
Object Invoke(Delegate d)メソッド	コントロールのスレッド上で処理を行う

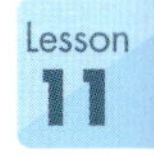

11.5 レッスンのまとめ

この章では、次のようなことを学びました。

- ホスト名を得ることができます。
- IPアドレスを扱うことができます。
- Webページを表示することができます。
- TCPClientクラスを使うと、クライアント・サーバーの接続を行うことができます。
- TCPListenerクラスを使うと、クライアントからの接続を待ち受けるサーバーを作成することができます。
- ネットワークを使うプログラムでは、スレッドを利用することがあります。

この章では、ネットワークを扱うプログラムの作成方法を学びました。多くのコンピュータがネットワークに接続されている今、ネットワークを扱うことは実用的なプログラムを作成するために不可欠なものとなっています。また、Webを扱うことができれば、インターネット上の資源を活用して、より便利なプログラムとすることができるでしょう。

練習

1. Sample2のプログラムでは、ホストがみつからなかった場合に、System.Net.Sockets名前空間のSocketException例外が送出されます。この例外の型を指定して、「ホストがみつかりませんでした。」と出力する例外処理を行ってください。なお、その他の例外では「エラーが発生しました。」と出力するものとします。

2. Sample3のWebブラウザプログラムに、「次のページへ進む」と「ホームに移動する」機能をつけてください。

関連クラス

クラス	説明
System.Windows.Forms.WebBrowserクラス	
bool GoForward()メソッド	次のページに進む
CanForwardプロパティ	「次へ」履歴があるかを取得する
CanGoForwardChangedイベント	「次へ」履歴が更新された
void GoHome()メソッド	ホームに移動する

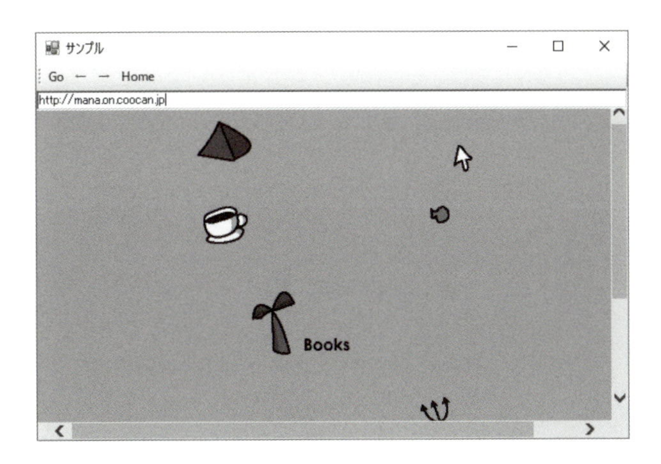

データの利用

プログラムでは大量のデータを扱う場合があります。データを保存する際には、テキストファイルやXMLファイル、データベースなどさまざまな手法が使われます。C#では各種のデータに同一の手法でアクセスできる仕様が用意されています。この章ではデータに問合せを行う仕様であるLINQについてみていきましょう。

Check Point!

- LINQ
- from
- select
- where
- orderby

12.1 LINQ

LINQのしくみを知る

この章ではデータを扱う際のトピックについてみていきましょう。

C#ではデータに問合せを行うLINQ（Language Integrated Query）と呼ばれるしくみが提供されています。

LINQは一般的に普及しているデータベースを扱う際の構文と似た表記で、さまざまなデータに問合せを行えるようになっています。

SQL

一般的に普及しているデータベースであるリレーショナルデータベース（RDB）を扱う言語として、SQL（構造化問合せ言語）があります。LINQはSQLに似た構文をもち、データベースばかりでなく、配列・XMLなども含めた各種データを扱える仕様となっています。

データを用意する

そこで、ここではデータを配列として用意してみましょう。たとえば、次のようなデータを用意することを考えます。

車表

番号	名前
2	乗用車
3	オープンカー
4	トラック

このような型が異なる複数のデータを配列で用意するためには、型名を指定しないvarという指定を使うと便利です。

型名のかわりにvarを指定することができます

```
var 車表 = new[] {
          new{ 番号= 2, 名前 =" 乗用車 "},
          new{ 番号= 3, 名前 =" オープンカー "},
          new{ 番号= 4, 名前 =" トラック "},
      };
```

ここでは配列名として「車表」という日本語を使いました。型を指定するかわりにvarを使い、newの直後の型名も省略しています。

varを使う場合には、このように必ず値を与えて初期化を行う必要があります。初期化を行った値から自動的に適切な型が選択されるようになっているからです。ここでは列名をフィールド、行をその値としたオブジェクトの配列が作成されます。

すべてのデータを取り出す

まず、すべてのデータを取り出したい場合には次の文を使います。

LINQによる問合せ

```
IEnumerable型の変数= from 範囲変数名 in 配列
                     select new {範囲変数名.列名, ・・・ };
```

配列やコレクションを使用することができます

from句で取り出す対象となる配列を指定し、要素を取り出す変数である範囲変数名を指定します。範囲変数はこの式の中でのみ使用される変数となります。なお、取り出される対象としては、配列だけでなくコレクションクラスを使用することもできます。

次にselect句で取り出したい列をnew{範囲変数.列名・・・}というかたちで指定します。なお、すべての列を取り出したい場合には、「select 範囲変数」という記述もできます。

この問合せ結果は、System.Collections名前空間に属するIEnumerableインターフェイス型の変数で取り扱うことができます。

つまりここでは、次のように指定するわけです。

```
IEnumerable qry = from K in 車表
                  select new { K.名前, K.番号 };
```

すべてのデータが取り出されます

実際にコードを作成してみましょう。

Sample1.cs ▶ すべてのデータを取り出す

```
using System;
using System.Windows.Forms;
using System.Linq;
using System.Collections;

class Sample1 : Form
{
    private  ListBox lbx;

    public static void Main()
    {
        Application.Run(new Sample1());
    }
    public Sample1()
    {
        this.Text = "サンプル";
        this.Width = 300; this.Height = 200;

        lbx = new ListBox();
        lbx.Dock = DockStyle.Fill;
```

```
        var 車表 = new[] {
            new{番号= 2, 名前 ="乗用車"},
            new{番号= 3, 名前 ="オープンカー"},
            new{番号= 4, 名前 ="トラック"},
        };

        IEnumerable qry = from K in 車表
                          select new { K.名前, K.番号 };

        foreach (var tmp in qry)
        {
            lbx.Items.Add(tmp);
        }
        lbx.Parent = this;
    }
}
```

すべてのデータが取り出されます

Sample1の実行画面

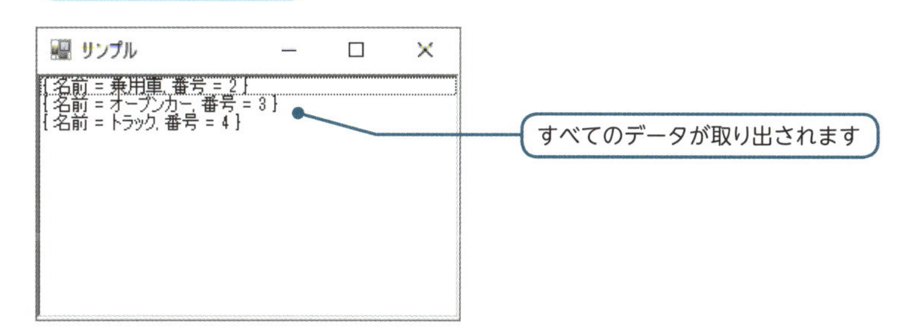

条件をつけて検索する

データを問い合わせる際には、条件を指定して、条件に該当するデータだけを取り出すこともできます。このときには、

where　条件

という指定を行います。

たとえば、番号が3以下のデータだけを取り出したいとしましょう。このとき次のように指定します。

```
IEnumerable qry = from K in 車表
                  where K.番号 <= 3
                  select new { K.名前, K.番号 };
```

条件を絞り込みます

車表

番号	名前
2	乗用車
3	オープンカー
4	トラック

→

番号	名前
2	乗用車
3	オープンカー

条件をC#の演算子によってつくることができます。実際に確認してみましょう。

Sample2.cs ▶ 条件をつけて絞り込む

```
using System;
using System.Windows.Forms;
using System.Linq;
using System.Collections;

class Sample2 : Form
{
    private ListBox lbx;

    public static void Main()
    {
        Application.Run(new Sample2());
    }
    public Sample2()
    {
        this.Text = "サンプル";
        this.Width = 300; this.Height = 200;

        lbx = new ListBox();
        lbx.Dock = DockStyle.Fill;

        var 車表 = new[] {
            new{番号= 2, 名前 ="乗用車"},
            new{番号= 3, 名前 ="オープンカー"},
            new{番号= 4, 名前 ="トラック"},
```

```
        };

        IEnumerable qry = from K in 車表
                          where K.番号 <= 3
                          select new { K.名前, K.番号 };

        foreach (var tmp in qry)
        {
            lbx.Items.Add(tmp);
        }
        lbx.Parent = this;
    }
}
```

条件を絞り込みます

Sample2の実行画面

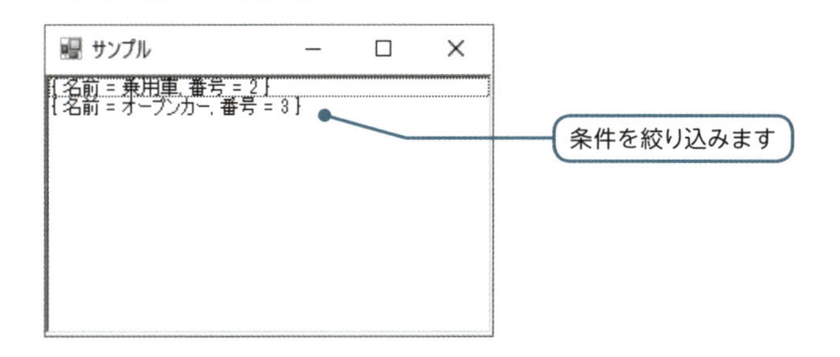

並べ替えを行う

取り出したデータを並べ替える方法を紹介しておきましょう。並べ替えを行うには、

orderby　列名

で並べ替えの基準となる列に別名をつけて指定します。たとえば、次の問合せによって番号の値が小さい順に並べ替えられます。ascending（小さい順に並べる）を指定することもできます。

```
IEnumerable qry = from K in 車表
                  orderby K.番号
                  select new { K.名前, K.番号 };
```

❶番号の値が小さい順に並べ替えます

大きい順に並べ替えたい場合は、最後にdescendingをつけます。

```
IEnumerable qry = from K in 車表
                  orderby K.番号 descending
                  select new { K.名前, K.番号 };
```

❷番号の値が大きい順に並べ替えます

❶ 番号の値が小さい順に並べ替えます

番号	名前
2	乗用車
3	オープンカー
4	トラック

❷ 番号の値が大きい順に並べ替えます

番号	名前
4	トラック
3	オープンカー
2	乗用車

それでは、ここで番号の大きい順に並べ替えてみましょう。問合せの部分以外はこれまでと同じです。

Sample3.cs ▶ 並べ替える

```
using System;
using System.Windows.Forms;
using System.Linq;
using System.Collections;

class Sample3 : Form
{
    private ListBox lbx;

    public static void Main()
    {
        Application.Run(new Sample3());
    }
    public Sample3()
```

```
    {
        this.Text = "サンプル";
        this.Width = 300; this.Height = 200;

        lbx = new ListBox();
        lbx.Dock = DockStyle.Fill;

        var 車表 = new[] {
            new{番号= 2, 名前 ="乗用車"},
            new{番号= 3, 名前 ="オープンカー"},
            new{番号= 4, 名前 ="トラック"},
        };

        IEnumerable qry = from K in 車表
                          where K.番号 <= 3
                          orderby K.番号 descending
                          select new { K.名前, K.番号 };

        foreach (var tmp in qry)
        {
            lbx.Items.Add(tmp);
        }
        lbx.Parent = this;
    }
}
```

大きい順に並べ替えます

Sample3の実行画面

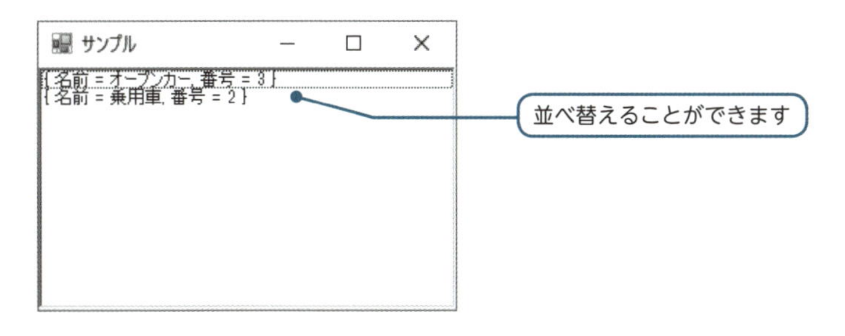

12.2 XMLとLINQ

XMLをLINQで扱う

LINQはさまざまなデータに対応しています。XML形式で保存されたデータも取り出すことができます。

コードを作成してみましょう。このコードを実行するためには、cドライブの下に「Sample.xml」（第10章で作成したもの）が保存されているかを確認してください。また、このプログラムをビルドするためには、「System.Xml」と「System.Xml.Linq」の参照の追加が必要となります。

Sample4.cs ▶ XMLを扱う

```
using System;
using System.Windows.Forms;
using System.Linq;
using System.Xml.Linq;
using System.Collections;

class Sample4 : Form
{
    private ListBox lbx;

    public static void Main()
    {
        Application.Run(new Sample4());
    }
    public Sample4()
    {
        this.Text = "サンプル";
        this.Width = 300; this.Height = 200;

        lbx = new ListBox();
        lbx.Dock = DockStyle.Fill;
```

```
        XDocument doc = XDocument.Load("c:¥¥Sample.xml");

        IEnumerable qry = from K in doc.Descendants("car")
                          select K;

        foreach (var tmp in qry)
        {
            lbx.Items.Add(tmp);
        }
        lbx.Parent = this;
    }
}
```

XMLを読み込みます

Sample4の実行画面

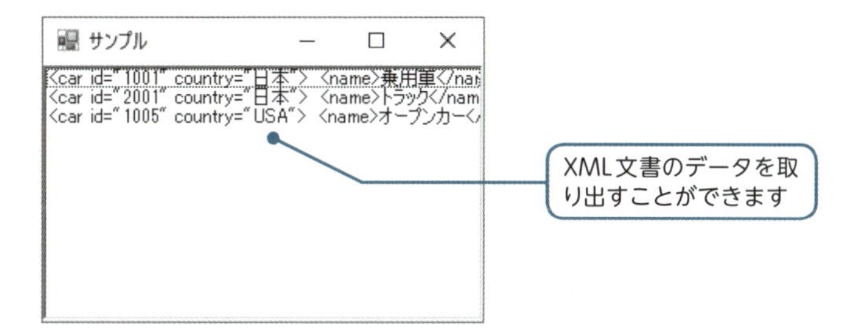

XMLをLINQで扱うためには、XDocumentクラスのLoad()メソッドで読み込みます。XDocumentクラスのDescendants()メソッドは指定した要素のコレクションを取得できます。この要素を、さきほどの配列と同様に扱うことができます。

このように、XMLでも配列でも、LINQにしたがうことによって同じ構文で問合せを行うことができます。

Sample4の関連クラス

クラス	説明
System.Xml.Linq.XDocumentクラス	
XDocument Load(string fn)メソッド	指定したXMLファイルを読み込む
System.Xml.Linq.XContainerクラス	
IEnumerable<XElements> Descendants(XName name)メソッド	指定名の要素を取得する

条件をつけて検索する

LINQを使ってさまざまな検索を行うことができます。まずcountry属性の値が「日本」であるcar要素を検索してみましょう。

Sample5.cs ▶ 属性で検索する

```
using System;
using System.Windows.Forms;
using System.Linq;
using System.Xml.Linq;
using System.Collections;

class Sample5 : Form
{
    private ListBox lbx;

    public static void Main()
    {
        Application.Run(new Sample5());
    }
    public Sample5()
    {
        this.Text = "サンプル";
        this.Width = 300; this.Height = 200;

        lbx = new ListBox();
        lbx.Dock = DockStyle.Fill;

        XDocument doc = XDocument.Load("c:¥¥Sample.xml");

        IEnumerable qry =
            from K in doc.Descendants("car")
            where (string)K.Attribute("country") == "日本"
            select K;

        foreach (var tmp in qry)
        {
            lbx.Items.Add(tmp);
        }
        lbx.Parent = this;
    }
}
```

属性の値で絞り込みます

Sample5の実行画面

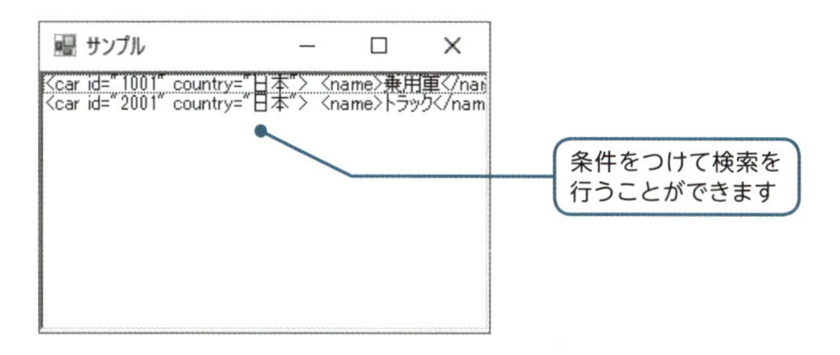

XElementクラスのAttribute()メソッドを使うと、この要素以下の指定した属性名の属性を得ることができます。この値を検索条件に使って調べているのです。

Sample5の関連クラス

クラス	説明
System.Xml.Linq.XElementクラス	
XAttribute Attribute(XName name)メソッド	指定名の属性を取得する

要素の値を取り出す

次に、id属性が1005以上のcar要素を検索してみましょう。今度はcar要素の下のname要素の値である、車の名前だけを表示してみます。

Lesson 12

Sample6.cs ▶ 検索した要素の値を表示する

```
using System;
using System.Windows.Forms;
using System.Linq;
using System.Xml.Linq;
using System.Collections;

class Sample6 : Form
{
    private ListBox lbx;
```

```
    public static void Main()
    {
        Application.Run(new Sample6());
    }
    public Sample6()
    {
        this.Text = "サンプル";
        this.Width = 300; this.Height = 200;

        lbx = new ListBox();
        lbx.Dock = DockStyle.Fill;

        XDocument doc = XDocument.Load("c:¥¥Sample.xml");

        IEnumerable qry = from K in doc.Descendants("car")
                          where (int)K.Attribute("id")
                                      >= 1005
                          select K.Element("name").Value;

        foreach (var tmp in qry)
        {
            lbx.Items.Add(tmp);
        }
        lbx.Parent = this;
    }
}
```

直下の要素の値を取り出します

Sample6の実行画面

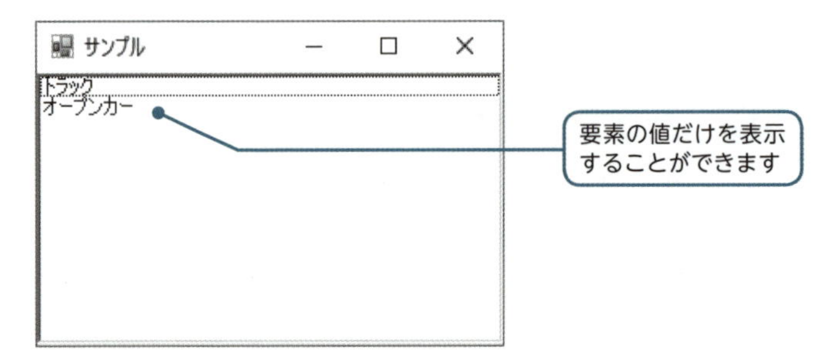

XElementクラスのElement()メソッドを使うと、この要素以下の指定した要素名の要素を得ることができます。ここでは要素の値を取り出すことにしています。

Sample6の関連クラス

クラス	説明
System.Xml.Linq.XElementクラス	
XElement Element(XName name)メソッド	指定名の最初の子要素を取得する
Valueプロパティ	要素の値を設定・取得する

並べ替えを行う

並べ替えを行うこともできます。配列のときと同様にorderbyを指定して並べ替えてみましょう。

Sample7.cs ▶ 並べ替えを行う

```
using System;
using System.Windows.Forms;
using System.Linq;
using System.Xml.Linq;
using System.Collections;

class Sample7 : Form
{
    private ListBox lbx;

    public static void Main()
    {
        Application.Run(new Sample7());
    }
    public Sample7()
    {
        this.Text = "サンプル";
        this.Width = 300; this.Height = 200;

        lbx = new ListBox();
        lbx.Dock = DockStyle.Fill;

        XDocument doc = XDocument.Load("c:¥¥Sample.xml");

        IEnumerable qry = from K in doc.Descendants("car")
                          orderby (int)K.Attribute("id")
```

並べ替えを行います

```
                            select K.Element("name").Value;

         foreach (var tmp in qry)
         {
             lbx.Items.Add(tmp);
         }
         lbx.Parent = this;
     }
}
```

Sample7の実行画面

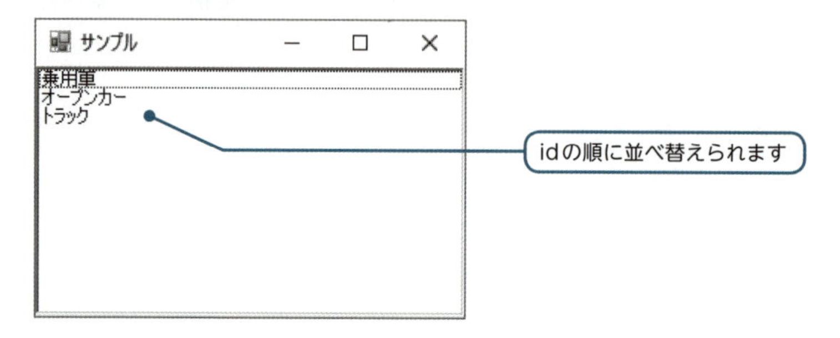

id属性の値の順に並べ替えたうえで、要素の値を取り出すことができます。

このように、LINQによってXMLからさまざまな取り出しができるようになります。便利な方法としておぼえておくとよいでしょう。

12.3 レッスンのまとめ

この章では、次のようなことを学びました。

- LINQによって配列などからデータを取り出すことができます。
- LINQでは条件をつけて絞り込みができます。
- LINQでは並べ替えができます。
- LINQによってXMLからデータを取り出すことができます。

LINQによってさまざまなデータの集合から必要なデータを取り出すことができます。配列やXML、データベースなどから、同じ仕様にしたがった方法でデータを取り出すことができるのです。LINQは便利な仕様となっています。

練習

1. 次のproduct表を配列として作成し、データを取り出してください。

product表

name	price
鉛筆	80
消しゴム	50
定規	200
コンパス	300
ボールペン	100

2. 1.で作成した表の配列から、価格が200円以上のデータを取り出してください。

アプリケーションの作成

私たちはこれまで、C#のさまざまな機能について学んできました。これまでの知識を活用すれば、バリエーションに富んだプログラムを作成することができます。この章では、さらに大規模なアプリケーションを作成する際のヒントについて学んでいくことにしましょう。

Check Point!

- プログラム概要の設計
- デザインの設計
- データ・機能の設計
- クラスの設計
- コードの記述
- プログラムの変更・拡張

13.1 プログラムの設計

本格的なプログラムの作成

私たちはこれまでの章で、いろいろな応用的なプログラムを作成しています。これまでに学んだような小さなプログラムであれば、クラスライブラリを利用して、かんたんに作成することができます。

しかし、大規模で本格的なプログラムの場合には、さらに手順を踏んで作成していく必要があるでしょう。最後のこの章では、アプリケーションを作成する手順を順に追っていくことにしましょう。

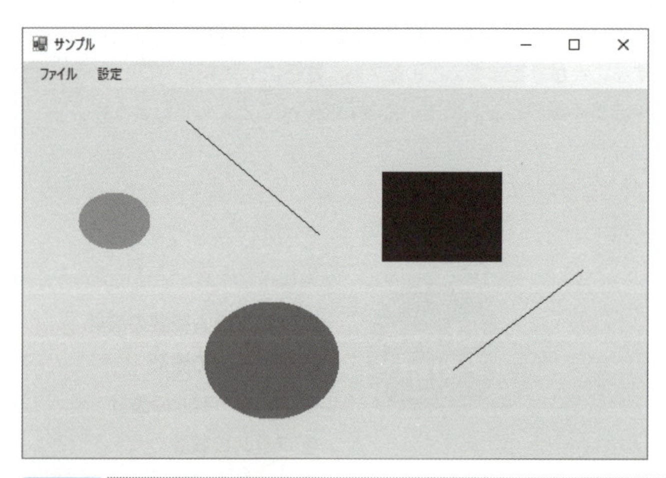

図13-1 プログラムを作成する

本格的なプログラムは順序だてて作成する必要があります。

プログラムの概要を考える

プログラムを作成する際にはどのような作業をはじめればよいでしょうか。
プログラムを作成する際にはまず、

プログラムによってどんなことをするのか

を考える必要があります。あたりまえのことのようですが、何をつくるのかが漠然としたままでは作業をすすめることはできません。まずどんなプログラムをつくるのかを明確にしていく必要があるのです。

たとえば、「マウスで絵を描く」アプリケーションを作成することを考えましょう。しかし、「マウスで絵を描く」というだけではまだ明確ではないでしょう。「絵を描く」とは、どういうことなのでしょうか。また「マウスで描く」とは、どういうことなのでしょうか。もう少し具体的にしていきます。

まず「絵を描く」ことについて考えてみます。絵を描くといっても、

- 四角形を描く
- 楕円を描く
- 直線を描く

といった具体的な作業が考えられるでしょう。

また、「マウスで描く」ことについてもくわしく考えてみます。次のようにマウスで描くことにしましょう。

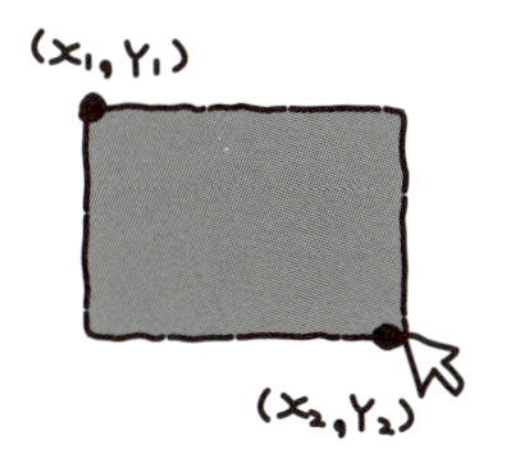

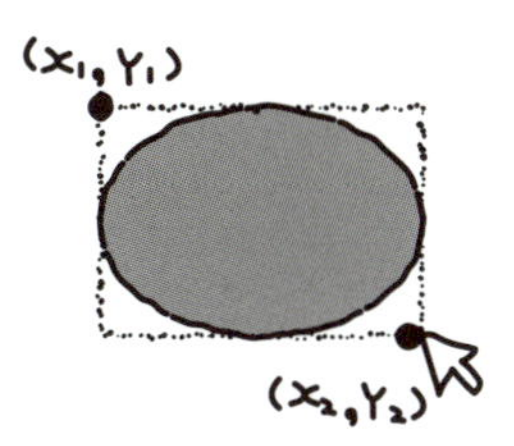

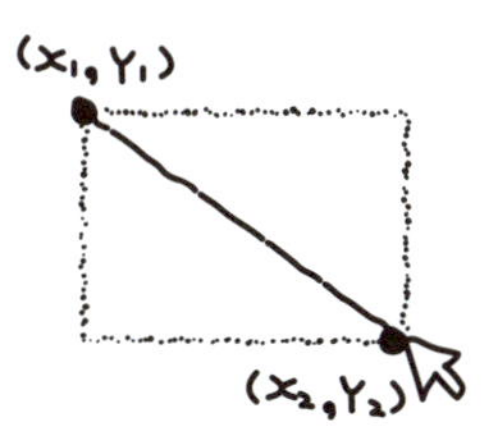

「マウスでクリックした左上の点（開始座標x1, y1）からマウスをはなした右下の点（終了座標x2, y2）までに図形を描く」

ことにするのです。

さらに、これらの図形データを、ファイルに保存することも考えておきたい機能です。

このように、

プログラムがどのように動作するのか

という「プログラムの概要」を明確に決めていくことが必要です。概要を考え、明確にしていくことは、プログラムを作成するにあたってたいせつな手順の1つとなります。

ただし、この段階でプログラムの概要を完全にきっちり厳格に決めてしまえばよいわけではありません。コードを作成・入力していくにあたっては、概要を考え直さなければならない状況もあります。まず、プログラムをはじめるにあたって必要な点を明確にしておくために、概要について吟味するのです。

プログラムの概要を明確にする。

図13-2 プログラムの概要を明確にする

プログラムの概要を明確にする必要があります。

ウィンドウのデザインを設計する

さて次に、ユーザーが利用するデザインの設計をする作業が必要です。コードを考えるうえではデザインについて吟味することが欠かせないものとなっているのです。ウィンドウプログラムであれば、ウィンドウ上のデザインを設計することが必要でしょう。

そこでここでは、これまでに学んだウィンドウ部品を組み合わせて、デザインを設計することにしましょう。このアプリケーションでは絵を描くための設定をメニューで用意することにします。

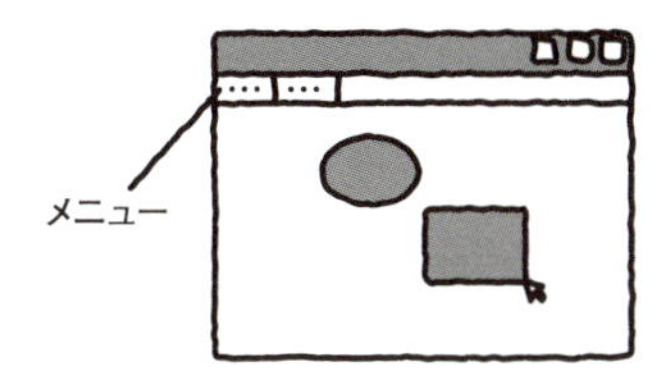

メニューの内容も具体的に考えておきましょう。次のようなメニューを考えます。

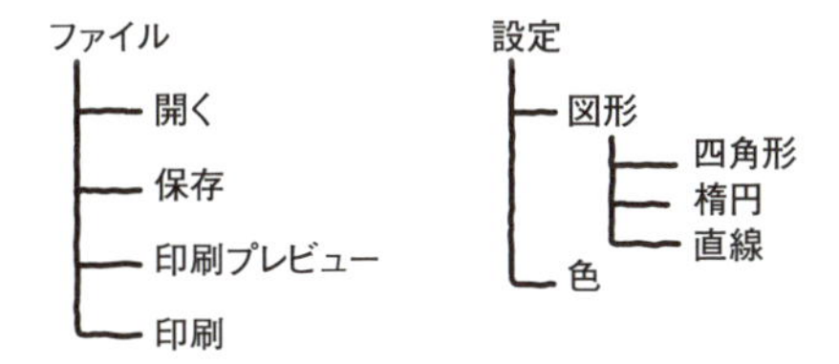

「ファイル」メニュー・「設定」メニューを考えました。「ファイル」メニューを選択することで、ファイルを開く作業・ファイルを保存する作業・印刷プレビュー・印刷作業のいずれかを選択できるようにします。また、「設定」メニューを選択することによって、図形・色を選択できるようにします。図形は四角形・楕円・直線のいずれかを選択できるようにします。

この段階で詳細なメニュー内容まで設計することはむずかしいかもしれません。しかし、ユーザーにどのような操作を行わせるのかを考えることは必要です。

プログラムを設計するためには、さまざまなコントロールに親しんでおくことは欠かせません。第7章などをふりかえって復習してみてください。

プログラムの外観上のデザインを設計する。

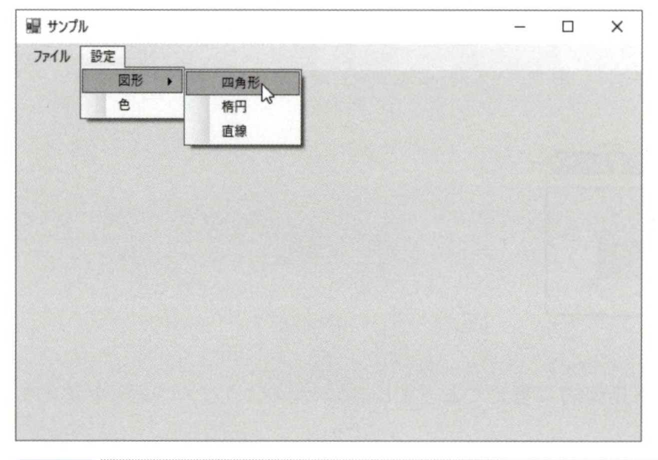

図13-3 **デザインを設計する**

ウィンドウのデザインを設計する必要があります。

フォームのデザイン

C#の開発環境であるVisual Studioには、フォームなどのデザインと必要なコードの作成を行う機能も用意されています。プログラムの作成に慣れてきたら、こうした機能を利用して開発を行うこともできます。

ただし、本書ではシンプルにプログラムの作成を行うために、コード中でフォームのレイアウトを行うことにしました。どちらの場合も、デザインの設計は欠かせないものですのでしっかりと考えてみてください。

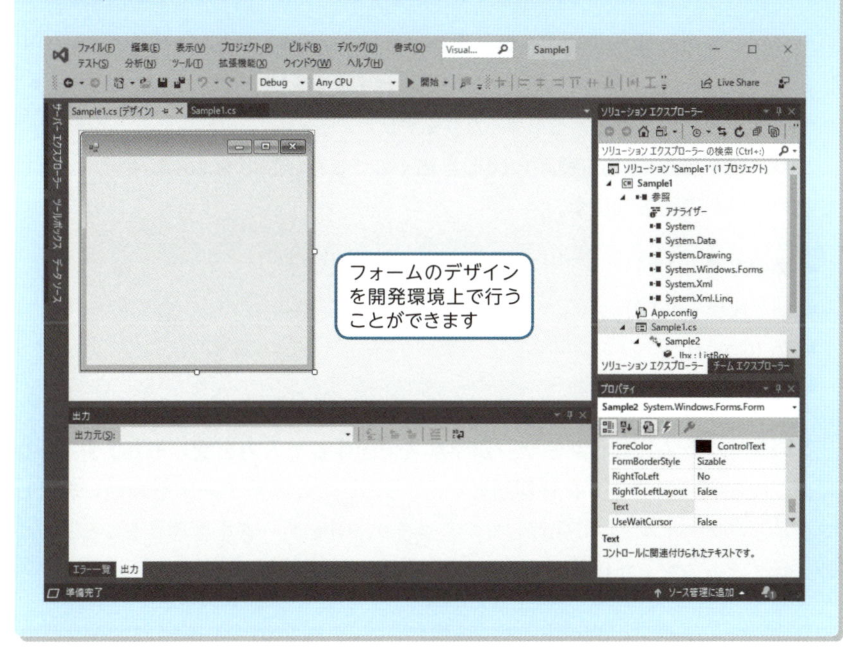

13.2 データ・機能の設計

データをまとめる

プログラムの外観を決定したら、次にプログラムの内部構造を決定していきましょう。いろいろなアプローチ方法が考えられますが、プログラムで扱う「データ」について注目してみると考えやすくなります。

このプログラムでは、3種類の図形を描くのでした。図形をあらわすデータとして次のものが考えられます。

- 開始座標（x1,y1）
- 終了座標（x2,y2）
- 色（Color）
- 種類

このプログラムでは、ユーザーがマウスで操作した入力を受け取ります。そして、これらの図形データを管理します。さらに、この図形データを画面に絵として表示し、ファイルとして保存します。つまり、図形データを管理することが、このプログラムの大きな役割となるのです。

プログラムに必要なデータを考える。

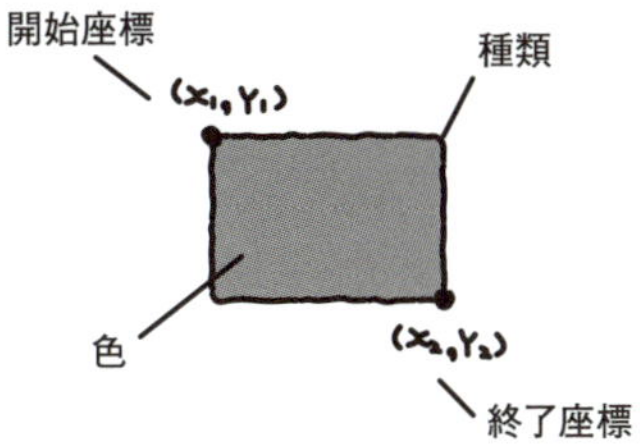

開始座標
(x1, y1)
種類
色
(x2, y2)
終了座標

図13-4 データを考える
プログラムに必要なデータを考える必要があります。

クラス階層を設計する

さて、C#はオブジェクト指向プログラミング言語です。C#ではモノに着目してプログラムを設計するのに都合がよい言語となっています。モノのデータとデータに対する操作をクラスにまとめ、堅牢なプログラムを作成することができます。

そこで、図形データを管理するため、このプログラムでもモノに注目してクラスを設計していくことにしましょう。

たとえば、具体的なモノのイメージといえば、次のクラスが考えられます。

「四角形（Rect）」クラス
「楕円（Oval）」クラス
「直線（Line）」クラス

ただし、このまま3つのクラスを設計することがよいかどうかは、よく吟味して考える必要があります。3つの図形には、共通するデータ・機能があります。これらを個々の3つに分割するのはよい方法とはいえません。

具体的なクラスから抽象的なクラスが考えられる場合もありますし、抽象的なクラスから具体的なクラスを考えるべき場合もあるでしょう。

ここでは3つの具体的なクラスのほか、共通する性質をまとめる抽象的なクラスとしてもう1つクラスを追加します。

「図形（Shape）」クラス

を考えるのです。4つのクラスの関係は次のようになっています。

Lesson 13

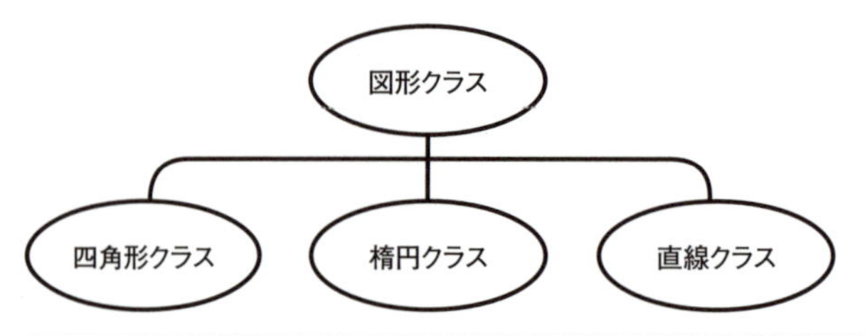

図13-5 クラス階層を設計する
データ・機能をもとにクラス階層を設計する必要があります。

図形クラスと3つのクラスは、基本クラス・派生クラスの関係として設計します。派生クラスは、基本クラスを拡張したクラスとなります。つまり、図形クラス（基本クラス）を定義し、そこから3つのクラスを拡張するのです。

もちろんこの方法が唯一の正解ではありません。クラスを設計する際には、データ・機能をよく吟味することが必要なのです。

クラス階層を設計する。

機能をまとめる

それでは、図形関連のクラスの内容を考えていきましょう。まずデータから考えていきます。

❶ 開始座標

❷ 終了座標

❸ 色

これらのデータは図形クラスにもたせるものとします。
また、これらのデータを操作する機能などとして、次のものが考えられます。

❶ 開始座標を設定する
❷ 終了座標を設定する
❸ 色を設定する
❹ 自分自身を描画する

❶～❸はどの図形も同様の処理となると考えられます。そこで、これらの機能は図形（Shape）クラスにまとめることにしましょう。一方、❹の描画方法は、図形ごとに異なります。そこで、描画は具体的なクラス内で行うことにしましょう。
以上のことから、全体として次のようなクラスを考えます。

```
abstract class Shape
{
    public static int RECT = 0;
    public static int OVAL = 1;
    public static int LINE = 2;
    protected int x1, y1, x2, y2;
    protected Color c;

    abstract public void Draw(Graphics g);

    public void SetColor(Color c)
    {
        //色を設定する
    }
    public void SetStartPoint(int x, int y)
    {
        //開始座標を設定する
    }
    public void SetEndPoint(int x, int y)
    {
        //終了座標を設定する
    }
}

class Rect : Shape
{
    override public void Draw(Graphics g)
```

```
    {
        //ブラシを作成する
        //四角形を描く
    }
}
class Oval : Shape
{
    override public void Draw(Graphics g)
    {
        //ブラシを作成する
        //楕円を描く
    }
}
class Line : Shape
{
    override public void Draw(Graphics g)
    {
        //ブラシとペンを作成する
        //直線を描く
    }
}
```

楕円をあらわす派生クラスです

直線をあらわす派生クラスです

共通するデータ・機能をShapeクラスにまとめました。また、描画は具体的なクラスとしてまとめています。

データと機能をクラスにまとめる。

アプリケーションのクラスも考える

図形に関するデータを考え、図形関連のクラスを設計してみました。しかし、アプリケーションを動作させるには、これだけではまだ十分ではありません。このプログラムは、ほかにもまだ管理しなければならないデータがあります。たとえば、パネル上に描いた1枚の「絵」データや、現在選択されている色・図形データを考えてみてください。これらのデータはアプリケーションで管理する必要があります。

図形を描いたときにはじめて管理すればよいデータは、図形クラスで管理しました。そこで、アプリケーション全体で管理しなければならないデータは、アプリケーションをあらわすクラスで管理することにしましょう。

まず、フォーム上に描いた1枚の「絵」は、各図形オブジェクトのリストとして管理します。「絵」を管理するには、第8章などでも使ったコレクションクラスを使うことにします。

- 図形リスト ➡ List<Shape>型のshapeList変数で管理する

また、現在選択されている図形・色は、整数データであらわすことにします。

- 現在選択されている図形 ➡ int型のcurrentShape変数で管理する
- 現在選択されている色 ➡ int型のcurrentColor変数で管理する

これらのデータをアプリケーションクラスにもたせるのです。

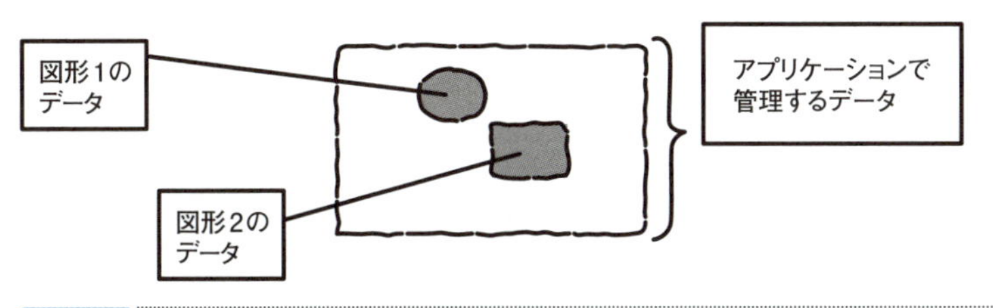

図13-6 データを管理するクラスを考える

データを管理するクラスを考えます。

データを管理するクラスを考える。

初期設定を行う

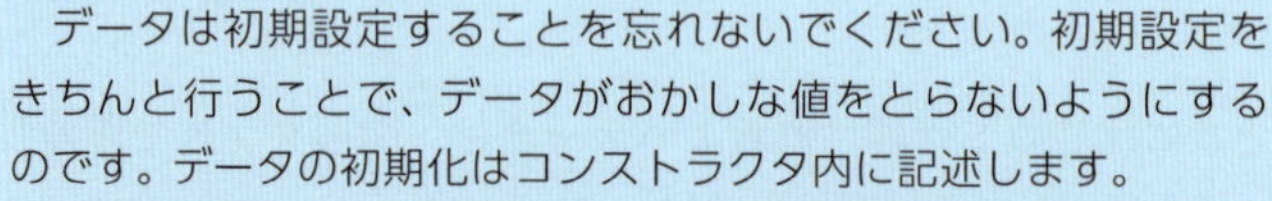

データは初期設定することを忘れないでください。初期設定をきちんと行うことで、データがおかしな値をとらないようにするのです。データの初期化はコンストラクタ内に記述します。

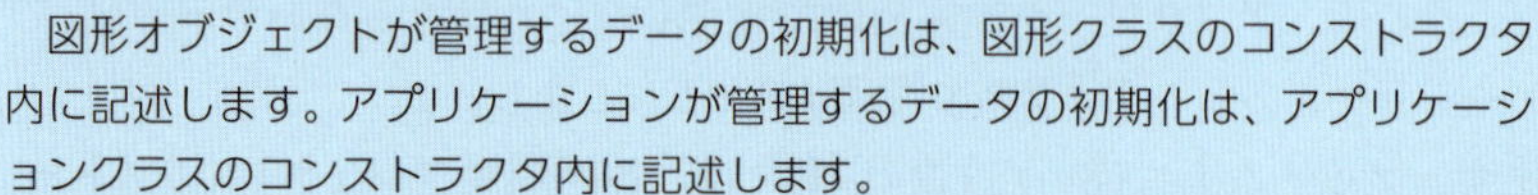

図形オブジェクトが管理するデータの初期化は、図形クラスのコンストラクタ内に記述します。アプリケーションが管理するデータの初期化は、アプリケーションクラスのコンストラクタ内に記述します。

フォームに関する処理を書く

最後に、アプリケーションの処理を考えていくことにしましょう。フォームに関する処理から考えていきましょう。まず、

フォームをマウスでクリックしたとき

には、どのような処理をしたらよいでしょうか。最初に、図形オブジェクトを作成する必要があります。また、色・座標を設定したうえで、オブジェクトを図形リストに追加することが必要です。これらを順に処理することにします。

```
フォーム上でマウスボタンを押し下げたときのイベントハンドラ
{
  //図形オブジェクトを作成する
  //図形オブジェクトの色を設定する
  //図形オブジェクトの座標を設定する
  //図形オブジェクトをリスト末尾に追加する
}
```

マウスでクリックしたときの処理です

ここではとりあえず日本語で処理手順を書いていくことにします。

同じように、

マウスをはなしたときの処理

も考えます。新しく追加した図形の終了位置をリストに設定することにします。

```
フォーム上でマウスをはなしたときのイベントハンドラ
{
   //図形オブジェクトをリスト末尾から取り出す
   //図形オブジェクトの終了座標を設定する
   //フォームを再描画する
}
```

マウスをはなしたときの処理です

最後に、描画処理を記述します。図形リストからオブジェクトを1つずつ取り出し、描画するものとします。描画する際にはオブジェクトのメソッドを呼び出すことにします。

```
フォームの描画イベントハンドラ
{
   for(int i=0; i <リストのサイズ; i++){
      //図形オブジェクトをリストから取り出す
      //図形オブジェクト自身によって描画する
   }
}
```

フォームを描画する処理です

リストで管理されているオブジェクトを先頭から順に処理するため、ここでは繰り返し文（for文）を使うことにしました。同種の処理を繰り返す場合は、繰り返し文を使います。処理の内容を考えながら、プログラムの構造をつくっていくことが必要です。

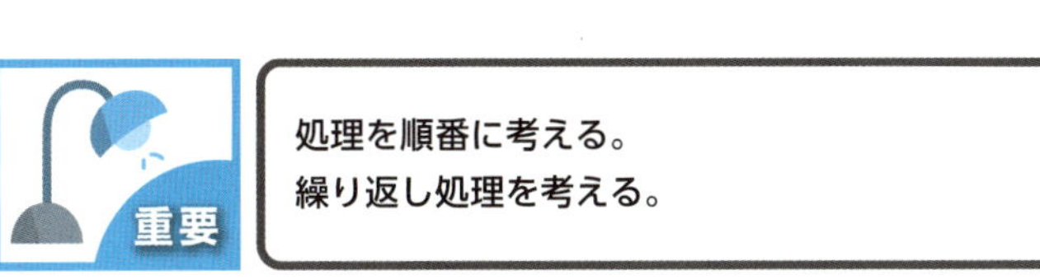

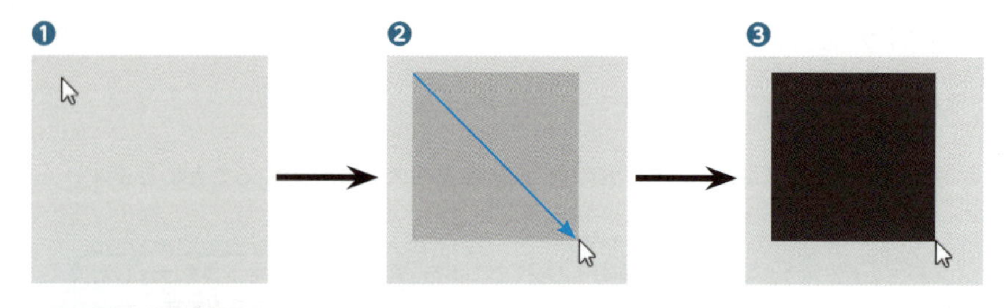

図13-7 処理を順番に考える
プログラムの処理を考えます。

メニューに関する処理を書く

また、メニューを選択した場合の処理も考えてみてください。メニューを選択したとき、次のような処理を行うことにします。

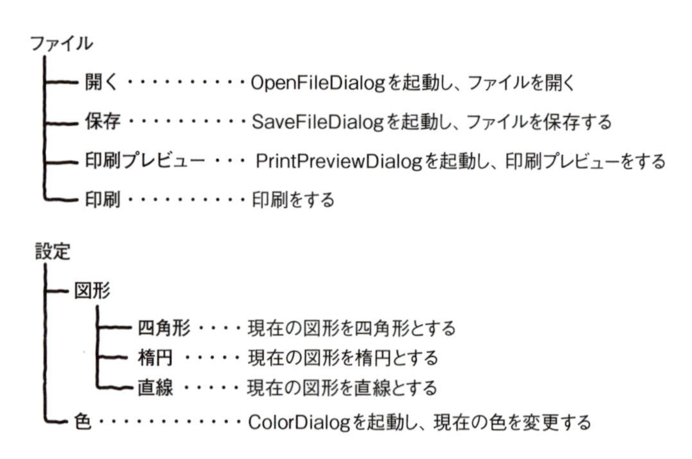

ファイルを開く・保存するためのダイアログボックスの起動方法は、第10章などのこれまでの章を参照するとよいでしょう。ここではファイルの拡張子として、「××.g」というファイルを使うことにします。

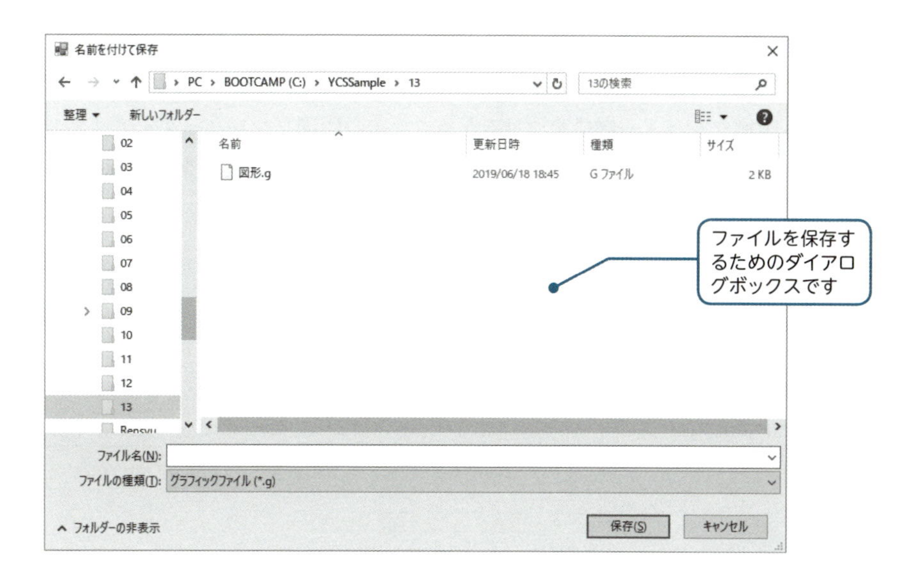

また、ファイルをオブジェクトごとに保存するため、BinaryFormatterクラスを利用します。次のクラスの機能を調べてみるとよいでしょう。

クラス	説明
System.Runtime.Serialization.Formatters.Binary.BinaryFormatterクラス	
void Serialize(Stream s, Object o)メソッド	オブジェクトをストリームに書き出す
Object Deserialize(stream s, Object o)メソッド	オブジェクトをストリームから読み込む

印刷機能をつけるために次のクラスを利用します。印刷するドキュメントを管理するクラスです。

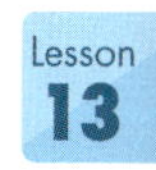

クラス	説明
System.Windows.Forms.PrintDocumentクラス	
PrintDocument()コンストラクタ	印刷ドキュメントを作成する
PrintPageイベント	印刷イベント

PrintPageイベントが発生したら、印刷ドキュメントに描画を行います。ここでは、この描画処理はフォームへの描画と同じ処理を行うことにします。

また、印刷プレビュー機能をつけるために、次の印刷プレビューダイアログボックスを利用します。なお、印刷プレビューをする際には、このPrintDocumentプロパティにドキュメントが設定されている必要があります。

クラス	説明
System.Windows.Forms.PrintPreviewDialogクラス	
PrintPreviewDialog()コンストラクタ	印刷プレビューダイアログボックスを作成する
DialogResult ShowDialog()メソッド	印刷プレビューダイアログボックスを表示する
PrintDocumentプロパティ	プレビューに表示する印刷ドキュメントを設定する

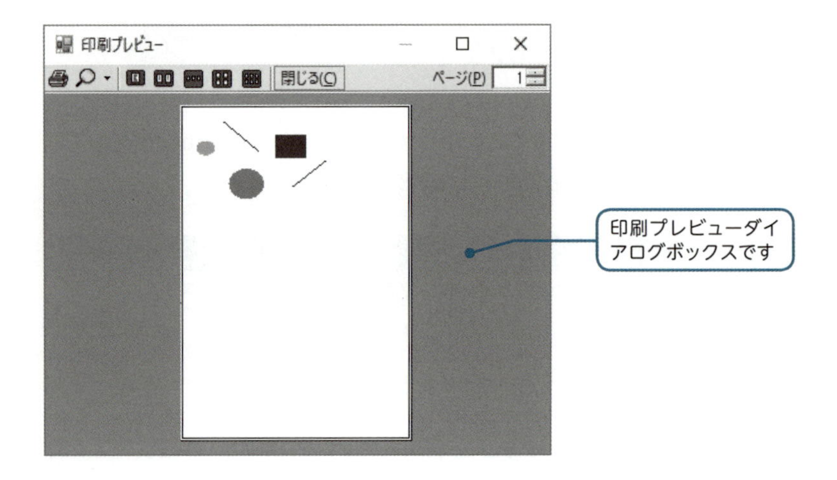

色を選択するためには、カラーダイアログボックスを起動します。ColorDialogクラスは色を選択するダイアログボックスです。カラーダイアログボックスの機能も調べてみてください。

クラス	説明
System.Windows.Forms.ColorDialogクラス	
ColorDialog()コンストラクタ	カラーダイアログボックスを作成する
DialogResult ShowDialog()メソッド	カラーダイアログボックスを表示する

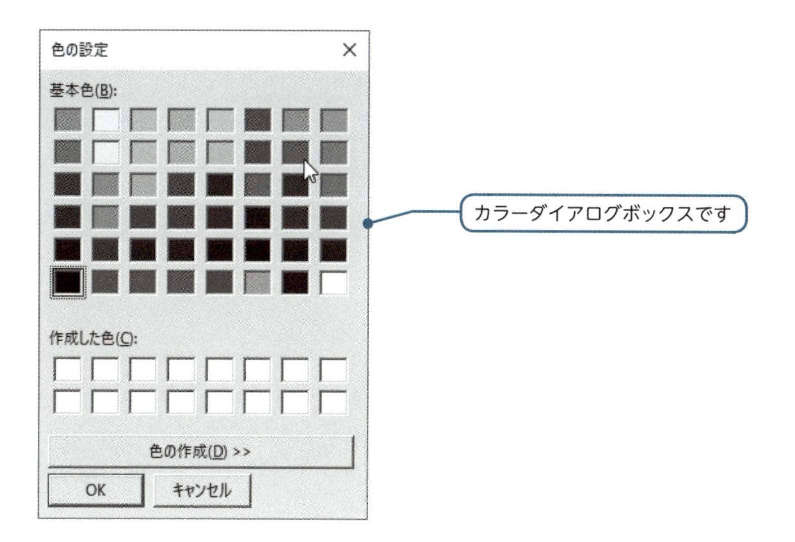

クラスライブラリで提供されているクラスを利用することで、これらの高度な処理を楽に記述することができます。

このように、高度なC#のプログラムを作成する際には、クラスを使いこなすことが欠かせません。クラスライブラリのリファレンスを調べることで、処理を考えてみてください。

オブジェクトの保存

C#ではファイルにオブジェクトを直接書き出すことができます。これをオブジェクトの**シリアライゼーション**といいます。シリアライゼーションを行うには、シリアライゼーションを行いたいクラスに[Serializable]属性を指定します。ここでは図形クラスとその派生クラスに指定することにします。次節のSample.csを参照してください。

13.3 コードの作成

コードを作成する

さて、ここまでにアプリケーションの大枠を決めることができました。記述した処理内容をもとに、C#コードを記述していきましょう。

ここでは次のようなコードを作成します。

Sample.cs ▶ ドローアプリケーション

```
using System;
using System.Windows.Forms;
using System.Collections.Generic;
using System.Drawing;
using System.Drawing.Printing;
using System.IO;
using System.Runtime.Serialization.Formatters.Binary;

class Sample : Form
{
    private MenuStrip ms;
    private ToolStripMenuItem[] mi =
        new ToolStripMenuItem[11];

    private List<Shape> shapeList;
    private int currentShape;
    private Color currentColor;

    static PrintDocument pd;

    [STAThread]
    public static void Main()
    {
        Application.Run(new Sample());
    }
    public Sample()
```

```
{
    this.Text = "サンプル";
    this.Width = 600; this.Height = 400;

    ms = new MenuStrip();
    mi[0] = new ToolStripMenuItem("ファイル");
    mi[1] = new ToolStripMenuItem("設定");
    mi[2] = new ToolStripMenuItem("図形");
    mi[3] = new ToolStripMenuItem("開く");
    mi[4] = new ToolStripMenuItem("保存");
    mi[5] = new ToolStripMenuItem("印刷プレビュー");
    mi[6] = new ToolStripMenuItem("印刷");
    mi[7] = new ToolStripMenuItem("四角形");
    mi[8] = new ToolStripMenuItem("楕円");
    mi[9] = new ToolStripMenuItem("直線");
    mi[10] = new ToolStripMenuItem("色");

    mi[0].DropDownItems.Add(mi[3]);
    mi[0].DropDownItems.Add(mi[4]);
    mi[0].DropDownItems.Add(new ToolStripSeparator());
    mi[0].DropDownItems.Add(mi[5]);
    mi[0].DropDownItems.Add(mi[6]);

    mi[1].DropDownItems.Add(mi[2]);
    mi[1].DropDownItems.Add(mi[10]);

    mi[2].DropDownItems.Add(mi[7]);
    mi[2].DropDownItems.Add(mi[8]);
    mi[2].DropDownItems.Add(mi[9]);

    ms.Items.Add(mi[0]);
    ms.Items.Add(mi[1]);

    this.MainMenuStrip = ms;
    ms.Parent = this;

    pd = new PrintDocument();

    shapeList = new List<Shape>();
    currentShape = Shape.RECT;
    currentColor = Color.Blue;

    for (int i = 0; i < mi.Length; i++)
    {
        mi[i].Click += new EventHandler(mi_Click);
    }
```

```
        this.MouseDown += new MouseEventHandler(fm_MouseDown);
        this.MouseUp += new MouseEventHandler(fm_MouseUp);
        this.Paint += new PaintEventHandler(fm_Paint);
        pd.PrintPage +=
            new PrintPageEventHandler(pd_PrintPage);
    }
    public void mi_Click(Object sender, EventArgs e)
    {
        if (sender == mi[3])
        {
            OpenFileDialog ofd = new OpenFileDialog();
            ofd.Filter = "グラフィックファイル|*.g";

            if (ofd.ShowDialog() == DialogResult.OK)
            {
                BinaryFormatter bf = new BinaryFormatter();
                FileStream fs =
                    new FileStream(ofd.FileName,
                        FileMode.Open,FileAccess.Read);
                shapeList.Clear();
                shapeList = (List<Shape>)bf.Deserialize(fs);
                fs.Close();
                this.Invalidate();
            }
        }
        else if (sender == mi[4])
        {
            SaveFileDialog sfd = new SaveFileDialog();
            sfd.Filter = "グラフィックファイル|*.g";

            if (sfd.ShowDialog() == DialogResult.OK)
            {
                BinaryFormatter bf = new BinaryFormatter();
                FileStream fs =
                    new FileStream(sfd.FileName,
                        FileMode.OpenOrCreate,
                            FileAccess.Write);
                bf.Serialize(fs, shapeList);
                fs.Close();
            }
        }
        else if (sender == mi[5])
        {
            PrintPreviewDialog pp = new PrintPreviewDialog();
            pp.Document = pd;
```

```
            pp.ShowDialog();
        }
        else if (sender == mi[6])
        {
            pd.Print();
        }
        else if (sender == mi[7])
        {
            currentShape = Shape.RECT;
        }
        else if (sender == mi[8])
        {
            currentShape = Shape.OVAL;
        }
        else if (sender == mi[9])
        {
            currentShape = Shape.LINE;
        }
        else if (sender == mi[10])
        {
            ColorDialog cd = new ColorDialog();

            if (cd.ShowDialog() == DialogResult.OK)
            {
                currentColor = cd.Color;
            }
        }
    }
    public void fm_MouseDown(Object sender, MouseEventArgs e)
    {
        //図形オブジェクトを作成する
        Shape sh;
        if (currentShape == Shape.RECT)
        {
            sh = new Rect();
        }
        else if(currentShape == Shape.OVAL)
        {
            sh = new Oval();
        }
        else
        {
            sh = new Line();
        }
        //図形オブジェクトの色を設定する
        sh.SetColor(currentColor);
```

```
            //図形オブジェクトの座標を設定する
            sh.SetStartPoint(e.X, e.Y);
            sh.SetEndPoint(e.X, e.Y);
            //図形オブジェクトをリスト末尾に追加する
            shapeList.Add(sh);
        }
        public void fm_MouseUp(Object sender, MouseEventArgs e)
        {
            //図形オブジェクトをリスト末尾から取り出す
            Shape sh =
                (Shape)(shapeList[shapeList.Count-1] as Shape);
            sh.SetEndPoint(e.X, e.Y);
            //フォームを再描画する
            this.Invalidate();
        }
        public void fm_Paint(Object sender, PaintEventArgs e)
        {
            Graphics g = e.Graphics;

            foreach (Shape sh in shapeList)
            {
                sh.Draw(g);
            }
        }
        public void pd_PrintPage(Object sender,
                                 PrintPageEventArgs e)
        {
            Graphics g = e.Graphics;

            foreach (Shape sh in shapeList)
            {
                sh.Draw(g);
            }
        }
    }

    [Serializable]
    abstract class Shape
    {
        public static int RECT = 0;
        public static int OVAL = 1;
        public static int LINE = 2;
        protected int x1, y1, x2, y2;
        protected Color c;

        abstract public void Draw(Graphics g);
```

```
    public void SetColor(Color c)
    {
        this.c = c;
    }
    public void SetStartPoint(int x, int y)
    {
        x1 = x; y1 = y;
    }
    public void SetEndPoint(int x, int y)
    {
        x2 = x; y2 = y;
    }
}
[Serializable]
class Rect : Shape
{
    override public void Draw(Graphics g)
    {
        SolidBrush sb = new SolidBrush(c);
        g.FillRectangle(sb, x1, y1, x2-x1, y2-y1);
    }
}
[Serializable]
class Oval : Shape
{
    override public void Draw(Graphics g)
    {
        SolidBrush sb = new SolidBrush(c);
        g.FillEllipse(sb, x1,y1, x2-x1, y2-y1);
    }
}
[Serializable]
class Line : Shape
{
    override public void Draw(Graphics g)
    {
        SolidBrush sb = new SolidBrush(c);
        Pen p = new Pen(sb);
        g.DrawLine(p,x1,y1,x2,y2);
    }
}
```

コードは、読みやすく記述することが必要です。クラス・メソッド・条件判断・繰り返しなどの構造がわかりやすくなるように、コード中で一定の字下げを行います。開発環境はこうした作業を助けてくれます。

また、コード中でどのような処理を行っているのか、随所にコメントを入れておくことも必要です。大規模なプログラムでは、コードだけ記述しても、あとから読んだときに理解できないコードとなってしまいます。

さらに、プログラムには追加・変更がつきものです。三角形を描く機能を追加したり、ペンやブラシの選択機能を追加したり、描いた図形を移動・削除する機能を追加することがあるかもしれません。クラス設計などをよく吟味し、こうした機能の追加・変更に対応できるようにしておくことが欠かせません。

このように、プログラムの開発にあたっては、さまざまな点に注意する必要があります。開発時の諸注意を念頭に、バリエーションに富んだプログラムを作成していきたいものです。

13.4 レッスンのまとめ

この章では、次のようなことを学びました。

- プログラムを作成するには、概要を設計します。
- プログラムを作成するには、ウィンドウ上のデザインを設計します。
- プログラムを作成するには、データ・機能を設計します。
- プログラムを作成するには、クラスを設計します。
- プログラムを作成するには、適切な処理を設計・記述します。
- プログラムの変更・拡張に対応できるようにすることがたいせつです。

この章では本格的なアプリケーションを作成する手順を追いかけました。もちろん、プログラムの作成方法は1つに限られることはありません。臨機応変に対応することが必要です。しかし、プログラムを完成させるまでの手順を理解しておけば、大きなプログラムにも対応しやすくなります。機能の追加にも対応できるプログラムを作成していくことができることでしょう。

Appendix A

練習の解答

Lesson 1 はじめの一歩

1. ① × ② ○ ③ × ④ × ⑤ ×

Lesson 2 C#の基本

1.

```
using System;

class Sample1
{
    public static void Main()
    {
        Console.WriteLine("こんにちは");
        Console.WriteLine("さようなら");
    }
}
```

2.

```
using System.Windows.Forms;

class Sample2
{
    public static void Main()
    {
        Form fm = new Form();
        fm.Text = "サンプル";

        Label lb = new Label();
        lb.Text = "また会いましょう！";

        lb.Parent = fm;

        Application.Run(fm);
    }
}
```

Lesson 3 型と演算子

1.

```
using System.Windows.Forms;

class Sample1
{
    public static void Main()
    {
        Form fm = new Form();
        fm.Text = "サンプル";

        fm.Width = 300;
        fm.Height = 200;

        Label lb = new Label();

        lb.Text = "こんにちは";

        lb.Top = (fm.Height - lb.Height) / 2;
        lb.Left = (fm.Width - lb.Width) / 2;

        lb.Parent = fm;

        Application.Run(fm);
    }
}
```

2.

```
using System.Windows.Forms;

class Sample2
{
    public static void Main()
    {
        Form fm = new Form();
        fm.Text = "サンプル";

        fm.Width = 300;
        fm.Height = 200;

        Label lb1 = new Label();
        Label lb2 = new Label();

        lb1.Text = "こんにちは";
```

```
        lb2.Text = "さようなら";

        lb2.Left = lb1.Left + 100;

        lb1.Parent = fm;
        lb2.Parent = fm;

        Application.Run(fm);
    }
}
```

Lesson 4 処理の制御

1.

```
using System.Windows.Forms;

class Sample1
{
    public static void Main()
    {
        Form fm = new Form();
        fm.Text = "サンプル";
        fm.Width = 250; fm.Height = 150;

        Label lb = new Label();
        lb.Width = fm.Width; lb.Height = fm.Height;

        for (int i = 1; i <= 10; i++)
        {
            if (i % 2 == 0)
                lb.Text += i + "を表示します。¥n";
        }

        lb.Parent = fm;

        Application.Run(fm);
    }
}
```

2.

```
using System.Windows.Forms;
using System.Drawing;

class Sample2
{
    public static void Main()
    {
        Form fm = new Form();
        fm.Text = "サンプル";
        fm.Width = 600; fm.Height = 300;

        PictureBox[,] pb = new PictureBox[5,5];

        for (int i = 0; i < 5; i++)
        {
            for (int j = 0; j < 5; j++)
            {
                pb[i, j] = new PictureBox();
                pb[i, j].Image
                    = Image.FromFile("c:¥¥car.bmp");
                pb[i, j].Left = pb[i, j].Width * i;
                pb[i, j].Top = pb[i, j].Height * j;
                pb[i, j].Parent = fm;
            }
        }

        Application.Run(fm);
    }
}
```

Lesson 5 クラス

1.

```
using System.Windows.Forms;

class Sample1
{
    public static void Main()
    {
        Form fm = new Form();
        fm.Text = "サンプル";
        fm.Width = 250; fm.Height = 100;
```

```
        Label lb = new Label();

        Ball bl = new Ball();
        bl.Move();

        lb.Text = "ボールの位置は¥nTop:" + bl.Top +
                  "Left:" + bl.Left + "です。";

        lb.Parent = fm;

        Application.Run(fm);
    }
}
class Ball
{
    private int top;
    private int left;

    public Ball()
    {
        top = 0;
        left = 0;
    }
    public void Move()
    {
        top = top + 10;
        left = left + 10;
    }
    public int Top
    {
        set { top = value; }
        get { return top; }
    }
    public int Left
    {
        set { left = value; }
        get { return left; }
    }
}
```

2.

```
using System.Windows.Forms;
using System.Drawing;

class Sample2 : Form
```

```
{
    public static void Main()
    {
        Application.Run(new Sample2());
    }
    public Sample2()
    {
        this.Text = "サンプル";
        this.Width = 400; this.Height = 200;

        WhiteLabel wl1 = new WhiteLabel();
        wl1.Text = "こんにちは";

        WhiteLabel wl2 = new WhiteLabel();
        wl2.Text = "ありがとう";

        wl2.Left = wl1.Left+150;

        wl1.Parent = this;
        wl2.Parent = this;
    }
}
class WhiteLabel : Label
{
    public WhiteLabel()
    {
        this.BackColor = Color.White;
    }
}
```

Lesson 6 イベント

1.

```
using System;
using System.Windows.Forms;

class Sample1 : Form
{
    private Label lb;
    private Button bt;

    public static void Main()
    {
        Application.Run(new Sample1());
```

```
    }
    public Sample1()
    {
        this.Text = "サンプル";
        this.Width = 250; this.Height = 100;

        lb = new Label();
        lb.Text = "いらっしゃいませ。";
        lb.Width = 150;
        bt = new Button();
        bt.Text = "購入";
        bt.Top = this.Top + lb.Height;
        bt.Width = lb.Width;

        lb.Parent = this;
        bt.Parent = this;

        bt.Click += new EventHandler(bt_Click);
    }
    public void bt_Click(Object sender, EventArgs e)
    {
        bt.Text = "ありがとうございます。";
    }
}
```

2.

```
using System;
using System.Windows.Forms;

class Sample2 : Form
{
    private Button bt;

    public static void Main()
    {
        Application.Run(new Sample2());
    }
    public Sample2()
    {
        this.Text = "サンプル";
        this.Width = 250; this.Height = 100;

        bt = new Button();
        bt.Text = "ようこそ";
        bt.Width = 100;
```

```
        bt.Parent = this;

        bt.MouseEnter += new EventHandler(bt_MouseEnter);
        bt.MouseLeave += new EventHandler(bt_MouseLeave);
    }
    public void bt_MouseEnter(Object sender, EventArgs e)
    {
        bt.Text = "こんにちは";
    }
    public void bt_MouseLeave(Object sender, EventArgs e)
    {
        bt.Text = "さようなら";
    }
}
```

Lesson 7 コントロール

1.

```
using System;
using System.Windows.Forms;
using System.Drawing;

class Sample1 : Form
{
    private Label lb;
    private RadioButton rb1, rb2, rb3;
    private GroupBox gb;

    public static void Main()
    {
        Application.Run(new Sample1());
    }
    public Sample1()
    {
        this.Text = "サンプル";
        this.Width = 300; this.Height = 200;

        lb = new Label();
        lb.Text = "いらっしゃいませ。";
        lb.Dock = DockStyle.Top;

        rb1 = new RadioButton();
        rb2 = new RadioButton();
```

```
        rb3 = new RadioButton();

        rb1.Text = "黄";
        rb2.Text = "赤";
        rb3.Text = "青";
        rb1.Checked = true;

        rb1.Dock = DockStyle.Bottom;
        rb2.Dock = DockStyle.Bottom;
        rb3.Dock = DockStyle.Bottom;

        gb = new GroupBox();
        gb.Text = "種類";
        gb.Dock = DockStyle.Bottom;

        rb1.Parent = gb;
        rb2.Parent = gb;
        rb3.Parent = gb;

        lb.Parent = this;
        gb.Parent = this;

        rb1.Click += new EventHandler(rb_Click);
        rb2.Click += new EventHandler(rb_Click);
        rb3.Click += new EventHandler(rb_Click);
    }
    public void rb_Click(Object sender, EventArgs e)
    {
        RadioButton tmp = (RadioButton)sender;
        if (tmp == rb1)
        {
            lb.BackColor = Color.Yellow;
        }
        else if (tmp == rb2)
        {
            lb.BackColor = Color.Red;
        }
        else if (tmp == rb3)
        {
            lb.BackColor = Color.Blue;
        }

    }
}
```

2.

```
using System;
using System.Windows.Forms;
using System.Drawing;

class Sample2 : Form
{
    private Label lb;
    private RadioButton rb1, rb2, rb3;
    private GroupBox gb;

    public static void Main()
    {
        Application.Run(new Sample2());
    }
    public Sample2()
    {
        this.Text = "サンプル";
        this.Width = 300; this.Height = 200;

        lb = new Label();
        lb.Text = "Hello!";
        lb.Dock = DockStyle.Top;

        rb1 = new RadioButton();
        rb2 = new RadioButton();
        rb3 = new RadioButton();

        rb1.Text = "普通";
        rb2.Text = "太字";
        rb3.Text = "イタリック";

        rb1.Dock = DockStyle.Bottom;
        rb2.Dock = DockStyle.Bottom;
        rb3.Dock = DockStyle.Bottom;
        rb1.Checked = true;

        gb = new GroupBox();
        gb.Text = "種類";
        gb.Dock = DockStyle.Bottom;

        rb1.Parent = gb;
        rb2.Parent = gb;
        rb3.Parent = gb;

        lb.Parent = this;
```

```
        gb.Parent = this;

        rb1.Click += new EventHandler(rb_Click);
        rb2.Click += new EventHandler(rb_Click);
        rb3.Click += new EventHandler(rb_Click);
    }
    public void rb_Click(Object sender, EventArgs e)
    {
        RadioButton tmp = (RadioButton)sender;
        if (tmp == rb1)
        {
            lb.Font
                = new Font("Arial", 16, FontStyle.Regular);
        }
        else if (tmp == rb2)
        {
            lb.Font = new Font("Arial", 16, FontStyle.Bold);
        }
        else if (tmp == rb3)
        {
            lb.Font = new Font("Arial", 16,
                                            FontStyle.Italic);
        }
    }
}
```

Lesson 8 グラフィック

1.

```
using System;
using System.Windows.Forms;
using System.Drawing;

class Sample1 : Form
{
    private int[] data;

    public static void Main()
    {
        Application.Run(new Sample1());
    }
    public Sample1()
    {
        this.Text = "サンプル";
```

```
        this.Width = 250; this.Height = 200;

        data = new int[] { 100, 30, 50, 60, 70 };

        this.Paint += new PaintEventHandler(fm_Paint);
    }
    public void fm_Paint(Object sender, PaintEventArgs e)
    {
        Graphics g = e.Graphics;

        for(int i=0; i<data.Length;i++)
        {
            SolidBrush br = new SolidBrush(Color.Blue);

            g.FillRectangle(br, i * 30,
                                150 - data[i], 20, data[i]);
        }
    }
}
```

2.

```
using System;
using System.Windows.Forms;
using System.Drawing;
using System.Drawing.Drawing2D;

class Sample2 : Form
{
    private Image im;
    private int i;

    public static void Main()
    {
        Application.Run(new Sample2());
    }
    public Sample2()
    {
        im = Image.FromFile("c:¥¥tea.jpg");

        this.Text = "サンプル";
        this.ClientSize = new Size(400, 300);
        this.BackColor = Color.Black;
        this.DoubleBuffered = true;

        i = 0;
```

```
        Timer tm = new Timer();
        tm.Start();

        this.Paint += new PaintEventHandler(fm_Paint);
        tm.Tick += new EventHandler(tm_Tick);
    }
    public void tm_Tick(Object sender, EventArgs e)
    {
        if (i == 400)
        {
            Timer tm = (Timer)sender;
            tm.Stop();
        }
        else
        {
            i = i + 10;
        }
        this.Invalidate();
    }
    public void fm_Paint(Object sender, PaintEventArgs e)
    {
        Graphics g = e.Graphics;
        GraphicsPath gp = new GraphicsPath();

        gp.AddEllipse(new Rectangle(0,0,i,(int)i*3/4));
        Region rg = new Region(gp);
        g.Clip = rg;

        g.DrawImage(im, 0, 0, 400, 300);
    }
}
```

Lesson 9 ゲーム

1.

```
using System;
using System.Windows.Forms;
using System.Drawing;

class Sample1 : Form
{
    private int t;
```

```
public static void Main()
{
    Application.Run(new Sample1());
}
public Sample1()
{
    this.Text = "サンプル";
    this.ClientSize = new Size(200, 300);
    this.DoubleBuffered = true;

    t = 0;

    Timer tm = new Timer();
    tm.Interval = 100;
    tm.Start();

    this.Paint += new PaintEventHandler(fm_Paint);
    tm.Tick += new EventHandler(tm_Tick);
}
public void fm_Paint(Object sender, PaintEventArgs e)
{
    Graphics g = e.Graphics;

    int w = this.ClientSize.Width;
    int h = this.ClientSize.Height;

    g.FillRectangle(new SolidBrush(Color.DarkOrchid),
                    0, 0, w, h);
    g.FillRectangle(new SolidBrush(Color.DeepPink),
                    0, 0, w, h - (float)0.5 * t);

    string time = t / 10 + ":" + "0" + t % 10;

    Font f = new Font("Courier", 20);
    SizeF ts = g.MeasureString(time, f);

    float tx = (w - ts.Width) / 2;
    float ty = (h - ts.Height) / 2;

    g.DrawString(time, f, new SolidBrush(Color.Black),
                 tx, ty);
}
public void tm_Tick(Object sender, EventArgs e)
{
    t = t + 1;
    if (t > 600)
```

App A

```
            t = 0;

        this.Invalidate();
    }
}
```

2.

```
using System;
using System.Windows.Forms;
using System.Drawing;

class Sample2 : Form
{
    private Ball bl;
    private Image im;
    private int dx, dy;
    private int t;

    public static void Main()
    {
        Application.Run(new Sample2());
    }
    public Sample2()
    {
        this.Text = "サンプル";
        this.ClientSize = new Size(600, 300);
        this.DoubleBuffered = true;

        im = Image.FromFile("c:¥¥sky.bmp");
        bl = new Ball();

        Point p = new Point(0, 300);
        Color c = Color.White;
        dx = 0;
        dy = 0;
        t = 0;

        bl.Point = p;
        bl.Color = c;

        Timer tm = new Timer();
        tm.Interval = 100;
        tm.Start();

        this.Paint += new PaintEventHandler(fm_Paint);
```

```
        tm.Tick += new EventHandler(tm_Tick);
    }
    public void fm_Paint(Object sender, PaintEventArgs e)
    {
        Graphics g = e.Graphics;

        g.DrawImage(im, 0, 0, im.Width, im.Height);

        Point p = bl.Point;
        Color c = bl.Color;
        SolidBrush br = new SolidBrush(c);

        g.FillEllipse(br, p.X, p.Y, 10, 10);
    }
    public void tm_Tick(Object sender, EventArgs e)
    {
        Point p = bl.Point;

        t++;

        if (p.X > this.ClientSize.Width)
        {
            dx = 0;
            dy = 0;
            t = 0;
            p.X = 0;
            p.Y = 300;
        }
        dx = (int)(90 * Math.Cos(Math.PI / 4));
        dy = (int)(90 * Math.Sin(Math.PI / 4) - 9.8 * t);

        p.X = p.X + dx;
        p.Y = p.Y - dy;

        bl.Point = p;
        this.Invalidate();
    }
}
class Ball
{
    public Color Color;
    public Point Point;
}
```

Lesson 10 ファイル

1.

```
using System;
using System.Windows.Forms;
using System.IO;

class Sample1 : Form
{
    private Button bt;
    private ListBox lbx;

    [STAThread]
    public static void Main()
    {
        Application.Run(new Sample1());
    }
    public Sample1()
    {
        this.Text = "サンプル";
        this.Width = 300; this.Height = 200;

        lbx = new ListBox();
        lbx.Dock = DockStyle.Fill;

        bt = new Button();
        bt.Text = "選択";
        bt.Dock = DockStyle.Bottom;

        lbx.Parent = this;
        bt.Parent = this;

        bt.Click += new EventHandler(bt_Click);
    }
    public void bt_Click(Object sender, EventArgs e)
    {
        FolderBrowserDialog fbd = new FolderBrowserDialog();

        if (fbd.ShowDialog() == DialogResult.OK)
        {
            lbx.Items.Clear();
            string[] fnlist
                = Directory.GetFiles(fbd.SelectedPath);
            foreach(string fn in fnlist)
            {
                lbx.Items.Add(fn);
```

```
            }
        }
    }
}
```

2.

```
using System.Windows.Forms;
using System.IO;

class Sample2 : Form
{
    private TreeView tv;

    public static void Main()
    {
        Application.Run(new Sample2());
    }
    public Sample2()
    {
        this.Text = "サンプル";

        tv = new TreeView();
        tv.Dock = DockStyle.Fill;

        string dir = Directory.GetCurrentDirectory();

        TreeNode treeroot = new TreeNode();
        treeroot.Text = Path.GetFileName(dir);
        tv.Nodes.Add(treeroot);

        walk(dir, treeroot);

        tv.Parent = this;
    }
    public static void walk(string d, TreeNode tn)
    {
        string[] dirlist = Directory.GetDirectories(d);
        foreach (string dn in dirlist)
        {
            TreeNode n = new TreeNode();
            tn.Nodes.Add(n);
            walk(dn, n);
            n.Text = Path.GetFileName(dn);
        }
```

```
            string[] fnlist = Directory.GetFiles(d);
            foreach (string fn in fnlist)
            {
                TreeNode n = new TreeNode();
                tn.Nodes.Add(n);
                n.Text = Path.GetFileName(fn);
            }
        }
    }
```

Lesson 11 ネットワーク

1.

```
using System;
using System.Windows.Forms;
using System.Net;
using System.Net.Sockets;

class Sample1 : Form
{
    private TextBox tb;
    private Label[] lb = new Label[5];
    private Button bt;
    private TableLayoutPanel tlp;

    public static void Main()
    {
        Application.Run(new Sample1());
    }
    public Sample1()
    {
        this.Text = "サンプル";
        this.Width = 300; this.Height = 200;

        tb = new TextBox();
        tb.Dock = DockStyle.Fill;

        bt = new Button();
        bt.Width = this.Width;
        bt.Text = "検索";
        bt.Dock = DockStyle.Bottom;

        tlp = new TableLayoutPanel();
        tlp.Dock = DockStyle.Fill;
```

```
    for (int i = 0; i < lb.Length; i++)
    {
        lb[i] = new Label();
        lb[i].Dock = DockStyle.Fill;
    }

    tlp.ColumnCount = 2;
    tlp.RowCount = 3;

    lb[0].Text = "入力してください。";
    lb[1].Text = "ホスト名：";
    lb[3].Text = "IPアドレス：";

    lb[0].Parent = tlp;
    tb.Parent = tlp;

    for (int i = 1; i < lb.Length; i++)
    {
        lb[i].Parent = tlp;
    }

    bt.Parent = this;
    tlp.Parent = this;

    bt.Click += new EventHandler(bt_Click);
}
public void bt_Click(Object sender, EventArgs e)
{
    try
    {
        IPHostEntry ih = Dns.GetHostEntry(tb.Text);
        IPAddress ia = ih.AddressList[0];

        lb[2].Text = ih.HostName;
        lb[4].Text = ia.ToString();
    }
    catch(SocketException se)
    {
        MessageBox.Show("ホストがみつかりませんでした。");
    }
    catch
    {
        MessageBox.Show("エラーが発生しました。");
    }
}
```

```
}
```

2.

```
using System;
using System.Windows.Forms;
using System.Net;

class Sample1 : Form
{
    private TextBox tb;
    private WebBrowser wb;
    private ToolStrip ts;
    private ToolStripButton[] tsb = new ToolStripButton[4];

    [STAThread]
    public static void Main()
    {
        Application.Run(new Sample1());
    }
    public Sample1()
    {
        this.Text = "サンプル";
        this.Width = 600; this.Height = 400;

        tb = new TextBox();
        tb.Text = "http://";
        tb.Dock = DockStyle.Top;

        wb = new WebBrowser();
        wb.Dock = DockStyle.Fill;

        ts = new ToolStrip();
        ts.Dock = DockStyle.Top;

        for (int i = 0; i < tsb.Length; i++)
        {
            tsb[i] = new ToolStripButton();
        }

        tsb[0].Text = "Go";
        tsb[1].Text = "←";
        tsb[2].Text = "→";
        tsb[3].Text = "Home";

        tsb[0].ToolTipText = "移動";
```

```
        tsb[1].ToolTipText = "戻る";
        tsb[2].ToolTipText = "進む";
        tsb[3].ToolTipText = "Home";

        tsb[1].Enabled = false;
        tsb[2].Enabled = false;

        for (int i = 0; i < tsb.Length; i++)
        {
            ts.Items.Add(tsb[i]);
        }

        tb.Parent = this;
        wb.Parent = this;
        ts.Parent = this;

        for (int i = 0; i < tsb.Length; i++)
        {
            tsb[i].Click += new EventHandler(bt_Click);
        }

        wb.CanGoBackChanged
            += new EventHandler(wb_CanGoBackChanged);
        wb.CanGoForwardChanged
            += new EventHandler(wb_CanGoForwardChanged);
    }
    public void bt_Click(Object sender, EventArgs e)
    {
        if (sender == tsb[0])
        {
            try
            {
                Uri uri = new Uri(tb.Text);
                wb.Url = uri;
            }
            catch
            {
                MessageBox.Show("URLを入力してください");
            }
        }
        else if (sender == tsb[1])
        {
            wb.GoBack();
        }
        else if (sender == tsb[2])
        {
```

```
            wb.GoForward();
        }
        else if (sender == tsb[3])
        {
            wb.GoHome();
        }
    }
    public void wb_CanGoBackChanged(Object sender,
                                    EventArgs e)
    {
        tsb[1].Enabled = wb.CanGoBack;
    }
    public void wb_CanGoForwardChanged(Object sender,
                                       EventArgs e)
    {
        tsb[2].Enabled = wb.CanGoForward;
    }
}
```

Lesson 12 データの利用

1.

```
using System;
using System.Windows.Forms;
using System.Linq;
using System.Collections;

class Sample1 : Form
{
    private ListBox lbx;

    public static void Main()
    {
        Application.Run(new Sample1());
    }
    public Sample1()
    {
        this.Text = "サンプル";
        this.Width = 300; this.Height = 200;

        lbx = new ListBox();
        lbx.Dock = DockStyle.Fill;

        var product = new[] {
```

```
            new{name= "鉛筆", price = 80},
            new{name= "消しゴム", price = 50},
            new{name= "定規", price = 200},
            new{name= "コンパス", price = 300},
            new{name= "ボールペン", price = 100},
        };

        IEnumerable qry = from p in product
                          select new { p.name, p.price };

        foreach (var tmp in qry)
        {
            lbx.Items.Add(tmp);
        }
        lbx.Parent = this;
    }
}
```

2.

```
using System;
using System.Windows.Forms;
using System.Linq;
using System.Collections;

class Sample2 : Form
{
    private ListBox lbx;

    public static void Main()
    {
        Application.Run(new Sample2());
    }
    public Sample2()
    {
        this.Text = "サンプル";
        this.Width = 300; this.Height = 200;

        lbx = new ListBox();
        lbx.Dock = DockStyle.Fill;

        var product = new[] {
            new{name= "鉛筆", price = 80},
            new{name= "消しゴム", price = 50},
            new{name= "定規", price = 200},
            new{name= "コンパス", price = 300},
```

```
            new{name= "ボールペン", price = 100},
        };

        IEnumerable qry = from p in product
                          where p.price >= 200
                          select new { p.name, p.price };

        foreach (var tmp in qry)
        {
            lbx.Items.Add(tmp);
        }
        lbx.Parent = this;
    }
}
```

Appendix

Quick Reference

リソース

- **Visual Studio ダウンロード**
  https://www.visualstudio.com/ja/downloads/
- **.NET Framework**
  https://docs.microsoft.com/ja-jp/dotnet/framework/

クラスライブラリ

コントロールのドッキング（System.Windows.Forms.DockStyle列挙体）

種類	説明
Fill	大きさいっぱいにドッキングされる
Top	上にドッキングされる
Bottom	下にドッキングされる
Left	左にドッキングされる
Right	右にドッキングされる

色（System.Drawing.Color構造体）

種類	説明
White	白
Black	黒
Gray	グレー
Red	赤
Green	緑
Blue	青
Cyan	シアン
Yellow	黄色
Magenta	マゼンタ

フォントスタイル（System.Drawing.FontStyle列挙体）

種類	説明
Regular	レギュラー
Bold	太字
Italic	イタリック
Underline	下線
Strikeout	取り消し線

メッセージボックスのボタン（System.Windows.Forms.MessageButtons列挙体）

種類	表示
OK	OK
OKCancel	OK キャンセル
YesNo	はい(Y) いいえ(N)
YesNoCancel	はい(Y) いいえ(N) キャンセル

アイコン（System.Windows.Forms.MessageBoxIcon列挙体）

種類	内容	表示
Error	エラーアイコン	
Information	情報アイコン	
Warning	警告アイコン	
Question	質問アイコン	

図形描画（System.Drawing.Graphicsクラスのメソッド）

メソッド名	説明
DrawEllipse()	楕円を描く
DrawLine()	線を描く
DrawLines()	線の集まりを描く
DrawRectangle()	四角形を描く
DrawRectangles()	四角形の集まりを描く
DrawPie()	扇型を描く
DrawString()	文字列を描く
FillEllipse()	塗りつぶし楕円を描く
FillLine()	塗りつぶし線を描く
FillLines()	塗りつぶし線の集まりを描く

メソッド名	説明
FillRectangle()	塗りつぶし四角形を描く
FillRectangles()	塗りつぶし線の集まりを描く
FillPie()	塗りつぶし扇形を描く

ペン (System.Drawing.Penクラス)

メソッド名	説明
Pen(Color c)	色を指定したペン
Pen(Brush b)	ブラシを指定したペン
Pen(Color c, Single s)	色と太さを指定したペン
Pen(Brush b, Single s)	ブラシと太さを指定したペン

ブラシ (System.Drawing名前空間)

メソッド名	説明
SolidBrush(Color c)	色を使用したブラシ
TextureBrush(Image i)	イメージを使用したブラシ
HatchStyleBrush(HatchStyle h, Color c)	ハッチスタイルを使用したブラシ
LinearGradientBrush()	線形グランデーションブラシ
PathGradientBrush(GraphicsPath gp)	パスの内部をグランデーションするブラシ

ジェネリックコレクションクラス (System.Collections.Generic名前空間)

クラス (<T>は扱う型)	説明
List<T>	リストを管理する
Queue<T>	キュー (先入先出の構造) を管理する
Stack<T>	スタック (先入後出の構造) を管理する
Dictionary<Tkey, TValue>	キーと値のペアを管理する

数学関連 (System名前空間)

クラス	説明
Randomクラス	
Next()メソッド	乱数値を得る
Mathクラス	
Abs()メソッド	絶対値を得る
Max()メソッド	最大値を得る

クラス	説明
Min()メソッド	最小値を得る
Pow()メソッド	累乗を得る
Sqrt()メソッド	平方根を得る
Sin()メソッド	サインを得る
Cos()メソッド	コサインを得る
Tan()メソッド	タンジェントを得る

日時関連 (System.DateTime構造体)

プロパティ	説明
(static)Now	現在の時刻
(static)Today	現在の日付
Year	年を設定・取得する
Month	月を設定・取得する
Day	日を設定・取得する
Hour	時を設定・取得する
Minute	分を設定・取得する
Second	秒を設定・取得する

ファイルモード (System.IO.FileMode列挙体)

ファイルモード	説明
Append	末尾に追加
Open	既存のファイルを開く
OpenOrCreate	既存のファイルを開く、または新規作成
Create	新規作成
CreateNew	新規作成 (ファイルが存在する場合は上書き)
Truncate	既存のファイルを開いて上書き

ファイルアクセス (System.IO.FileAccess列挙体)

ファイルアクセス	説明
Read	読み込み
ReadWrite	読み書き
Write	書き込み

正規表現

メタ文字	意味
^	行頭
$	行末
.	任意の1文字
[]	文字クラス
*	0回以上
+	1回以上
?	0または1
{a}	a回
{a,}	a回以上
{a,b}	a～b回

主なクラスとメソッド

クラス	説明
System.Convertクラス	
static string toString(int i)メソッド	整数を文字列に変換する
static int ToInt32(string str)メソッド	文字列を整数に変換する
System.DateTimeクラス	
Nowプロパティ	現在の時刻を取得する
string ToLongTimeString()メソッド	時刻を長い書式で取得する
System.Randomクラス	
Random()コンストラクタ	乱数クラスのオブジェクトを作成する
int Next(int i)メソッド	指定値より小さい0以上の乱数を得る
System.Mathクラス	
const double PIフィールド	πの値をあらわす
static double Sin (double d)メソッド	指定角度のサイン値を得る
static double Cos (double d)メソッド	指定角度のコサイン値を得る
System.Windows.Forms.Controlクラス	
Dockプロパティ	親コントロールへのドッキング方法を設定する
ForeColorプロパティ	前景色を設定・取得する
BackColorプロパティ	背景色を設定・取得する
Fontプロパティ	フォントを設定・取得する
Enabledプロパティ	有効無効を設定・取得する
void Show()メソッド	コントロールをモードレスで表示する

クラス	説明
void Invalidate()メソッド	コントロールを再描画する
ClientSizeプロパティ	クライアント領域のサイズを設定・取得する
System.Windows.Forms.FlowLayoutPanelクラス	
FlowLayoutPanel()コンストラクタ	フローレイアウトパネルを作成する
System.Windows.Forms.TablePanelクラス	
TablePanel()コンストラクタ	テーブルパネルを作成する
ColumnCountプロパティ	列数を指定・取得する
RowCountプロパティ	行数を指定・取得する
System.Windows.Forms.Labelクラス	
Label()コンストラクタ	ラベルを作成する
TextAlignプロパティ	テキストの位置を設定・取得する
BorderStyleプロパティ	境界線を設定・取得する
System.Drawing.Fontクラス	
Font(FontFamily ff, float s, FontStyle fs)コンストラクタ	フォントファミリー名・サイズ・スタイルを指定してフォントを初期化する
System.Windows.Forms.ButtonBaseクラス	
Textプロパティ	ボタンのテキストを返す
System.Windows.Forms.Buttonクラス	
Button()コンストラクタ	ボタンを作成する
DialogResultプロパティ	親フォームに返す値を設定・取得する
System.Windows.Forms.CheckBoxクラス	
CheckBox()コンストラクタ	指定したテキストをもつチェックボックスを作成する
Checkedプロパティ	チェックを設定・取得する
CheckedChangedイベント	チェックが変更されるイベント
System.Windows.Forms.RadioButtonクラス	
RadioButton()コンストラクタ	ラジオボタンを作成する
System.Windows.Forms.GroupBoxクラス	
GroupBox()コンストラクタ	グループボックスを作成する
System.Windows.Forms.TextBoxクラス	
TextBox()コンストラクタ	テキストボックスを作成する
void Cut()メソッド	選択範囲をカットする
void Copy()メソッド	選択範囲をコピーする
void Paste()メソッド	現在位置にペーストする
Multilineプロパティ	複数行表示を設定・取得する

クラス	説明
System.Windows.Forms.TextBoxBaseクラス	
Textプロパティ	テキストボックス系コントロールのテキストを設定・取得する
System.Windows.Forms.ListBoxクラス	
ListBox()コンストラクタ	リストボックスを作成する
Itemsプロパティ	リストボックスのアイテムを取得する
SelectedIndexChangedイベント	リストの選択が変更されるイベント
System.Windows.Forms.ListBox.ObjectCollectionクラス	
int Add(Object item)メソッド	アイテムを追加する
System.Windows.Forms.RitchTextBoxクラス	
RitchTextBox()コンストラクタ	リッチテキストボックスを作成する
SelectionColorプロパティ	選択されている箇所の色を設定・取得する
void Select(int start, int length)メソッド	開始位置と長さを指定して選択する
System.Windows.Forms.TabControlクラス	
TabControl()コンストラクタ	タブコントロールを作成する
System.Windows.Forms.TabPageクラス	
TabPage(string s)コンストラクタ	指定したタイトルのタブページを作成する
System.Windows.Forms.MenuStripクラス	
MenuStrip()コンストラクタ	メインメニューを作成する
System.Windows.Forms.ToolStripMenuItemクラス	
ToolStripMenuItem()コンストラクタ	メニューを作成する
DropDownItemsプロパティ	ドロップダウン項目を設定する
System.Windows.Forms.ToolStripSeparatorクラス	
ToolStripSeparator()コンストラクタ	セパレータを作成する
System.Windows.Forms.ToolStripクラス	
ToolStrip()コンストラクタ	ツールバーを作成する
System.Windows.Forms.ToolStripButtonクラス	
ToolStripButton()コンストラクタ	ツールボタンを作成する
ToolTipTextプロパティ	ツールチップテキストを設定する
System.Windows.Forms.DataGridViewクラス	
DataGridView()コンストラクタ	データグリッドビューを作成する
DataSourceプロパティ	データソースを設定する
System.Windows.Forms.Formクラス	
MainMenuStripプロパティ	メインメニューを設定する

クラス	説明
DialogResult ShowDialog()メソッド	フォームをモーダルで表示する
DoubleBufferedプロパティ	ダブルバッファを設定する
MdiParentプロパティ	親ウィンドウを設定・取得する
System.Windows.Forms.MessageBoxクラス	
DialogResult Show(string s, string t)メソッド	メッセージボックスにメッセージとタイトルを表示する
System.Drawing.Sizeクラス	
Widthプロパティ	幅を設定・取得する
Heightプロパティ	高さを設定・取得する
System.Drawing.Graphicsクラス	
void DrawImage(Image i, int x, int y)メソッド	指定位置に画像を描画する
void DrawImage(Image i, int x, int y, int w, int h)メソッド	指定位置に指定幅・高さで画像を描画する
void DrawImage(Image i, Rectangle r, int x, int y, int w, int h, GraphicsUnit u)メソッド	指定位置に指定幅・高さで指定矩形範囲の画像を描画する
void DrawEllipse(Pen p, int x, int y, int w, int h)メソッド	指定ペン・座標・幅・高さで楕円を描画する
void FillEllipse(Brush b, int x, int y, int w, int h)メソッド	指定ブラシ・座標・幅・高さで楕円を描画する
void FillPie(Brush b, float x, float y, float w, float h, float s, float d)メソッド	指定ブラシ・座標・幅・高さ・開始角度・描画角度で描画する
SizeF MeasureString(String s, Font f)メソッド	指定した文字列を指定したフォントで描画したときのサイズを得る
System.Drawing.Imageクラス	
void RotateFlip(RotateFlipType t)メソッド	画像を回転・反転する
void Save(string fn, ImageFormat if)メソッド	指定ファイルを指定したフォーマットで保存する
System.Drawing.Bitmapクラス	
Bitmap()コンストラクタ	ビットマップ画像を作成する
Color GetPixel(int x, int y)メソッド	色を取得する
void SetPixel(int x, int y, Color c)メソッド	色を設定する
System.Drawing.Imaging.ImageFormatクラス	
Bmpフィールド	ビットマップ形式を取得する

クラス	説明
Jpegフィールド	JPEG形式を取得する
System.Drawing.Colorクラス	
int ToArgb(Color c)メソッド	ColorからRGB値を得る
Color FromArgb(int rgb)メソッド	RGB値からColorを得る
System.Drawing.Regionクラス	
Region()コンストラクタ	リージョンを作成する
Color GetPixel(int x, int y)メソッド	色を取得する
System.Drawing.Drawing2D.GraphicsPathクラス	
GraphicsPath()コンストラクタ	グラフィックパスを作成する
void AddEllipse(Rectangle r)メソッド	円のパスを追加する
System.Windows.Forms.Timerクラス	
Timer()コンストラクタ	タイマーを作成する
void Start()メソッド	タイマーをスタートする
void Stop()メソッド	タイマーをストップする
Intervalプロパティ	タイマーイベントの発生間隔を設定する
System.IO.OpenFileDialogクラス	
OpenFileDialog()コンストラクタ	ファイルを開くダイアログボックスを作成する
DialogResult ShowDialog()メソッド	ダイアログボックスを表示する
FileNameプロパティ	選択されたファイル名を取得する
System.IO.FileInfoクラス	
FileInfo(string str)コンストラクタ	指定されたファイル名からファイル情報を作成する
Lengthプロパティ	ファイルサイズを取得する
System.IO.Pathクラス	
static string GetFullPathInfo(string str)メソッド	指定されたファイル名からフルパス情報を得る
string GetFileName(string s)メソッド	指定パス名からファイル名を得る
System.IO.Directoryクラス	
string[] GetFiles(string path)メソッド	指定パスのファイルリストを得る
string[] GetFiles(string path, string pattern)メソッド	パターンにマッチするファイル名のリストを得る
string GetCurrentDirectory(string s)メソッド	現在のディレクトリを取得する
string[] GetDirectories(string dir)メソッド	指定ディレクトリのサブディレクトリ情報を得る

クラス	説明
System.IO.OpenFileDialogクラス	
Filterプロパティ	ファイル名フィルタを設定・取得する
System.IO.StreamReaderクラス	
StreamReader(string str, string ec)コンストラクタ	指定ファイル・エンコーディングで文字入力ストリームを作成する
string ReadToEnd()メソッド	末尾まで読み込む
void Close()メソッド	ストリームを閉じる
System.IO.StreamWriterクラス	
StreamWriter(string str)コンストラクタ	指定ファイルで文字出力ストリームを作成する
WriteLine(string str)メソッド	指定した文字列に書き出す
void Close()メソッド	ストリームを閉じる
System.IO.SaveFileDialogクラス	
SaveFileDialog()コンストラクタ	名前をつけて保存ファイルダイアログボックスを作成する
DialogResult ShowDialog()メソッド	名前をつけて保存ファイルダイアログボックスを表示する
FilterIndexプロパティ	フィルタに表示される列を設定・取得する
System.Windows.Forms.FolderDialogクラス	
FolderDialog()コンストラクタ	フォルダ選択ダイアログボックスを作成する
DialogResult ShowDialog()メソッド	フォルダ選択ダイアログボックスを表示する
SelectedPathプロパティ	選択されたフォルダを取得する
System.IO.BinaryReaderクラス	
BinaryWriter(FileStream fs)コンストラクタ	指定ファイルストリームでバイナリ出力ストリームを作成する
string ReadToEnd()メソッド	末尾まで読み込む
System.IO.BinaryWriterクラス	
BinaryReader(FileStream fs)コンストラクタ	指定ファイルストリームでバイナリ入力ストリームを作成する
void Write(int i)メソッド	指定したバッファに書き出す
System.IO.FileStreamクラス	
FileStream(string str, FileMode fm, FileAccess fa)コンストラクタ	指定ファイル名・オープンモード・アクセスモードでファイル入出力ストリームを作成する
System.Data.DataSetクラス	
DataSet()コンストラクタ	データセットを作成する
XmlReadMode ReadXml(string str)メソッド	XMLを読み込む

クラス	説明
System.Windows.Forms.TreeViewクラス	
TreeView()コンストラクタ	ツリービューを作成する
Nodesプロパティ	ツリーの最初の子ノードリストを設定・取得する
System.Windows.Forms.TreeNodeクラス	
TreeNode()コンストラクタ	ツリーノードを作成する
Textプロパティ	ノード名を設定・取得する
System.Xml.XmlDocumentクラス	
XmlDocument()コンストラクタ	文書を作成する
void Load(string s)メソッド	XML文書を読み込む
System.Xml.XmlNodeクラス	
XmlNode()コンストラクタ	XMLノードを作成する
FirstChildプロパティ	最初の子を得る
NextSiblingプロパティ	次の子を得る
NodeTypeプロパティ	ノードの種類を設定・取得する
Nameプロパティ	ノード名を設定・取得する
Valueプロパティ	ノード値を設定・取得する
System.Text.RegularExpressions.Regexクラス	
Regex(string pattern)コンストラクタ	指定パターンの正規表現オブジェクトを作成する
string Replace(string input, string str)メソッド	inputを検索して文字列strで置換し、結果を返す
Match Match(string str)メソッド	マッチングを行う
Match NextMatch()メソッド	次のマッチングを行う
Successプロパティ	マッチングの成否を取得する
Indexプロパティ	マッチした最初の位置を取得する
Lengthプロパティ	マッチした長さを取得する
System.Diagnostics.Processクラス	
static Process Start(string str)メソッド	指定した文書を関連づけられた外部プログラムで起動する
System.Net.Dnsクラス	
string GetHostName()メソッド	ホスト名を返す
IPHostEntry GetHostEntry()メソッド	アドレスリストを取得する
System.Net.IPHostEntryクラス	
AddressListプロパティ	アドレスリストを取得する
System.Windows.Forms.WebBrowserクラス	
WebBrowser()コンストラクタ	Webブラウザを作成する

クラス	説明
Urlプロパティ	URLページを開く
bool GoBack()メソッド	前のページに戻る
CanGoBackプロパティ	「戻る」履歴があるか取得する
CanGoBackChangedイベント	「戻る」履歴が変更された
bool GoForward()メソッド	次のページに進む
CanForwardプロパティ	「次へ」履歴があるか取得する
CanGoForwardChangedイベント	「次へ」履歴が更新された
void GoHome()メソッド	ホームに移動する
System.Net.Uriクラス	
Uri(string s)コンストラクタ	指定したURIでオブジェクトを作成する
System.Net.Sockets.TcpListenerクラス	
TcpListener(IPAddress ad, int port)コンストラクタ	指定したアドレス・ポート番号上で待機する接続を作成する
TcpClient AcceptTcpClient()メソッド	クライアントからの接続要求を受ける
System.Net.Sockets.TcpClientクラス	
TcpClient()コンストラクタ	指定したアドレス・ポート番号への接続を作成する
Close()メソッド	クローズする
System.Threading.Threadクラス	
Thread(ThreadStart ts)コンストラクタ	指定したアドレス・ポート番号への接続を作成する
void Start()メソッド	スレッドを起動する
System.Xml.Linq.XDocumentクラス	
XDocument Load(string fn)メソッド	指定したXMLファイルを読み込む
System.Xml.Linq.XContainerクラス	
IEnumerable<XElement> Descendants(XName name)メソッド	指定名の要素を取得する
System.Xml.Linq.XElementクラス	
XAttribute Attribute(XName name)メソッド	指定名の属性を取得する
System.Xml.Linq.XElementクラス	
XElement Element(XName name)メソッド	指定名の最初の子要素を取得する
Valueプロパティ	要素の値を設定・取得する

Index

記号

数字

A

F

G

H

I

J・K

L

さ行

た行

●著者略歴

高橋 麻奈

1971年東京生まれ。東京大学経済学部卒業。主な著作に『やさしいC』『やさしいC++』『やさしいC アルゴリズム編』『やさしいJava』『やさしいJava 活用編』『やさしいXML』『やさしいPHP』『やさしいJava オブジェクト指向編』『やさしいPython』『マンガで学ぶネットワークのきほん』『やさしいJavaScriptのきほん』（SBクリエイティブ）、『入門テクニカルライティング』『ここからはじめる統計学の教科書』（朝倉書店）、『心くばりの文章術』（文藝春秋）、『親切ガイドで迷わない統計学』『親切ガイドで迷わない大学の微分積分』（技術評論社）などがある。

本書のサポートページ（サンプルコードダウンロード）
http://mana.on.coocan.jp/yasacs.html

本書のご意見、ご感想はこちらからお寄せください。
https://isbn2.sbcr.jp/03922/

やさしいC#（シーシャープ） 第3版（だいさんはん）

2011年 9月 7日　初版 発行
2016年 4月 10日　第2版 発行
2019年 10月 1日　第3版第1刷発行
2023年 3月 10日　第3版第6刷発行

著　者　高橋 麻奈（たかはし まな）
制　作　風工舎
発行者　小川 淳
発行所　SBクリエイティブ株式会社
〒106-0032　東京都港区六本木2-4-5
営　業　03-5549-1201
印　刷　株式会社シナノ
カバーデザイン　新井 大輔
帯・扉イラスト　コバヤシヨシノリ

落丁本、乱丁本は小社営業部にてお取り替えします。
定価はカバーに記載されています。

Printed in Japan　ISBN978-4-8156-0392-2